Vue.js+Django

High Performance
Full Stack Development

Vue.js+Django 高性能全栈论道

顾鲍尔 编著

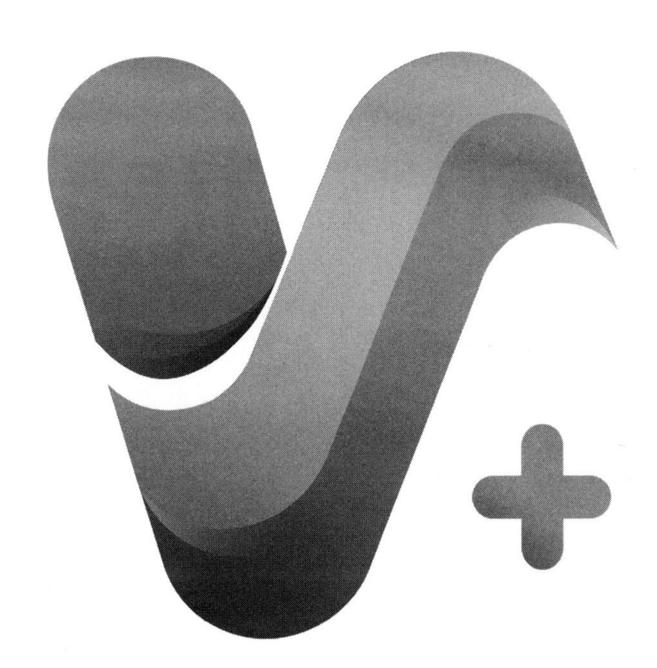

清華大學出版社
北 京

内 容 简 介

本书并非简单地介绍两种语言和框架API相关的图书，而是以Django与Vue.js为载体，诠释前、后端技术生态中最新的优化方案和思路。

本书主要内容包括网络编程与异步并发的基础，软件工程的设计模式在前端技术中的演进，从Vue.js的核心开发指南到Webpack编译打包的优化经验分享，Web/Service Workers与WebSocket为Vue.js实现多线程离线加速，揭秘Vue.js全方位异步惰性加载优化，Django、PyPy、WSGI和Gevent的全套异步方案实战，Asyncio、gRPC、Channels与Django的分布式应用实战，Python Agent技术分享。

本书内容丰富、案例众多，适合想了解全栈技术的前、后端开发人员学习使用，也可作为相关培训机构、开设相关专业课程院校的教材。

图书在版编目(CIP)数据

Vue.js+Django 高性能全栈论道 / 顾鲍尔编著 . —北京：清华大学出版社，2022.12
（新时代 • 技术新未来）
ISBN 978-7-302-57738-6

Ⅰ . ① V… Ⅱ . ①顾… Ⅲ . ①网页制作工具－程序设计②软件工具－程序设计
Ⅳ . ① TP393.092.2 ② TP311.561

中国版本图书馆 CIP 数据核字 (2021) 第 050144 号

责任编辑： 刘 洋
封面设计： 徐 超
版式设计： 方加青
责任校对： 宋玉莲
责任印制： 宋 林

出版发行： 清华大学出版社
网 址： http://www.tup.com.cn，http://www.wqbook.com
地 址： 北京清华大学学研大厦 A 座　**邮 编：** 100084
社 总 机： 010-83470000　**邮 购：** 010-62786544
投稿与读者服务： 010-62776969，c-service@tup.tsinghua.edu.cn
质 量 反 馈： 010-62772015，zhiliang@tup.tsinghua.edu.cn
印 装 者： 三河市东方印刷有限公司
经 销： 全国新华书店
开 本： 187mm×235mm　**印 张：** 24.5　**字 数：** 557 千字
版 次： 2022 年 12 月第 1 版　**印 次：** 2022 年 12 月第 1 次印刷
定 价： 138.00 元

产品编号：087893-01

业界赞誉

Django 作为 Python 语言综合性能最强大的 Web 框架，成为众多 Python 开发者做 Web 类项目的首选。有些人诟病它太臃肿、慢，殊不知那只是因为你使用的方法不对，众多社交平台（如 Instagram、Pinterest 等）都是用 Django 来承载数千万用户的。本书介绍了很多可以瞬间使 Django 承载百万级并发容量的技术实现思路和案例。作为一个从 2012 年就开始用 Django 的“铁粉”，在了解它很多功能源码后，我敬佩它的开发者——拥有优雅的设计思路和强大的技术功底。Django 的强大不只在于它可以快速地让开发者开发出高性能的 Web 应用，而且它的各种组件设计和编写思路也值得初、中级开发者认真学习。非常感谢鲍尔不吝分享在全栈 Web 领域的经验，相信此书可以迅速提高读者的编程能力。

李杰（Alex 金角大王）

老男孩 IT 教育 Python 教学总监

在精益软件交付的浪潮中，全栈型技术人才在企业中发挥着越来越重要的作用。从设计、敏捷交付、部署直至产品生命周期的推进，无时无刻不向着更高的标准迈进。其中，“性能”和“生产率”在很多时候往往很难平衡，尤其像诸如 Django 等一些快速开发的技术栈，普通开发者容易陷入工具本身的局限思维，运用不当就会产生性能瓶颈。幸好这本书能为大家提供更多的信心和帮助。

田禕庆

千寻位置高级 SRE 专家

本书一方面介绍 Vue.js 与 Django 的性能进阶知识，另一方面也为读者梳理和介绍一种全面的 Web 全栈思维，而并非仅仅是框架或语言的使用方法。相信读者通过本书在提高某种特定的技术栈同时，也能巩固网络编程的基础，在践行理论和方法时能够举一反三，掌握全栈领域技术的各类方法。

程俊威

千寻位置研发技术总监

Django 作为 Python Web 领域中目前在国内争议较大的技术框架，优缺点都很明显。近年来的趋势是越来越多的普通开发者认为它“重、慢”，在不知其理的情况下，商榷其在 Python Web 领域中的价值。本书从更宏观的维度出发，无论是 WSGI 优化机制、异步网络编程，还是 Webpack 编译，均可使读者具备“知其所以然”地运用各种 Web 全栈技术的能力。

付华

上汽集团数据业务部技术总监

贯穿全书，作者只是将 Vue.js 与 Django 这两种框架作为一种“传道”的媒介，采用循序渐进的方式让读者了解 Web 单页应用的发展和机制（介绍原生 API 实现单页应用的机制和 ECMAScript 语法核心），然后慢慢过渡到计算机科学体系中基础的 Socket 网络编程以及异步 I/O、ECMAScript 2015、设计模式的介绍，最后针对这两种框架以及 JavaScript 和 Python 相关的知识点进一步扩展和衍生，无论是“基础篇”还是“进阶篇”都直击重点，是不可多得的好书。

朱瑞宏

贝塔斯曼（中国）数字化营销技术经理

与鲍尔相识多年，多次领教过其并发调优的实战经验，这次有幸能够见到一本难得讲解 Django 和 Vue.js 全栈性能进阶的图书，令人意外的是，即使后端语言使用 PHP 或 Java，也能从该书的全栈思维中获益良多。

孙杰（Aaron Sun）

班田互动（BRANDSH）联合创始人兼首席技术官

前　言

Web 全栈开发人员更像是软件工程中文艺复兴时期的参与者，“只要他愿意，任何事情似乎都能被实现”。这类人通常拥有一定的设计经验，可以编写用户界面，组合多种算法并在不同的业务逻辑中获取、处理各种数据。从数据库连接到浏览器，他们管理着拥有成千上万名用户的互联网产品，使其连绵不绝地提供对外输出的价值。

这一切得益于前、后端技术的高速发展，丰富的技术栈和脚手架加快了项目收益与时间的转化率。其中较具代表性的当数 Python 与 JavaScript。开发高效、上手简单以及丰富的开发者生态都是极客们乐意选择它们的原因，然而它们带来的性能问题一直是开发者头上的“紧箍咒”。尤其是素有“雷厉风行般开发效率”的 Python Web 框架 Django，臃肿的内部加载及过大的系统资源消耗至今依然是大家对其固有的印象。同样，JavaScript 因历史包袱太重也显得捉襟见肘。

随着科技技术的日新月异，“物极必反，否极泰来”正逐步使得软件工程在生产效率和性能之间趋向某种平衡，打破“成见”也是我写本书的原因。庆幸自己在 2013 年开始接触这两种前、后端语言，并与它们一起见证了国内互联网的蓬勃发展。

这些年来的知识积累，使我从早期的游戏行业一路辗转到了传统的互联网电商行业，而今在一个全新的领域中从事基础架构的工作。对于和 Python 的结缘，是在我编写《Lua Love2d 教程》的时候，意外地发现同样可作为嵌入式脚本的 Python，相较于 Lua 有着更为成熟的面向对象特性，此后便一发不可收拾。那时候 Python 在各个领域中的技术生态已经相当成熟，如我曾经使用 Twisted 开发过游戏服务器，这使我第一次对异步编程有了一定的了解，之后我又陆续接触到了诸如 Tornado、Flask 及 Django 等 Web 框架。

有意思的是，当时前端技术的发展速度似乎并不像现在这样很快就能得到公司技术团队的响应，主流的技术更多还是 jQuery、art-template 和 Gulp，而 Sass、CoffeeScript 也是后来的事。直到 Backbone.js 的出现，才让我意识到前端开发也能引入设计模式，并能像软件工程化一样形成体系。也正因如此，上手 Vue.js 也就变成很自然而然的事。

回馈“社区”一直是我打发日常闲散时间的乐趣，从最开始的 Regal 引擎到各种 Celery 插件，再到基于 Django 编写的动态绘制矩阵网格工具，这使我收获了许多同行挚友，也使我有幸在 2015 年被邀请在“深圳大学及深港产学研基地”的报告厅做了第一次大型的 Python 技术分享。

此后的一段时间，我便在多个 Python 技术培训中与许多同行和准同行的普通开发者进行交流，多年的一线工作经验让我非常能够理解他们在学习中的痛点和困惑。我深知“全栈”并不仅仅是学会某些特定的前、后端开发语言，也不是为了构建一个具有前、后端交互的动态网页，而是一种解决问题的全栈思维。

于是在 2017 年，我在 Github 首次发起了 Vue + X 语言开源项目，作为小试牛刀，先后发布了 SpringBoot-vue 和 Sanic-vue，结果反响超乎预期。这一切最终促成了我希望写一本大家想看、能看、会看的图书。

本书内容及体系结构

本书分四部分。

第一部分为基础篇（第 1 ～ 3 章），主要介绍现代 Web 应用开发从早期的多页应用演进到单页应用的发展历程；抛开框架，从实践中探究单页应用背后的机制；逐一系统性地从计算机科学体系中掌握异步并发、I/O 以及 HTTP 2 协议等当前 Web 开发的核心技术；梳理 Python 语言在目前版本中的改进及建议，着重介绍 ECMAScript 的核心语法，为后续章节的学习打下基础。

第二部分为 Vue.js 篇（第 4 ～ 7 章），除了着重讲解掌握 Vue.js 关键技术的核心知识外，深入浅出地介绍前端工程化的编译、打包的高级技巧，通过实战案例分享更多目前前端领域较新的优化加速方案。

第三部分为 Django 篇（第 8 ～ 11 章），介绍 Django 2.x 与 Django REST Framework 框架的核心知识、Django ORM 源码和正确运用方法、Django Channels 与 Django 3.x 版本的异步视图，以及 WSGI 许多鲜为人知的优化技巧。最后，本部分在 Django 的基础上通过 WSGI、PyPy 与 AsyncIO 或 Gevent 的结合，全面介绍最新的 Django 异步并发的实战方案。

第四部分为综合案例篇（第 12 章）。无论是 Vue.js 还是 Django，框架仅仅只是任何项目中的某个载体而非关键，尤其在分布式项目中，各个零部件都有可能造成性能瓶颈。通过学习本篇，读者不仅能熟练运用 Django、Channels，而且能认识到 RPC 通信、Agent 技术及 WebSocket 也是全栈开发中必不可少的技术栈。

本书读者对象

- 想了解全栈技术的任何前、后端开发人员；
- 具备JavaScript语言基础的初学者；

- jQuery前端开发者；
- Vue.js技术开发者；
- 具备Python语言基础的初学者；
- Python语言进阶读者；
- Python Web技术开发者；
- Django技术开发者；
- 系统架构师、运维人员；
- 相关培训学员；
- 各大院校的学生；
- 准备面试的求职者。

说明：

- 书中的代码以“项目根目录的相对路径”方式引用而非绝对路径。
- 书中涉及的示例及源码的Github地址为https://github.com/boylegu/theory-D-V-HPFS，以章节作为目录层次结构，模块及项目代码分别存放在对应的章节目录中。

本书力求不限定依赖于某些框架知识，即使没有使用过 Django 或 Vue.js，读者也可以使用本书。虽然读者可以单独学习每一章，但笔者仍建议读者通读全书，以便于系统地回顾和复习完整的知识脉络。如果您是一名经验丰富的 Python 开发者，可以直接阅读本书的第 7 章、第 10 章、第 11 章以及第 12 章进行参考。

勘误和支持

由于笔者水平有限，且编写时间仓促，书中难免会出现一些不妥之处，恳请读者批评指正。为此，您可以将书中的错误在本书代码示例仓库 https://github.com/boylegu/theory-D-V-HPFS 中以 Issue 的形式向我反馈并进行交流。

如果您感兴趣

本书为读者提供更多的细节、技巧方面的提升，并在前、后端领域都给予了充分的技术视野，确保在任何技术学习的深度上打下基础。除了可以与笔者进行邮件互动外，读者还可以结合本书查阅互联网上更多的技术资料进行参考。

致谢

感谢这么多年来所待过的公司、遇到的同事，正因为你们的优秀才促使笔者有能力写完本书。

感谢为本书撰写推荐语的行业翘楚，正因过去你们的支持和帮助，笔者才能一步一个脚印地成长。

感谢热衷于在 Github 开源技术分享的爱好者，没有你们的推动，全栈技术不可能发展得如此迅速。

感谢清华大学出版社的编辑，在本书的编写过程中给予很多细致的指导和建议，没有你们就没有本书的诞生。同时，感谢出版社的许多工作人员为本书最终出版所付出的努力。

感谢在撰写本书时陪伴我的好友。

感谢父母的养育之恩，以及多年来在生活上对我的照顾。

顾鲍尔

2022 年 4 月

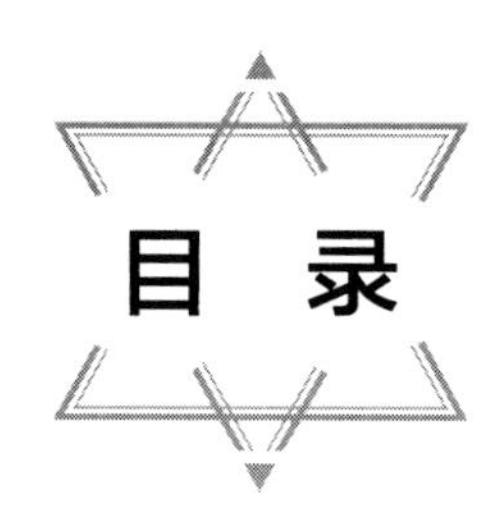

目录

第一篇　基础篇

第二篇 Vue 篇

第三篇 Django 篇

第四篇 综合案例篇

第一篇

基础篇

现代Web应用开发：全新的纪元

自20世纪90年代中期万维网流行以来，万维网发生了巨大的变化。浏览器一开始没有显示图像的功能，后来服务器端动态Web页面逐步崭露头角，JavaScript被引入，带来了客户端强大的交互灵活性，曾经的移动端页面让位于响应式网页。

互联网技术的蓬勃发展，让越来越多的人对开发Web应用程序产生了兴趣，并吸引更多的访问者访问Web资源。相信任何有抱负的开发人员在尝试开发Web应用程序之前都可能遇到的挑战之一就是选择Web应用程序体系结构和组件模型。本章作为全书的开篇，将逐步分享一些实践经验，以期带给大家一些启示。

面对日益繁多的互联网Web应用、上亿级的高频在线交易、无处不在的即时社交应用程序，尽管网络之间的通信模式依然离不开经典的TCP/IP四层模型，但因使用场景的不同，如Web应用之间、Web应用与客户端之间、Web应用与数据库之间，其交互的细节也不断改进，并衍生出多种不同的解决方案（正像如今应用广泛的HTTP 2）。

并发一直都是Web领域关注的话题，但再也不仅仅只是简单的多进程/线程开发。计算机科学家们在过去几十年所发表的相关学术论文，实践到各个新语言及技术中焕发了新生。比较主流的并发模型如Actor、CSP（Communicating Sequential Processes，通信顺序进程模型）、STM（Software Transactional Memory，软件事务存储模型）以及数据流并发模型（Dataflow Concurrency）。本书会在之后的章节中和大家进一步探讨这些内容。

1.1 单页应用概述

长期以来，当单击页面时，浏览器刷新并加载页面内容。随着单页应用（Single Page Application，SPA）的出现，这种情况发生了改变。根据用户交互产生的数据，动态更新页面，而无须刷新页面，这样大大增强了用户的体验性。本章将重点介绍SPA。

1.1.1 从此不必刷新浏览器

一个网站的传统交互方式通常是由客户端（这里指浏览器）向服务器发出初始请求，服务器处理请求并返回 HTML，任何后续的请求都会按照相同的过程被处理，即 HTML 页面都会被发送到 Web 服务器，服务器加载页面、处理事件，并将新 HTML 呈现到客户端，所以不得不刷新页面，如图 1.1 所示。

SPA 同样会发起初始请求，然而不同的是，每个后续请求都会通过 AJAX 向服务器端发送及接收 JSON 格式的数据，最后数据平滑同步地更新至 HTML 页面中而不再需要刷新页面，如图 1.2 所示。

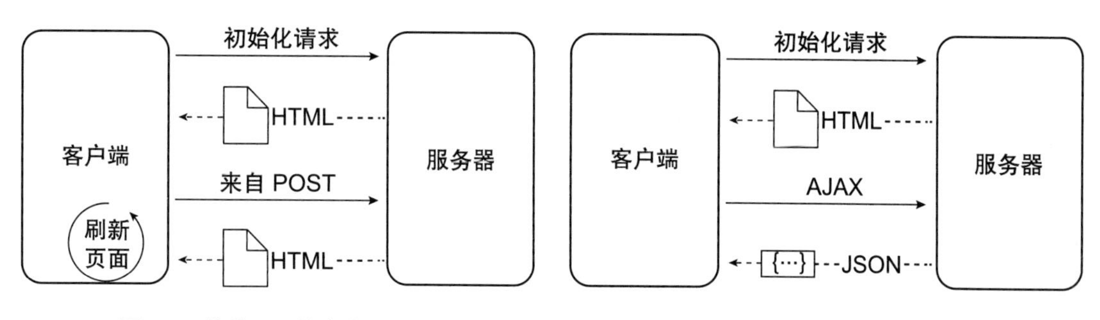

图 1.1　传统网页的生命周期　　图 1.2　SPA 网页的生命周期

在目前非常注重即时满足的社会中，SPA 似乎很有意义：整个页面只需加载一次，并且一旦加载完成，进一步的交互将非常快；客户端可以完成更多的处理，减少服务器端的负载。尽管 SPA 技术已经存在了一段时间，但大多数网站还在使用传统网页机制，因此 SPA 仍然令人惊叹。

1.1.2　前端需要深入业务

过去传统网站技术流主要侧重于服务器端技术，网站的大部分功能是使用后端语言编写的。然而，前端开发仅限于构建模板、样式化和一堆奇怪、晦涩难懂的 JavaScript 代码片段。虽然这已经是一段时间以来的最佳解决方案，但是 Web 浏览器性能不佳，无法处理运行现代网站所需的复杂操作，造成了前端工程师在过去更多地只是负责一些页面样式，甚至部分美工的工作，而完全不了解数据及业务的逻辑。

然而，从 Microsoft 的 IE 7 到 Google 在 Chrome 中推出的 V8 引擎，浏览器已经取得了长足的进步。它们已经从局限于显示内容和基本 DOM 操作的简单页面发展成为操作系统的扩展，如 Node.js。

功能更强大的 Web 浏览器的出现，允许浏览器拥有更多的处理能力，从而催生了许多诸如 TypeScript、WebAssembly、SPA 等革新产物，将原本需要服务器端进行数据处理及与 HTML 模板整合等表现逻辑转移到了浏览器。

因此，前端开发和后端开发就能明确被分离，摆脱了原先紧密耦合的模型。通过将前端开发和后端开发解耦，还可以消除技术限制，这样在客户端和服务器上完全可以使用不同的技术栈。例如，使用 Python 或 Java、Golang 构建后端，而使用 Vue、React 或 Angular 构建前端，这在以前是根本不可能实现的。由于浏览器承担了越来越复杂的业务逻辑，用户体验的重要性被提到了前所未有的高度，在越来越多的互联网产品中，前端逐步成为影响项目的主导因素。

1.1.3 SPA 如何工作

作为加载单个 HTML 页面并在用户与应用程序交互时动态更新的 Web 应用程序，SPA 的核心是可以根据导航操作（如单击链接）重新呈现内容，而不需要向服务器发出获取新HTML的请求。

虽然 SPA 程序的实现机制各不相同，但其大多数依赖相同的浏览器行为和原生 API 来实现核心功能。如果读者之前接触过类似 React 或 Vue.js 等 SPA 框架，先暂时忘却它们，了解以下内容是掌握 SPA 程序工作机制的关键。

SPA 程序可以使用外部源（即 URL location）获取或传递状态，也可以在内部跟踪状态。本文将重点介绍基于 URL location 的 SPA 程序。倘若读者对这些概念有些云里雾里，请继续看下面的例子。

对于 SPA 来说，一定只有一个入口，内部跟踪状态在这方面有某些限制。单个入口意味着访问应用程序总是从首页或根页面开始。在使用内部跟踪状态的应用程序中导航某个页面，不存在路径表示。如果想对外分享一些内容，那么访问该内容的另一个人会从该程序的根页面开始访问，所以不得不向对方解释如何访问想要的内容，如图 1.3 所示。

基于 URL location 的 SPA 可以共享一个链接，并确信打开该链接的任何人都会看到相同的内容，因为在导航某个页面时，位置总是在更新（假设用户具有相同的权限来查看内容），如图 1.4 所示。

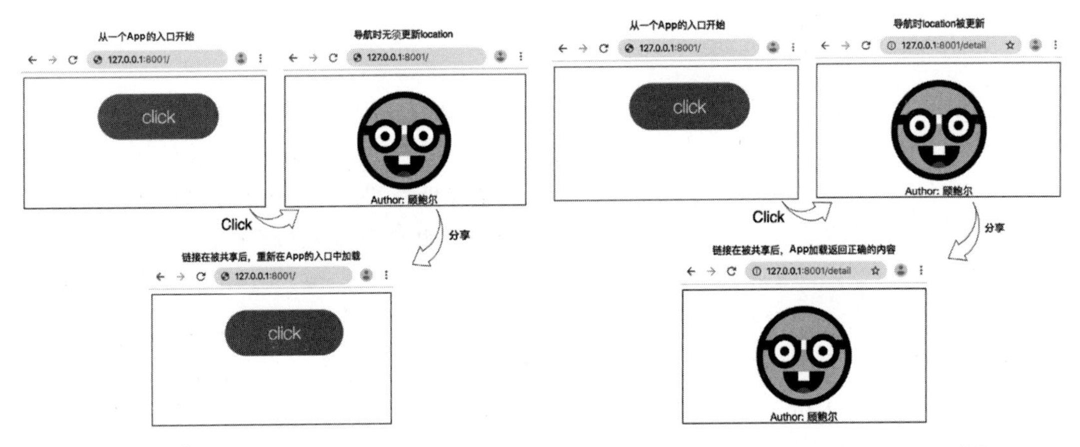

图 1.3　基于内部跟踪状态的 SPA 总是从程序的根页面加载

图 1.4　基于 location 的 SPA 可以立即呈现所需的内容

下面从几个方面来介绍 SPA 的工作机制。

1. location 入门

通常用户是与浏览器地址栏中的 URL 进行直接交互的，而不必关心 SPA 内部通过 window.location 来实现不同路径的解析和跳转。

如图 1.5 所示，location 对象只有 3 个属性对 SPA 很重要：路径名（pathname）、散列（hash）

和搜索项（search，通常称为 QueryString）。对于 SPA 而言，导航到应用程序中的任何位置都是定期执行的（如单击一个链接并让浏览器处理它），因此可以忽略主机名和协议。路径名通常是这 3 个属性中最重要的一个，因为它决定页面呈现什么内容。

图 1.5　从 URL 直接映射到 window.location 的属性中

搜索项和散列对提供额外的数据更有用。例如，在 URL /images?of=emoji 中，/images 路径名指定页面应该呈现的图像，而 ?of=emoji 作为搜索项，在这里表示页面呈现相应的图像类型。

2. 路由匹配

SPA 通常依赖于路由器。路由器由路由组成，路由描述了应该匹配的 location。路径可以是静态（/about）路径或动态（/album/:id，其中，id 的值可以是任意数值）路径。第三方库 path-to-regexp 是创建路径的一个非常流行的解决方案。目前市面上的 SPA 框架（如 React 和 Vue.js），其路径匹配的实现都是用 path-to-regexp 作为核心引擎。例如：

```
const routes = [
    { path: '/' },
    { path: '/about' },
    { path: '/album/:id },
];
```

路由匹配是将当前 location（通常只比较路径名）与路由器的路由进行比较，以找到匹配的路径。匹配路由后，路由器将触发应用程序重新呈现内容。在实际情况下，这方面的实现在很大程度上取决于路由器。例如，路由器可能会使用“观察者模式”。在该模式中，开发者为路由器提供一个函数，该函数知道如何触发应用程序并重新呈现内容，路由器将在匹配路由后调用该函数，如图 1.6 所示。

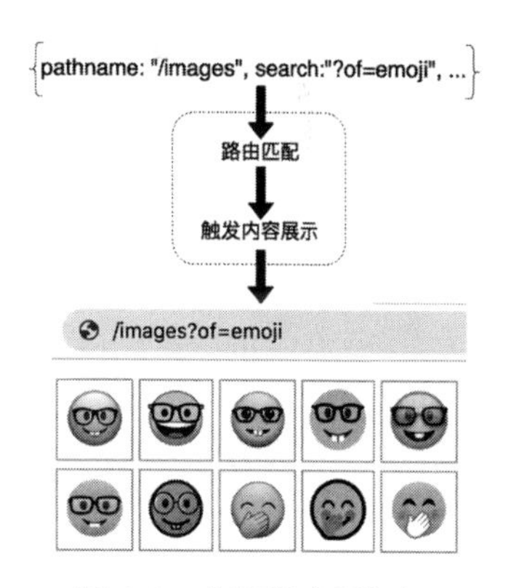

图 1.6　应用程序根据与 location 匹配的路由呈现内容

3. 浏览器如何处理 location

页面导航有一个很有趣的现象。例如，当单击一个链接时，浏览器会自动将这个行为附加到 Click 事件来触发导航，也可以阻止其默认行为并附加自己的处理事件（在现代浏览器中使用 event.preventDefault()）。在了解单击处理如何触发导航之前，我们需要了解一下浏览器通常如何处理导航。

每个浏览器的工具栏中都有两个按钮来控制页面的“后退”和“前进”，以方便用户浏览页面上下文。其主要维护着一个会话历史（session history）记录。这个会话历史记录本质上就是一个数组，存储着有关位置的信息：URL、关联文档、序列化状态和其他一些属性。当浏览页面时，每次浏览记录都作为一个条目记录在该数组中，用索引来指定其位置，并且用户还可以跟踪当前浏览的状态，如图 1.7 所示。

这里还需要进一步针对条目中的信息做一些补充。如图 1.8 所示，当浏览器进行导航时，请求会被发送到服务器，浏览器会根据其响应创建文档对象（document），该对象提供了多种用于交互的方法。例如，用户可以通过 window.document 属性对其进行访问。

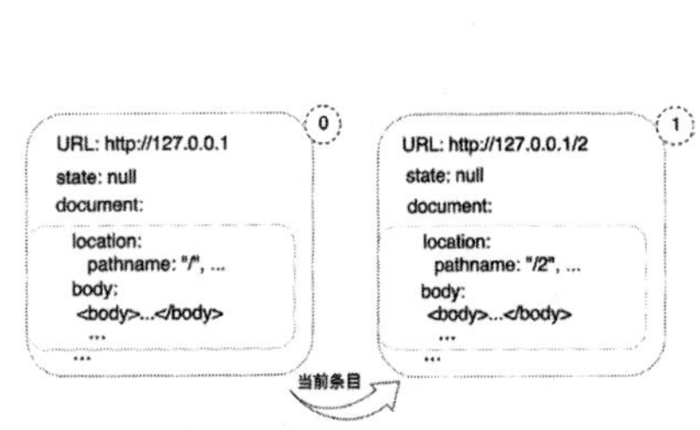

图 1.7　每次浏览记录作为条目组成的数组

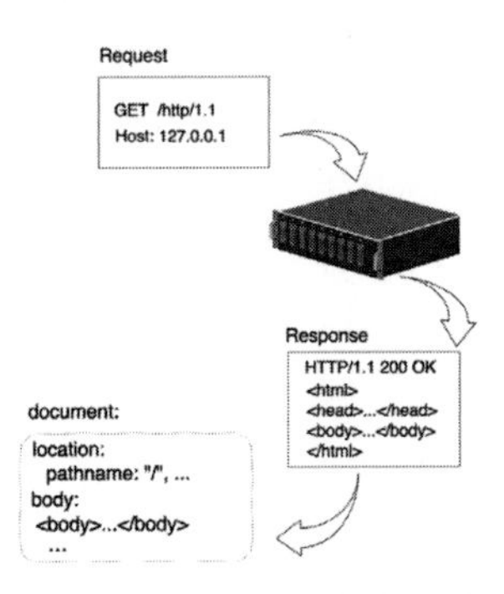

图 1.8　从 Response 创建文档

接下来继续探讨一下浏览器的会话历史记录。当用户单击链接并在页面中导航时，浏览器内部就会构建一个会话历史记录。每次导航都向服务器发出请求并创建一个新条目（包括一个新文档），如图 1.9 所示。

这里需要注意的是，每次导航所显示的不同的文字意味着不同的文档。当单击浏览器的“后退”按钮时，浏览器会通过 current.index−1 将导航后的当前条目作为新条目进行加载，如图 1.10 所示。

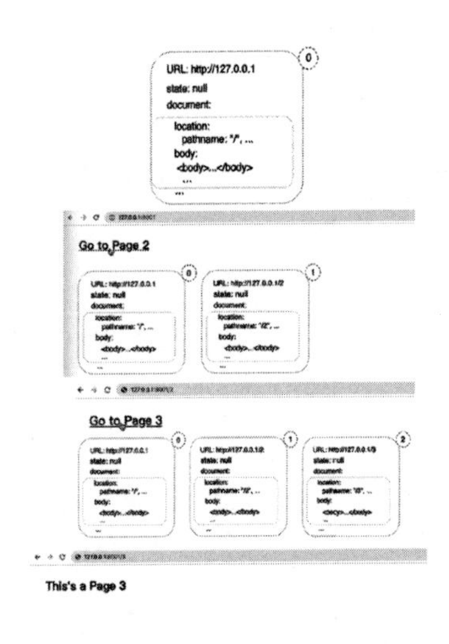

图 1.9　每次导航都作为新的条目附加进会话历史记录中

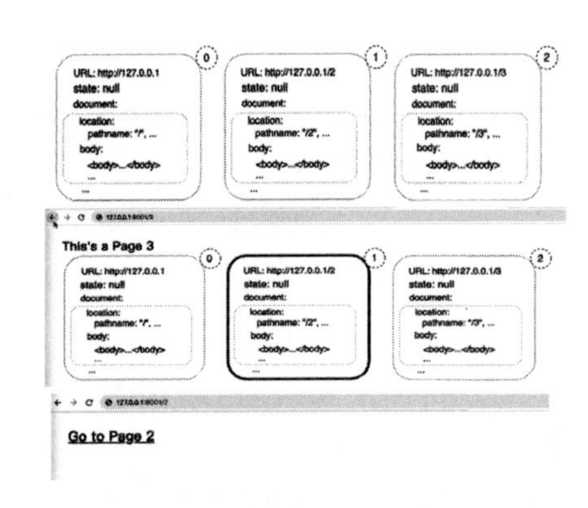

图 1.10　单击“后退”按钮将切换条目（或文档），“前进”按钮具有相同的行为

单击页面中的某个外部链接是用户浏览网站时很常见的动作，那么此时浏览器会怎么处理会话历史记录呢？如图 1.11 所示，当前浏览条目之后的所有记录都会被删除。

然而，如果导航到与当前 location 完全相同的位置（即路径名、搜索项和散列都相等），则将替换当前条目，而不会影响后续的条目记录。

如图 1.12 所示，为了让大家能直观地观察到这一变化，Page 2 的网页内容较之前有了一些变化，这个变化主要体现在 document 中，路径名、搜索项和散列并没有改变。以上就是基于 URL location 的工作方式，但还没有结束，下面有必要探讨一下 History API，因为它是浏览器实现这些机制的关键。

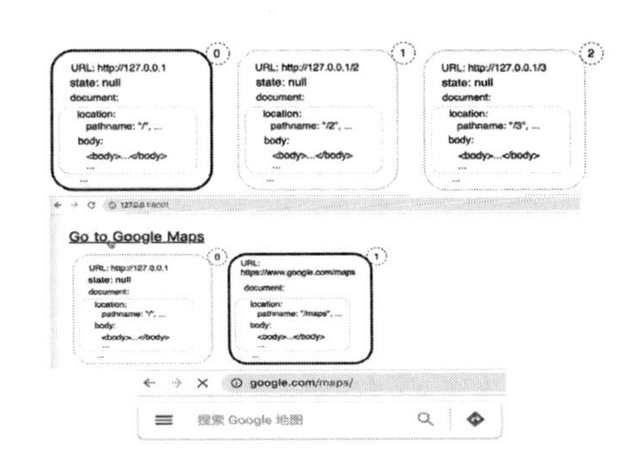

图 1.11　当单击外部链接时，将删除当前条目之后的所有记录

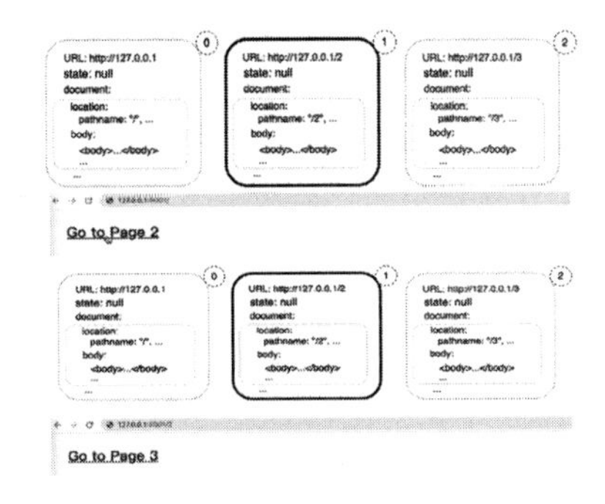

图 1.12　单击与当前位置完全相同的链接，将替换当前条目

4. History API

早期的 SPA 依赖这样一个情况：直接修改 window.location，以改变 location 中的信息，使得浏览器只会创建一个新的 location 条目，无须向服务器发送请求。这虽然可以实现，但这种刻意粗暴的做法最终达到的效果不尽如人意，因此 HTML 5 加入了全新的 History API，目的是更好地支持 SPA。与为每个 location 创建新文档不同，History API 还支持更新当前 document 来反映新位置，从而也能复用 document 的特性，如图 1.13 所示。

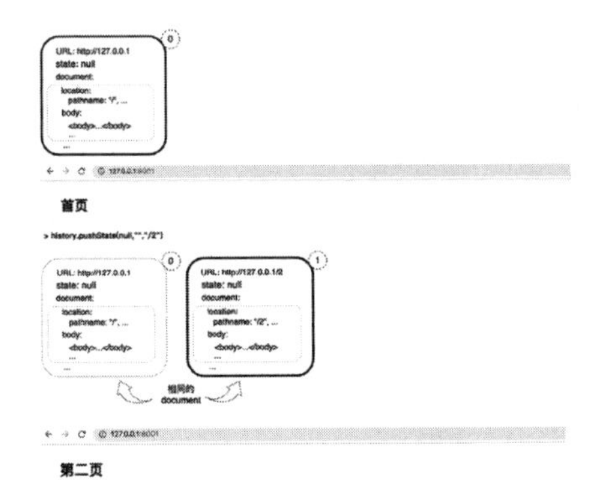

图 1.13　通过 History API 导航时，可以复用当前 document

History API 有 3 个核心函数：pushState()、replaceState() 和 go()。这些函数及 API 的其他部分可以通过 window.history 访问。

注意：尽管目前几乎所有主要的现代浏览器都支持 History API，但还有一些特例需要关注，如 IE 9 及其以下版本浏览器不支持这一特性。不过值得庆幸的是，Microsoft 已经决定放弃 IE 9，更直接地说应该是放弃整个 IE 而全力转向 Edge（就在本书撰写时，基于 Chromium 内核的 Edge 正在公测中）；此外，Opera Mini 在客户端上无法运行 JavaScript，因此它也不支持 History API。

pushState() 与 replaceState() 具有相同的函数和参数。

第一个参数是 state，如果不想传递任何状态，则传递 null。这里保持应用程序状态似乎看起来比较合理，但是有一些注意事项将在后面讨论。

第二个参数是 title，但浏览器其实并没有用到它。

第三个参数是 path，定义导航的目标路径。在这里，path 可以是完整的 URL、绝对路径或相对路径，但它必须位于相同的应用程序中（即相同的协议和主机名）；否则，程序就会抛出 DOMException 错误。例如：

```
history.pushState(null, ", '/next-location');
history.replaceState(null, ", '/replace-location');
history.pushState({ msg: 'Hi!' }, ", '/greeting');
history.pushState(null, ", 'https://www.google.com');
// 抛出 DOMException
```

history.pushState 在当前条目之后向会话历史记录添加一个条目。如果当前条目之后有条目，则在推送新位置时会丢失这些条目。这是单击锚点时的正常行为，如图 1.14 所示。

replaceState() 替换修改会话历史记录中的当前条目。当前条目之后的任何条目都不会受影响，如图 1.15 所示。

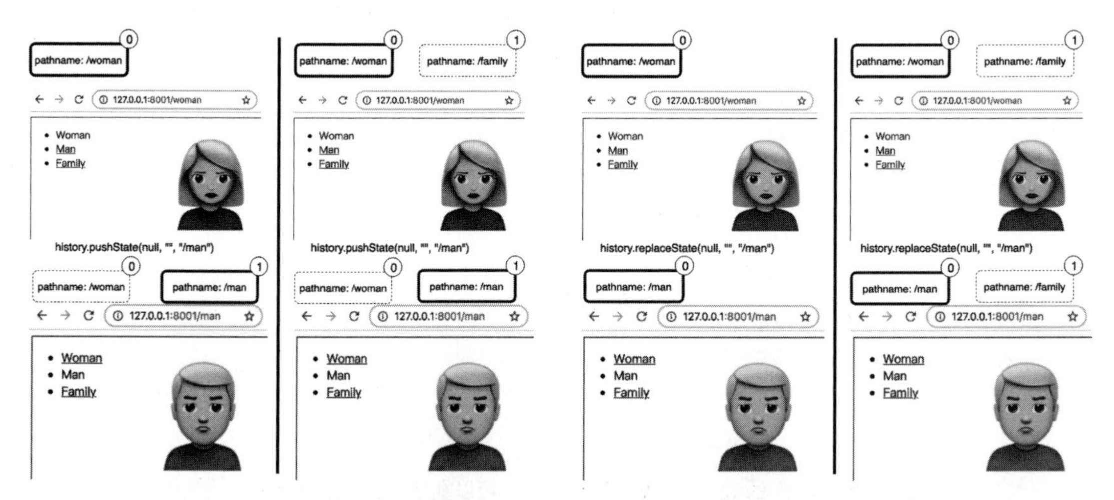

图 1.14 pushState() 在当前条目之后推送一个条目　　图 1.15 replaceState() 替换当前条目

go() 是用于控制浏览器“前进”按钮和“后退”按钮的任务编程接口。例如，其关闭一个基于 URL location 的模态对话框之后，页面随即返回至前一页时会很有用，如图 1.16 所示。

图 1.16　go() 在知道可以跳转回以前的位置时非常有用

go() 接收一个整数类型的参数，即当前要导航的条目的数量。参数为正数，表示向前导航；参数为负数，表示向后导航；参数为 0（或未定义），表示重新加载页面。

```
go(-1); // 后退
go(1); // 前进
go(-10); // 返回
go(0); // 刷新
go(); // 刷新
```

另外，还有 history.back() 和 history.forward() 方法，它们的用途分别与 history.go(-1)、history.go(1) 的用途一样。

location 条目的属性之一是 state（状态）。pushState() 和 replaceState() 方法中也有参数 state。状态是附加到任何条目的数据，它不会因为页面被导航后而丢失，所以如果向条目添加状态，然后导航，再返回该条目，该状态仍然存在。状态会附加到带有 pushState() 和 replaceState() 的条目。这里可以使用 history.state 访问当前条目的状态，如图 1.17 所示。

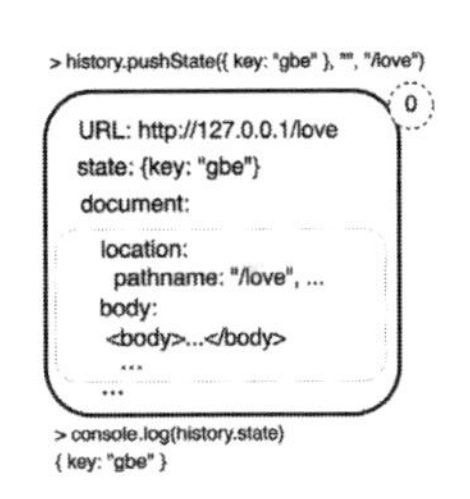

图 1.17　状态可以附加到 location

状态也会存在一些限制。首先，它必须是可序列化的，这意味着数据可以转换为字符串。其次，它有大小限制。开发人员在开发的过程中可能不需要担心这些限制，但必须清楚它们的存在。最后，当用户直接导航到某个位置时，它的状态为 null，如果页面导航依赖于内部跟踪状态来呈现，那么直接导航将出现问题。

一个好的经验法则是，在设计页面路由导航时，基于内部跟踪状态来导航的机制应该用于一些不方便直接通过 URL 的路径就能访问的内容。例如，某个页面通过 URL location 类型进行页面导航，其路径是“/detail/:id”，或许有各种各样的原因不希望用户通过 id 直接访问，就可以考虑把该 id 存入 state 属性。在处理一些现实场景时，如一些邮箱系统（Hotmail、Gmail 等）的页面导航切换，也会采用该方案。

SPA 程序如何利用 History API？ SPA 程序可以使用 evcnt.preventDefault() 覆盖原生行为的锚添加一个自定义的单击处理程序。处理程序可以调用 history.pushState() 或 history.replaceState() 来执行一些导航策略，从而不必触发服务器请求。

但是，History API 只更新会话历史记录，因此处理程序还需要与路由器交互，让路由器知道新的 location 在哪里。许多路由器使用 History API 来封装这些步骤，像 React 或 Vue.js 等 SPA 程序框架，都会通过封装提供多种方式将处理程序添加到锚中。下面笔者使用 Vue.js 尝试编写一个特殊的 link 组件，并将单击处理程序直接附加到组件上。

```
# Vue example
const Link = {
  name: 'router-link',
  props: {
    to: {    // 该组件接收一个类型为“字符串”的必填参数 to 属性
      type: String,
      required: true
    }
  },
  template: '<a @click="navigate" :href="to">{{ to }}</a>',
  // 指定 URL 从 to 属性中获得
  methods: {
    navigate(evt) {  // 定义一个 navigate 方法
      evt.preventDefault();  // 阻止 click 事件默认打开 URL 的行为
      // pushState() 在不刷新浏览器的情况下，在队列中创建新的条目并将其附加至 to 属性
      window.history.pushState(null, null, this.to);
    }
  }
};
// <router-link to="/vue-example"></router-link>
```

用户可以为单击事件添加一个全局事件监听器，用于检测应用程序内导航、覆盖默认行为并使用 History API 调用替换它。实际情况稍微复杂一些，因为并不是所有的单击事件都应该被覆盖。History API 与覆盖本地单击行为相结合，使应用程序内导航变得容易。但是，我们还需要担心另一种类型的导航：用户单击浏览器的“前进”按钮和“后退”按钮。

单击“后退”按钮和“前进”按钮（以及调用 history.go()）时，浏览器会发出一个 popstate 事件。为了检测这些，用户需要向 window 对象添加一个事件监听器。当事件监听器被调用时，会话历史记录被更新，所以用户需要做的就是让路由器知道位置已经改变。如果用户使用地址栏手动更新位置，该导航将创建一个新 document。

History API 只防止使用共享同一个 document 的条目重新加载，这意味着调用 history.go() 并单击“前进”按钮 /“后退”按钮，将导致整个页面重新加载。利用 SPA 程序来控制导航，这样就可以复用 document，而不是向服务器发送请求。

简而言之，在 SPA 程序内，导航是通过 History API 实现的，即用户单击链接覆盖锚的默认单击行为，以使用 pushState() 或 replaceState() 进行 location 条目的变更，而 popstate 事件监听器用于检测浏览器的“前进”按钮 /“后退”按钮的状态，一旦触发，单击处理程序和事件监听器都会将导航通知给路由器，当位置发生变化时，路由器就会进行路由匹配，并最后重新呈现相关内容。

本书并不会讨论关于 History API 的更多细节，但正所谓万卷不离其宗，了解本节内容能帮助读者理解 SPA 程序的运作机制，为读者日后学习各种 SPA 框架打下基础。读者倘若对本节内

容有兴趣，可以看一下 Mozilla 的 History API 文档；如果想亲自动手，可以阅读 WHATWG（Web Hypertext Application Technology Working Group，网页超文本应用技术工作小组）History 实现规范，其提供了很多有用的信息。

另外，市面上也有许多封装 History API 的第三方库，用户可以查看它们是如何工作的。它们通常具有比本文介绍的更多的功能。例如，History 包可以被 React Router 和其他项目使用。Vue.js 的 vue-router 也有自己的 History API 相关实现。

1.1.4 闲聊 MVVM 设计模式

在现代 Web 开发架构中，SPA 的技术发展并不是一蹴而就的。在了解 SPA 与 MVVM（Model-View-ViewModel，模型—视图—视图模型）设计模式的关系之前，有必要简单回顾一下 MVC（Model-View-Controller，模型—视图—控制器）的设计模式及其演进的过程。作为 MV* 框架系列（这里泛指 MVC、MVT、MVP、MVVM）的鼻祖，MVC 设计模式对目前主流的 MVVM 框架实现的 SPA 所产生的技术变革有着非常深远的影响。在很长的一段时间内，我们会在服务器端采用基于 MVC 设计模式的 Web 框架与客户端浏览器进行页面交互，其大致的流程可以简单概括如下。

- Model：用于获取及处理数据。
- View：用于页面的渲染及展示，原则上不处理任何与数据有关的逻辑。
- Controller：不同的页面路径会对应不同的Controller，然后Controller会绑定相应的View进行页面渲染。

用户访问网站的某一页面时，浏览器都会通过路径传递到服务器端的 Controller，并路由到相应的 View，View 从 Model 中获取已经整理好的数据，最后生成完整的 HTML 文档返回浏览器进行显示。或许用户每次都向服务器端请求获取完整的 HTML 文档，对于大型网站来说，其性能和用户交互性是非常糟糕的，但在很早以前，MVC 的出现彻底让业务逻辑和 UI 解耦，代码结构的分离也使开发大型而复杂的 Web 应用成为可能。当软件工程的问题得以解决之后，人们开始关注性能所带来的更好的用户体验。

其后，Microsoft 率先发明了 AJAX（Asynchronous JavaScript and XML，异步的 JavaScript 和 XML）技术。得益于 Google 的大力推广，AJAX 技术彻底打破了原先必须通过 Form 表单与服务器端进行数据交互时页面不停刷新的尴尬局面。这种支持异步请求交互数据的方式在当时可以说是一场重大的技术革命，也为后续 SPA 技术的日渐成熟奠定了基础。

人类的伟大之处就在于人类永远不会安于现状，过去前端与后端交互的频繁页面刷新带来的糟糕体验、多而重复的服务器资源请求导致的资源浪费，让人们慢慢发现是否可以在页面之间无缝切换而无须再向服务器端进行请求，那么前端 MVC 的解决方案就自然而然地应运而生。较具有代表性的框架有 Ember.js、AngularJS 等。

MVC 在前端技术应用上的理念和服务器端是一致的。如果抛开一些框架的理论，可以简单地把 HTML 看作 View，JavaScript 作为 Controller 用于和 HTML 的 DOM 节点交互来改变显示内容，而 Model 主要由 AJAX 负责与服务器端进行数据的传递。事实上，从前端技术的角度来看，MVVM 的理念与 MVC 并没有太多的变化，但 Controller 的机制发生了改变并被 ViewModel 概念替代。

那什么是 ViewModel 呢？每次改变 HTML 的内容渲染都需要用 JavaScript 手工操作 DOM 节点，而 ViewModel 可以通过数据绑定的机制让这一切自动实现（对于不同的 MVVM 框架来说，实现方式会有所不同，这在以后的 Vue 章节中会详细介绍 ViewModel 的机制），这样一来，开发者可以把更多的精力用在关注实现业务逻辑上。

MVVM 与其他设计模式的区别，并不是本书关注的内容，笔者也并不提倡对设计模式的盲目崇拜，尤其像 SPA 的技术实现，无论是 MVC、MVVM 还是其他 MV* 设计模式，只要遵循良好的软件工程实践，确保代码可读性和扩展性，设计模式也就形成了。从目前的工程经验来看，对于绝大多数开发者来说，MVVM 框架也许是目前实现 SPA 程序较好的方式。

1.1.5 与服务器端通信

SPA 的发展得益于 AJAX 技术的成熟和普及，HTML 5 赋予了原生 API 对页面动态切换的完美支持，进一步降低了客户端与服务器端交互频繁所带来的性能问题。接下来，本节将和大家探讨 AJAX 技术在 SPA 客户端与服务器端进行数据交互通信时的改进和变化。

AJAX 可以说是当今 Web 应用程序的主干，也是用于客户机和服务器之间的重要通信方式。在 JSON 未普及之前，用于服务器端和客户端交互的数据交换格式主要以 XML 为主。因此，了解整个 AJAX 是如何工作的、有哪些挑战及如何解决问题是读者必须关注的课题。

笔者会安排如下几个议题循序渐进地分享 AJAX 的核心技术。

- 调用AJAX进行工作。
- 处理回调。
- 使用Promise。

1. 调用 AJAX 进行工作

调用 AJAX 比较简单。通过下面三行代码就能实现与服务器端的通信。

```
var xhr = new XMLHttpRequest();
xhr.open(methodType, URL, async);
xhr.send();
```

（1）创建 XMLHttpRequest 的实例。这个实例可以触发 XHR 调用并获得响应。

```
var xhr = new XMLHttpRequest();
```

（2）使用方法类型 methodType 连接到 URL，本书稍后将讨论 async。方法类型有四种，即 GET、POST、PUT 和 DELETE。其中，GET、POST、PUT 通常是大家接触较多的方法类型。

URL 表示目标服务器地址。

```
xhr.open(methodType, URL, async);
```

此时，浏览器将向服务器发出 HTTPRequest。xhr 将保存关于该请求的所有信息，如 HTTPConnection 状态、HTTPResponse 状态和代码。

```
xhr.send();
```

如果需要执行两个 AJAX 调用，则需要重复以上 3 步骤。

为了处理服务器发送的响应，这里需要在 xhr 实例上添加回调函数。

```
xhr.onreadystatechange = function(){
if (xhr.readyState === 4){
       if (xhr.state === 200){
           console.log("received the response", xhr.responseText);
       } else {
           console.log("error in processing the request");
       }
    } else {
        //console.log("waiting for the response to come");
   }
}
```

每当 HTTPConnection 发生更改时，相应程序都会在 xhr 实例上调用 onreadystatechange。这里需要注意 3 件事。

readyState 表示连接的状态。它的值为 0 ～ 4。当连接和请求发生更改时，该值也会随着发生变化。该值达到 3，意味着数据开始从服务器发出；该值达到 4，表示所有数据都已到达，服务器已处理完请求，连接已关闭。此时可以检查请求是否被成功处理。

status 可以告知该请求是否被成功处理。如果状态是 200，说明请求被成功处理。任何其他代码都表示请求失败。

xhr 实例的 responseText 属性将保存服务器返回的值。服务器可以发送任何类型的数据，如 XML、JSON、纯文本、二进制数据等。根据不同的数据格式，我们可以自行处理该值。

为了让代码变得更实用一些，笔者做了一些简单的封装来获取 GitHub 上的用户信息。代码如下：

```
function makeAjaxCall(url, methodType){
    var xhr = new XMLHttpRequest();
        xhr.open(methodType, url, true);
        xhr.send();
```

```
    xhr.onreadystatechange = function(){
      if (xhr.readyState === 4){
         if (xhr.status === 200){
            console.log("xhr done successfully");
            var resp = xhr.responseText;
            var respJson = JSON.parse(resp);
         } else {
           console.log("xhr failed");
         }
      } else {
         console.log("xhr processing going on");
      }
   }
   console.log("request sent succesfully");
}
// 通过 GitHub 提供的 API 来获取用户详情信息
var URL = "https://api.github.com/users/boylegu";
makeAjaxCall(URL, "GET");
```

请注意 JSON.parse() 函数（它可将字符串转换为 JavaScript 对象）及 JSON.stringify() 函数（其作用与 JSON.parse() 正好相反）。

2．处理回调

开始接触回调会让人感到很困惑。不过理解了回调的概念之后，学习回调就非常简单了，笔者准备了两个小问题逐一破解。

什么是回调？假设这里有一个函数 A1，它内部调用函数 B。函数 B 正在做一些异步操作，如 AJAX。A1 想知道 B 函数中 AJAX 调用的结果。现在 A1 将另一个函数 A2 作为额外参数传递给函数 B，函数 B 将在处理 AJAX 请求后把结果返回给函数 A2。更进一步地说，假设 A1 希望从函数 B 中获取结果，它就向函数 A2 提供需求细节，当函数 B 完成服务时，函数 B 通过使用一些额外的数据调用 A2 通知 A1，如图 1.18 所示。

为什么需要在 AJAX 中进行回调？因为如果没有回调，开发人员每次都需要重复地编写大量且相同的 AJAX 代码。这时候就可以创建一个通用的 AJAX 函数，该函数将 AJAX 细节和回调引用作为输入。在完成调用之后，它调用回调函数，以便调用者可以使用 AJAX 调用的结果继续调用。在前面的代码示例中，使用 makeAjaxCall 函数获取用户详细信息。

现在假设要求显示该用户在 GitHub 上的所有代码仓库，为此，需要使用 GitHub 提供的另一个 API 来获取代码仓库列表。显然，谁都不愿意再编写另一个类似 makeAjaxCall 函数的函数来执行服务器调用，而是继续使用 makeAjaxCall 函数。下面这段代码将显示完整的回调机制。

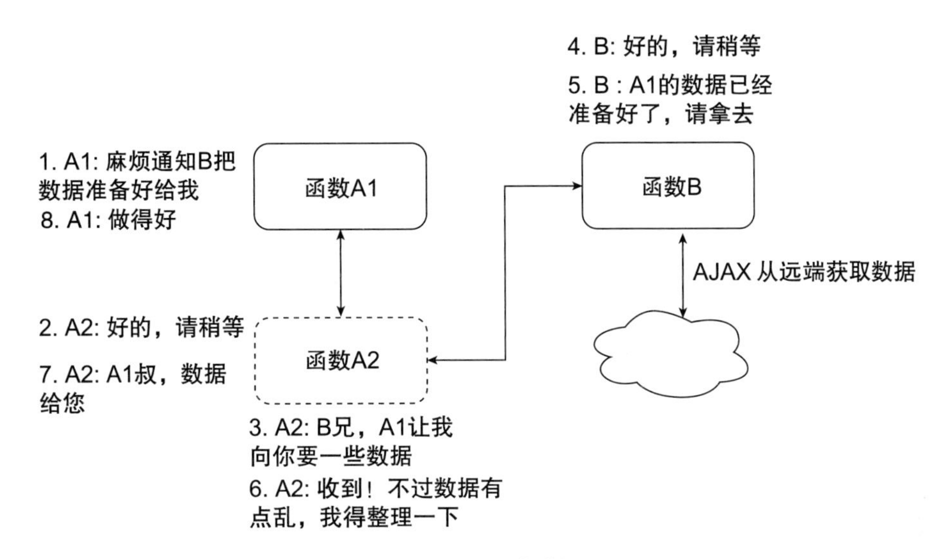
4. B: 好的，请稍等
5. B : A1的数据已经
准备好了，请拿去
1. A1: 麻烦通知B把
数据准备好给我
8. A1: 做得好
函数A1
函数B
AJAX 从远端获取数据
2. A2: 好的，请稍等
7. A2: A1叔，数据
给您
函数A2
3. A2: B兄，A1让我
向你要一些数据
6. A2: 收到！不过数据有
点乱，我得整理一下

图 1.18　回调机制

```
function makeAjaxCall(url, methodType, callback){
   var xhr = new XMLHttpRequest();
      xhr.open(methodType, url, true);
      xhr.send();
      xhr.onreadystatechange = function(){
        if (xhr.readyState === 4){
           if (xhr.status === 200){
              console.log("xhr done successfully");
              var resp = xhr.responseText;
              var respJson = JSON.parse(resp);
              callback(respJson);
           } else {
              console.log("xhr failed");
           }
        } else {
           console.log("xhr processing going on");
        }
      }
      console.log("request sent succesfully");
   }
document.getElementById("userDetails").addEventListener("click", function(){
 var userId = document.getElementById("userId").value;
 var URL = "https://api.github.com/users/"+userId;
 makeAjaxCall(URL, "GET", processUserDetailsResponse);
```

```
});
document.getElementById("repoList").addEventListener("click", function(){
 var userId = document.getElementById("userId").value;
 var URL = "https://api.github.com/users/"+userId+"/repos";
 makeAjaxCall(URL, "GET", processRepoListResponse);
});
function processUserDetailsResponse(userData){
 console.log("render user details", userData);
}
function processRepoListResponse(repoList){
 console.log("render repo list", repoList);
}
```

在上面的示例中，调用 makeAjaxCall 函数的地方有两个。对于这两个场景，服务器响应的处理是不同的。makeAjaxCall 函数在这里作为一种服务函数，它接受 AJAX 细节和回调引用。当完成 AJAX 调用时，它通过调用回调引用来通知调用者，使用回调引用可以创建一个可重用的独立函数，该函数只关注 AJAX 调用。

回调函数可以自行处理任何数据，如显示用户详细信息或 GitHub 仓库列表。通过传递诸如 URL、方法和回调引用等 AJAX 调用细节，可以在 *n* 个位置使用 AJAX 服务函数。回调是将 AJAX 的核心逻辑与业务逻辑分离比较常用的办法。

不幸的是，当进行一系列 AJAX 调用时，其中一个调用依赖于前一个调用，因此处理回调变得非常困难，在维护多个回调引用和处理多个成功和错误条件时可能会遇到困难。Promise 是管理多个 AJAX 调用的更好方法，也是目前前端技术开发较常用的技术之一。

3. 使用 Promise

Promise 用于解决具有多个回调的问题，并提供更好的方法来管理成功和错误条件。它本身就是一个异步函数（如 AJAX）返回的对象，有 3 种状态。

- Pending：该异步操作正在进行中。
- Resovled：该异步操作成功完成。
- Rejected：该异步操作完成但发生了异常错误。

使用 Promise 对象可以分为两个部分。

第一部分：将其封装为异步函数。

- 创建Promise对象。
- Async函数返回Promise对象。

如果异步操作成功，则通过调用 Promise 对象的 resolve 方法去解析它；如果异步操作错误，则通过调用 Promise 对象的 reject 方法直接拒绝。

下面是这部分 Promise 的代码。

```
/ 第一部分 将其封装为异步函数
function makeSomeAsyc(){
  // 创建 Promise 对象
  var promiseObj = new Promise(function(fullfill, reject){
      ... // 在这里添加 Async 代码
      ... // 成功时，调用 fullfill 方法进行解析
      ... // 出现错误时，调用 reject 方法来拒绝
  });
  //Returns Promise object
  return promiseObj;
}
function handleSuccess() {   ...   }
function handleError() {   ...   }
```

第二部分：外部调用。

- 调用函数并获得Promise对象。
- 使用then方法在Promise对象上附加成功处理程序和错误处理程序。

下面是这部分 Promise 的代码。

```
// 第二部分：外部调用
var pobj = makeSomeAsyc();
// 将成功处理逻辑附加到 Promise
pobj.then(handleSuccess, handleError);
```

将 Promise 与前面实现的 makeAjaxCall 函数结吉，看看两者会擦出怎样的火花。

```
function makeAjaxCall(url, methodType){
      var promiseObj = new Promise(function(resolve, reject){
            var xhr = new XMLHttpRequest();
            xhr.open(methodType, url, true);
            xhr.send();
            xhr.onreadystatechange = function(){
            if (xhr.readyState === 4){
               if (xhr.status === 200){
                  console.log("xhr done successfully");
                  var resp = xhr.responseText;
                  var respJson = JSON.parse(resp);
                  resolve(respJson);
               } else {
                  reject(xhr.status);
                  console.log("xhr failed");
```

```
                }
            } else {
                console.log("xhr processing going on");
            }
        }
        console.log("request sent succesfully");
    });
    return promiseObj;
   }
document.getElementById("userDetails").addEventListener("click", function(){
 var userId = document.getElementById("userId").value;
 var URL = "https://api.github.com/users/"+userId;
 makeAjaxCall(URL, "GET").then(processUserDetailsResponse, errorHandler);
});
document.getElementById("repoList").addEventListener("click", function(){
 var userId = document.getElementById("userId").value;
 var URL = "https://api.github.com/users/"+userId+"/repos";
 makeAjaxCall(URL, "GET").then(processRepoListResponse, errorHandler);
});
function processUserDetailsResponse(userData){
 console.log("render user details", userData);
}
function processRepoListResponse(repoList){
 console.log("render repo list", repoList);
}
function errorHandler(statusCode){
 console.log("failed with status", status);
}
```

注意，makeAjaxCall 函数返回一个 Promise 对象，并且不接受任何回调，且只能被解析或拒绝一次，因此，我们可以在 Promise 对象上添加多个成功和错误处理代码，每一个都将按照注册时的顺序调用。

在编写复杂的异步代码与服务器端进行交互时，回调会变得混乱，尤其是构建大型 SPA 程序时，Promise 是目前不得不掌握的主流技术。

1.1.6 SPA 的优点和缺点

以上内容介绍了 SPA 程序的方方面面，在这里，笔者结合自己的经验简单概括一下 SPA 的优点和缺点。

1. SPA 的优点

（1）极佳的用户体验。

因为大多数资源（HTML、CSS、JavaScript）在应用程序的整个生命周期中只加载一次、速度极快，所以用户体验的过程就像使用脱机版的本地程序一样流畅。

（2）减轻服务器的压力。

无须通过服务器呈现页面，剩下的就只有数据和服务器端来回传输。

（3）更容易调试。

使用调试工具可以更容易地监视网络操作，研究与之相关的页面元素和数据。

（4）大幅提高开发效率。

更彻底的前、后端分离，使开发人员可以为 Web 应用程序、移动应用程序复用相同的代码，大幅提高开发效率。

2. SPA 的缺点

然而，在很多时候，SPA 程序并非是万金良药，它的缺点也不少，主要有以下几个方面。

（1）无法很好地支持 SEO。

SPA 程序可以看成只有一个页面，而目前主要搜索引擎 (如谷歌、百度、必应) 支持索引的页面数量也被限制在一个页面，这意味着所有的网站 SEO 排名将被困在网站的单个页面。总体来说，只想对几个关键词进行排名可能比较容易，但如果希望支持大量关键词，那么针对单个页面进行排名就会非常困难。

（2）学习门槛不低。

对于之前长期依赖使用 jQuery 或刚接手前端开发的开发者来说，理解并使用 SPA 框架或许一开始并不容易，再者，业务逻辑从后端向前端的转移，导致对前端技术的能力要求也进一步提高。尽管像 Vue 这类的框架已经被设计得足够简单，但笔者看到过很多开发者会耗费大量的时间来研究如何在 SPA 中引入 jQuery，对 SPA 程序所赋予的组件复用、组件间的通信、状态等特性嗤之以鼻，因此很难从中获益。

（3）严重依赖 JavaScript。

由于 JavaScript 及 API 受限于各个浏览器版本，不能强制要求所有访问 Web 应用的用户群总是使用最新版本的浏览器，在风险不可评估的情况下，SPA 程序所带来的良好用户体验也会适得其反。

（4）扩展网站内容的能力十分有限。

SPA 程序所呈现的内容主题或风格较为单一，可能在开始时这并不是问题，但如果企业决定扩展内容更多、更复杂的设置，SPA 程序就不能很好地满足这些内容扩展。虽然可以简单地扩展单页（主页），让它有越来越多的内容，但事实上无法做得太多。如果计划向网站添加大量内容，SPA 程序可能不是最佳选择。

综上所述，相信大家对 SPA 程序的优缺点已经有所了解，然而，由于国内的搜索引擎算法及技术相比国外起步较晚，而国内很多针对 ToC 的产品又严重依赖于 SEO，并且包含着各式繁杂的营销类页面和视觉炫酷的广告，即使多页应用（MultiPage Application,MPA）程序会在用户体验、页面加载性能上带来诸多弊端，但对于绝大多数的普通用户来说，若没有在 SPA 程序上获益，也就自然不在乎它们在体验方面的差距。

另外，从 MAP 架构转为 SPA 程序，对开发者的技术能力也是一种挑战，好在目前的 AJAX 足够强大，以至于可以在 MPA 的部分页面与服务器之间传输大量数据，传统的技术方案自然也有较为成熟的设计模式去解决工程化的问题。

总体而言，在收益和投入没有达到一定比例的情况下，国内很多互联网公司以及电商平台项目依然采用 MPA 程序技术，而一些具有特定应用场景的 Web 项目反而比较适合 SPA 程序，如电子邮箱系统、内部管理系统、社交类应用等。

1.2 异步与协程

降低高昂的信息化成本，合理应用服务器资源，打造一款具备良好性能的企业级应用程序，一直是大家所追求的目标，对于如何“榨干”服务器的“每一滴油”，在计算机科学领域也是一门极具魅力的综合性学科。

常被作为饭后谈资、面试必考的话题就是“并发”，这也是让众多计算机编程高手们相互切磋、流连忘返的“侠客岛”。然而，在现代 Web 应用程序开发中，语言、技术框架已经屏蔽了许多技术复杂度，越来越多的开发者被挡在了通往高手之路的门外，成为“优秀的 API 工程师”。于是，平庸和优秀之间逐步形成了技术阶级的壁垒。由此，本节将重新为读者拾遗补缺，更系统地介绍现代软件并发编程的知识。

1.2.1 程序、进程、线程与协程

您是否经常听到与计算机程序相关的“线程”这个术语，但又不了解它的确切含义？您可能知道线程与程序、进程有着某种密切的关系，但如果不是计算机科学专业的学生，那么您的理解或许仅限于此。

假设读者是一名程序员，那么了解这些术语的含义是绝对有必要的，当然它们对于普通计算机用户也相当有用，因为利用这些术语可以查看和理解 MAC 上的活动监视器、Windows 上的任务管理器或 Linux 上的 top，可以帮助排除哪些程序在计算机上造成了问题，或者确定是否需要安装更多内存才能使系统运行得更好。

接下来，笔者将简化和概括这些概念，用较为通俗易懂的方式进行介绍。

1. 程序

大家可能知道，程序就是存储在计算机上的代码，用于完成特定的任务。程序有许多类型，如帮助计算机运行的程序和操作系统的一部分程序，以及完成特定任务的其他程序。这些基于特定任务的程序也称为应用程序，包括文字处理、Web 浏览或向另一台计算机发送邮件等程序。

程序通常以计算机执行的形式存储在磁盘或非易失性内存中。在此之前，它们使用 C、LISP、Pascal 等编程语言创建，或者使用包含逻辑、数据、设备操作、递归和用户交互的指令构建。最终

的结果是文本文件的代码被编译成二进制形式，以便在计算机上运行。

另一种类型的程序称为解释程序，它不是为了运行而预先编译的，而是在运行时即可解释为可执行代码。一些常见的解释型编程语言有 Python、PHP、JavaScript、Ruby 等。然而，最终的结果是相同的，当程序运行时，它们以二进制形式加载到内存中。计算机的 CPU（中央处理单元）只理解二进制指令，所以二进制形式是程序运行时的必要的形式。

二进制语言是计算机的母语，因为电路的基本状态有开和关两种，所以在计算机中分别用 1 或 0 表示这两种状态（现在有一种量子计算机，它超越了计算中只有 1 和 0 的概念）。

2. 程序与进程是如何一起工作的

进程就是程序，它以二进制的形式加载到计算机内存中，计算机知道如何处理这些二进制代码，结合内存和各种操作系统资源才能运行。操作系统是分配这些资源背后的大脑，并且有着不同的风格，如 macOS、iOS、Microsoft Windows、Linux、Android 等。它负责管理着程序转换为可运行进程所需要的资源和环境。

每个进程都包括一些基本信息，如寄存器、程序计数器和堆栈。寄存器是 CPU 的数据存储位置。寄存器可以保存进程所需的指令、存储地址或其他类型的数据。程序计数器也称为“指令指针”，用于跟踪计算机在其程序序列中的位置。堆栈是一种数据结构，用于存储有关计算机程序的活动子程序的信息。它与堆的进程动态分配内存不同，如图 1.19 所示。

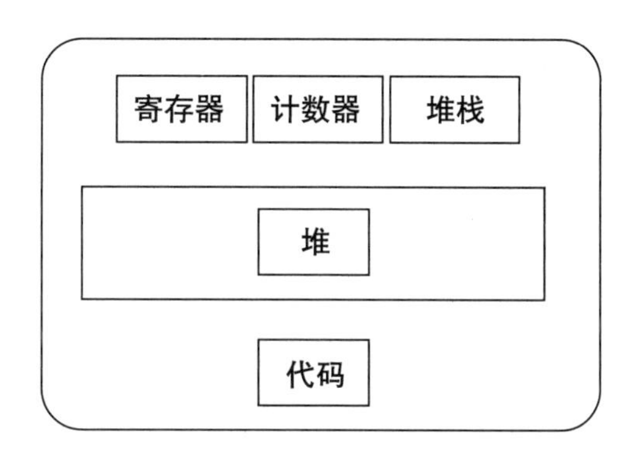

图 1.19　计算机中的进程

一个程序可以有多个实例，每个正在运行的程序实例都是一个进程。每个进程都有一个独立的内存地址空间，这意味着一个进程独立运行，并与其他进程隔离。因此，一个进程不能直接访问其他进程中的共享数据。从一个进程切换到另一个进程需要一些时间来保存和加载寄存器、内存映射和其他资源。

进程的独立性很高，因为操作系统会尽可能地隔离进程，这就意味着当计算机上的某个应用程序冻结或出现问题时，该程序能够在不影响其他程序的情况下退出。

3. 线程是如何工作的

线程是进程中的执行单元。一个进程可以有一个或多个线程，如图 1.20 所示。

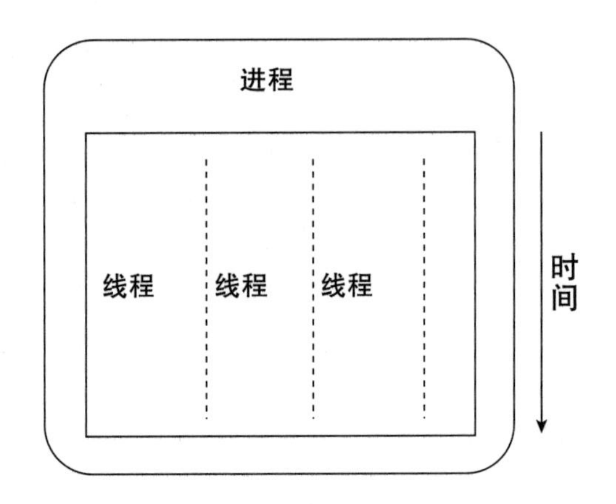

图 1.20 进程与线程

当进程启动时，它被分配内存和资源。进程中的每个线程共享内存和资源。在单线程进程中，进程包含一个线程。过程和线程是一回事，并且只有一件事在发生。

在多线程进程中，进程包含多个线程，并且进程同时完成许多事情（从技术上讲，有时几乎是同时进行的），如图 1.21 所示。

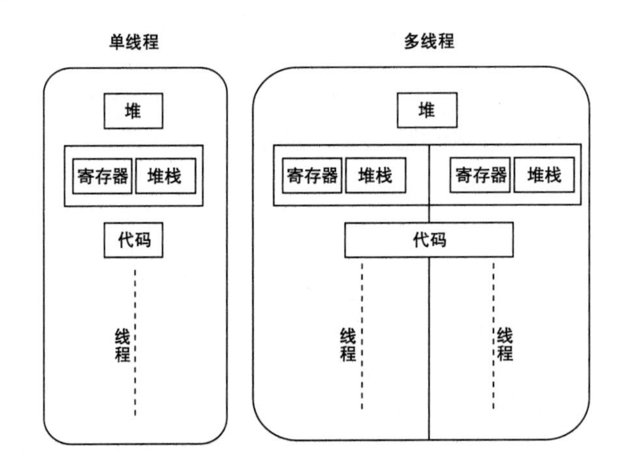

图 1.21 进程中的单线程和多线程

我们讨论了进程或线程可用的两种内存类型：堆栈和堆。区分这两种类型的进程内存非常重要，因为每个线程都有自己的堆栈，但是进程中的所有线程都将共享堆。

线程有时称为轻量级进程，因为它有自己的堆栈，但可以访问共享数据。由于线程与进程和进程内的其他线程共享相同的地址空间，线程之间通信的操作成本很低，这是一个优势。缺点是一个进程中一个线程的问题肯定会影响其他线程和进程本身的生存能力。

4. 线程与进程

下面主要总结一下线程与进程的优缺点，如表 1.1 所示。

表 1.1　线程与进程的优缺点对比

进　　程	线　　程
进程消耗的资源较多	线程更轻量级
每个进程都有各自的内存空间	线程可以使用它们所属进程的内存
进程之间的通信很慢，因为内存地址不同	线程间通信可能比进程间通信更快，因为同一进程的线程与它们所属的进程共享内存
进程之间的上下文切换开销更大	在相同进程的线程之间切换上下文的开销更小
进程之间无法共享同一个内存	线程与同一进程的其他线程共享内存

5. 协程

尽管线程比进程所占用的内存空间更小，但它在多并发的状态下仍旧通过 CPU 进行上下文切换及调度。产生大量的连接数时，频繁切换所导致的内存开销不可小觑，并且其调度的控制权完全依靠 CPU 进行，当程序发生问题时，不利于进行调试和排错，甚至就像数以百计脱了缰的野马到处驰骋，而你可能也束手无策。

协程的出现改善了这些问题，目前协程已经是 Web 应用程序的标配，那它与线程有什么区别呢？协程的上下文切换不再受 CPU 控制，这一控制权被下放给用户，在多并发的情况下，通过编程很容易在单线程下进行多个用户栈之间的上下文切换，在节省内存的情况下，提高吞吐量，更容易对程序进行控制，如图 1.22 所示。

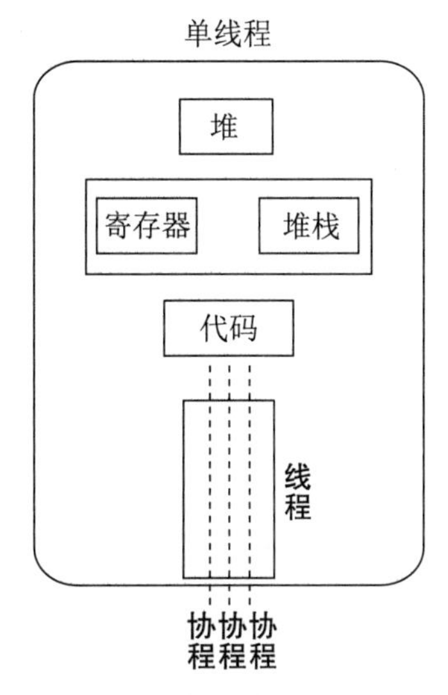

图 1.22　一个进程中单线程和协程的关系图

在单个线程中开启多少个协程并没有限制，当然这也取决于系统的内存，好在协程的内存消耗比线程更小，因此单线程可以处理更多的连接数，另外通过扩展进程，协程的威力更是在单机并发上达到非常强悍的地步。

由于协程是通过用户态实现的，其实现方式也因不同的编程语言支持程度而不同，它的运作方式其实就是由一种事件驱动模型衍生出来的，所以了解事件驱动模型是了解协程技术的重要基础，但目前暂且放一放，因为还有一些关于并发的基本概念需要和读者再聊一聊。

1.2.2　并发基础

读者可能会问，进程或线程是否可以同时运行？答案视情况而定。具有多个处理器或 CPU 内核的系统（与现代处理器一样）可以并行执行多个进程或线程。但是，单个处理器不可能同时真正执行进程或线程。在本例中，使用进程调度算法在正在运行的进程或线程之间共享 CPU，该算法分配 CPU 的时间并产生并行执行的假象。给每个任务分配的时间称为时间片。

在不同任务之间来回进行上下文切换，其速度非常之快，通常是察觉不到的。并行性（真正的同步执行）和并发性（及时交错进程以呈现同步执行）区分了两种类型的实际或近似的同步操作，如图 1.23 所示。

那么，当程序员创建一个希望同时执行多个任务的程序时，如何在进程和线程之间做出选择呢？上面已经讨论了一些差异，下面来看一个实际的例子，这个例子中有一个很多人都使用的程序——谷歌 Chrome 浏览器。

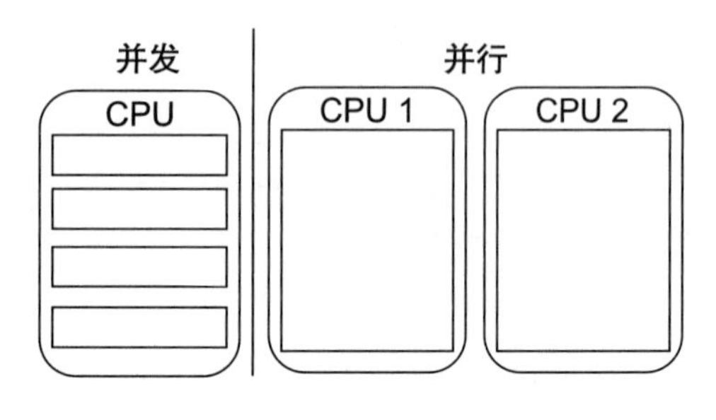

图 1.23　并发与并行

当谷歌设计 Chrome 浏览器时，需要决定如何处理同时需要计算机、通信和网络资源的许多不同任务。每个浏览器窗口或选项卡都与 Internet 上的多个服务器通信，以检索文本、程序、图形、音频、视频和其他资源，并呈现这些数据以供显示和与用户交互。此外，浏览器可以打开许多窗口，每个窗口都有许多任务。

谷歌必须决定如何处理任务的分离。选择在 Chrome 中以一个单独的进程运行每个浏览器窗口，而不是像其他浏览器一样运行一个线程或多个线程，这样做给谷歌带来了很多好处。将每个窗口作为一个进程运行可以保护整个应用程序不受呈现引擎中的 Bug 和故障的影响，并限制从每个呈现引擎进程对其他进程和系统其他部分的访问。在进程中隔离 JavaScript 程序可以防止它占用太多的 CPU 时间和内存，并使整个浏览器没有响应。

谷歌对多处理设计进行了权衡。为每个浏览器窗口启动一个新进程在内存和资源上的固定成本要高于使用线程。谷歌认为这种方法最终将减少内存膨胀。

当内存不足时，使用进程而不是线程还可以更好地利用内存。不活动的窗口被操作系统视为较低的优先级，当其他进程需要内存时，可以将其交换到磁盘。这有助于使用户可见的窗口响应速度更快。如果窗口是线程化的，那么将使用的内存和未使用的内存清晰地分开将更加困难，导致系统性能下降。

图 1.24 所示为运行在 MacBook Pro 上的谷歌 Chrome 进程，其中打开了许多选项卡。一些 Chrome 进程占用了相当多的 CPU 时间和资源，而另一些进程占用的 CPU 资源非常少。从图 1.24 中可以看到，每个进程都包含许多线程。

图 1.24　Chrome 浏览器在 osx 操作系统中的进程占有情况

1.2.3　I/O 漫聊

尽管目前越来越多的技术框架把并发代码的实现封装得足够简单、容易，可稍有不注意仍会带来可怕的后果，尤其是要谨记曾经在世界上发生过的臭名昭著的软件灾难之一——俗称杀人机器的“Therac-25”，就是由并发过程中竞态问题所引起的。本节将和大家继续探讨应用程序的 I/O，这些概念太重要了。

I/O 的本质就是操作一堆文件描述符。首先，在考虑并发技术的方向时应该清楚当下开发的应用程序属于计算密集型还是 I/O 密集型。表 1.2 基本概括了绝大多数的应用场景。

表 1.2　计算密集型与 I/O 密集型的应用场景区分

计算密集型（优先考虑多进程）	I/O 密集型（优先考虑多线程）
科学计算	磁盘读写
数据分析	与其他终端设备（如打印机、移动设备等）交互等
动画及 3D 模拟	网络间的 Socket 读写
	读取标准输入中的数据

好的程序架构不可能存在一台或一组服务器提供的服务既包含计算密集型又包含 I/O 密集型（若有，那就要好好考虑是否需要进行服务拆分）的情况。对于 Web 应用程序，更多的是进行频繁的 I/O 读写。下面将重点介绍一下 I/O 模型，这也是很多程序员至今都没有彻底弄清楚的基本概念。

I/O 通常包括两个不同的步骤。

步骤 1：设备（I/O）的检查。

阻塞：等待设备准备完毕。

非阻塞：定期轮训，直到准备好为止。

步骤 2：设备（I/O）的传输。

同步：程序发起的操作（如读或写）。

异步：程序通过操作系统内核事件去响应式执行操作（异步 / 事件驱动）。

这里可以用任何方式去混合这两个步骤，跳过所有的技术细节，笔者打个比方如下。

假设最近笔者在上海买了一套房，在新房装修好之后就会欢天喜地地举家搬迁，所以，笔者必须把所有的东西打包并将其搬到新房。计算机中的不同 I/O 类型如何与这一现实例子相互映照？

同步阻塞 I/O：收拾行李，立马开始行动，在上海的双休日里，可能会面临交通堵塞，然后在市区内辗转之后才到达新家，十有八九还需要再一次往返去重复前面两个步骤。

同步非阻塞 I/O：时不时地打开手机地图应用程序，观察道路的交通状况，只有在交通畅通时才会考虑出发，在观察路况的间隙，笔者可以做任何想做的事情，而不是被堵在路上浪费时间。这里需要注意的是，即使在合适的时机出发，笔者也有一定概率在路途中遇到临时交通堵塞的情况。

异步非阻塞 I/O：雇一个搬家公司，搬家公司会定期询问笔者是否还有东西要搬，然后笔者把一些打包的行李交给搬家公司，而笔者可以继续做任何自己想做的事，直到搬家公司把所有的东西搬完。

哪种模型最适合取决于应用程序的部分场景、处理的复杂度以及操作系统的支持等。同步、阻塞 I/O 在任何操作系统上都具有广泛的接口支持，并且非常容易理解和使用（绝大多数情况下，开发者编写的都是同步代码）。那么解决并发问题必须基于多线程来实现，这也是同步、阻塞 I/O 的缺点，简单概括如下。

- 分配的每个线程都会耗尽资源。
- 它们之间会发生越来越多的上下文切换。
- 操作系统对线程有最大数量的限制（与系统内存大小有关）。

这就是为什么现代 Web 服务器转向异步非阻塞模型，并提倡使用单线程事件循环来实现网络接口的吞吐量最大化。不过底层操作系统的 API 都是基于特定平台的，使用起来相当困难、复杂，所以有几个库提供了一个抽象层。

下一节将介绍异步 I/O 中主流的设计模式。

1.2.4 反应式模式：epoll 与 Event Loop

在 Web 应用程序中，设计一套高性能 I/O 往往会优先从操作系统、开发语言特性、业界较为成熟的案例等方面考虑，如今随着操作系统内核的不断升级和实践，衍生出两种不同的开发设计模式：反应式模式（Reactor）和前摄式模式（Proactor）。

反应式模式是一种最早解决 C10K 问题的高并发解决方案。简单地说，它对目标资源发出一个事件触发器，使用单线程对该事件不断循环，并同时将它们分派给相应的处理程序和回调函数。只要注册该事件的处理程序和回调函数来处理它们，就能避免阻塞 I/O。引用该事件的实例包括新的传入连接（Connection）、读（Read）、写（Write）等。

这些处理程序、回调函数可以在多核环境（多进程）中使用线程池或协程进行不断的事件轮训（Event Loop）。这样的实现机制就是大家耳熟能详的“事件驱动”最经典的架构，所谓的 I/O 多路复用其实也是一回事，其中最具代表性的就是 Linux 下的 epoll。

简单地说，反应式模式架构包括两个重要的参与者：接收者和处理程序。

接收者（Accepter）：接收者在单独的线程中运行，它的工作是通过将工作分派给适当的处理程序来响应 I/O 事件。这就像公司里的电话接线员接听客户的电话，然后把电话转给合适的联系人。

处理程序（Handler）：处理程序执行处理 I/O 事件的实际工作，类似于客户希望与之交谈的公司中的实际人员。

整个过程可大致地简化为通过事件轮训周而复始地监听接收者去分派适当的处理程序来响应 I/O 事件，而处理程序则执行非阻塞操作。比较遗憾的是，Linux 的 epoll 中 connect 方法和 read 方法依然会存在阻塞的情况，尽管 Linux 2.6 内核推出了 AIO 接口来进一步提升 epoll 的效率，但也仅限于此。

前摄式模式也是通过单线程事件循环实现的，但它与反应式模式有所不同。反应式模式关注的是事件是否已经就绪，而前摄式模式更关注事件是否已经操作完成，并在 connect 方法和 read 方法中建立双通道，从操作系统内核真正支持纯异步机制，目前能较好地支持该模式的是 Windows 的 IOCP。

由此可见，反应式模式更像是同步非阻塞 I/O，在生产服务器中 Linux 的占有率极高，诸多的高级语言（如 C++、Java、Python 等）都有很好的支持，也令它成为目前市场上主流、应用极为广泛的高并发技术。

读者不用太纠结反应式模式和前摄式模式在性能上的差异，因为经过 Linux 内核的不断优化，目前的反应式模式已经足够快，只要使用得当，两者之间的差距基本可以忽略。

1.3　HTTP 那些事儿

查看浏览器中的地址栏的时候，看到前面的字母“HTTP”了吗？它代表超文本传输协议，是浏览器用来从服务器请求信息并在屏幕上显示网页的机制。

与 HTTP 1.1 相比，负责为 Internet 创建标准的组织国际互联网工程任务组（Internet Engineering Task Force，IETF）发布的可靠且无处不在的 HTTP 协议的新版本 HTTP 2 更新改进了浏览器和服务器的通信方式，支持更快地传输信息，同时减少了请求连接数。

1.3.1　HTTP 2 的重要性

HTTP 1.1 自 1999 年以来一直在使用，尽管多年来它的表现令人钦佩，但它已经开始显出年迈体衰的态势。现在的网站除了标准的 HTML 外，还包括许多不同的组件，如设计元素（CSS）、客户端脚本（JavaScript）、图像、视频、Flash 动画等。

要传输这些信息，浏览器必须创建几个连接，每个连接都有关于通信包或协议的源、目标和内容的详细信息，这给交付内容的服务器和浏览器都带来了巨大的负载，如图 1.25 所示。

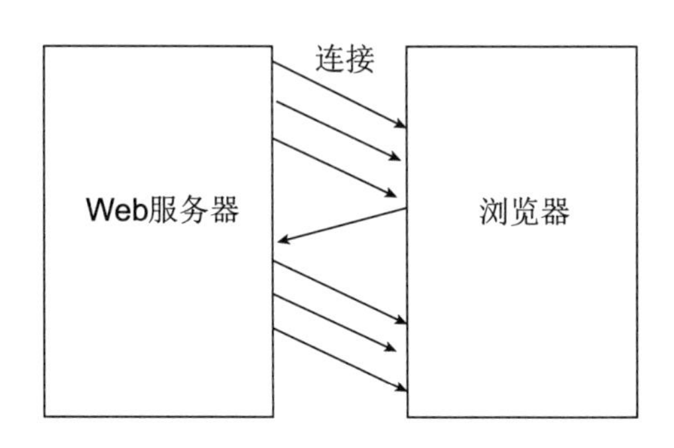

图 1.25　HTTP 1.1 客户端和服务器交互

随着越来越多的元素被添加到站点中，所有这些连接和它们所需的处理能力都可能导致网站速度变慢。即使最轻微的延迟也会导致用户体验变差。对于公司来说，一个缓慢的网站可以直接导致亏损，特别是对于在线服务来说，长时间的加载意味着糟糕的用户体验。

自从拨号上网普及以来，人们一直在寻找加快互联网速度的方法。比较常见的技术之一是缓存，其中某些信息存储在本地，而不是每次请求时都重新传输所有内容。有些人则采取了降低图像和视频分辨率等手段；还有一些人花了数不清的时间来调整和优化代码，以将加载时间缩短几毫秒。

这些方式都是有用的，但实际只是一张“创可贴”。因此，谷歌决定大幅修改 HTTP 1.1 并创建 SPDY，结果令人印象深刻。通常，使用 SPDY 的服务器和浏览器之间的通信要快得多，即使用加密机制也是如此。至少，使用 SPDY 的传输速度可以提高约 10%，在某些情况下，可以提高接近 40%。SPDY 如此成功，以至于在 2012 年，谷歌工程师团队决定创建一个基于该技术的新协议，这就引出了 HTTP 2 草案。

1.3.2 大话协议

协议是控制信息从一台计算机传输到另一台计算机的规则的集合。每个协议都有一些不同，但通常它们包含一个头信息（Header）、帧结构（Payload）和页脚（Footer）。头信息包含源地址和目标地址，以及关于有效负载（数据类型、数据大小等）的一些信息，如图 1.26 所示。

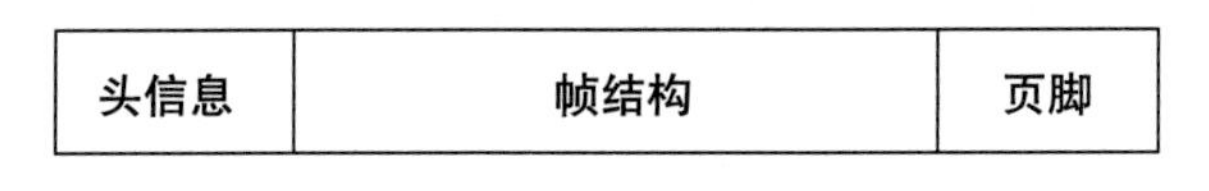

图 1.26 协议结构

帧结构包含具体数据内容，页脚包含某种形式的错误检测。一些协议还支持一个称为“封装”的特性，它允许帧结构的某部分包含其他协议，如图 1.27 所示。

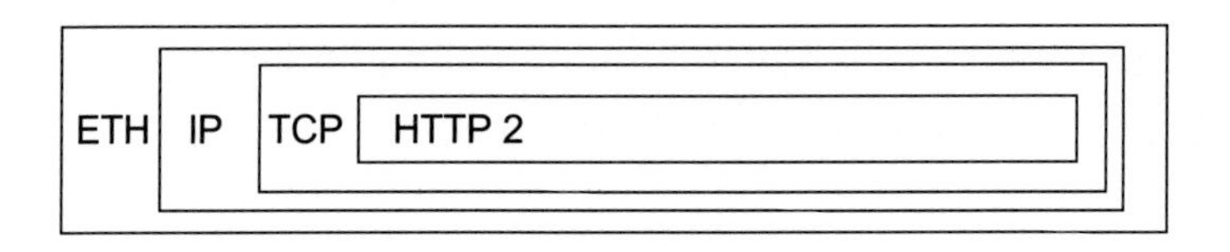

图 1.27 帧结构包含其他协议

可以把协议想象成一封信。在这种情况下，我们的协议将由邮政局定义。这封信需要一个特定格式的目的地址、回信址和邮资。帧结构将是信件本身，错误检测机制是信封上的印章。如果信被撕烂了，就说明通信过程出现问题了。

1.3.3 HTTP 2 的六板斧

HTTP 2 技术已经融入许多 Web 服务器和浏览器。除了 Chrome，像微软在 Windows 10 技术预览版的 Internet Explorer 上支持 HTTP 2，Mozilla 从 Firefox Beta 36 开始就提供了这个功能。截

至笔者撰写本章时，全球大约 72% 的网站使用了 HTTP 2。

如果讨论 Web 服务器，读者应该知道 IIS（Windows Web 服务器）已经在 Windows 10 下支持 HTTP 2，包括最新版本的 Apache 和 Nginx 也已经提供支持。假设您没有经常观察各个网站加载资源的习惯，很可能都不会意识到 HTTP 2 已经无处不在。另外，仍然会在地址栏中看到 http 或 https，因此，生活将像往常一样继续，但速度会快一些。那么 HTTP 2 究竟具体好在哪里？下面介绍一下关于 HTTP 2 的六板斧。

1. 多路复用

在 HTTP 1.1 下，连接是持久的。HTTP 1.1 允许在同一个 TCP 连接上发送多个请求或管道化多个请求。虽然 HTTP 1.1 通过减少连接建立开销提高了性能，但它并不是万能的。即使可以通过同一个连接发送多个请求，响应也必须按照请求的相同顺序同步到达。这意味着如果以错误的顺序请求一些昂贵的资源（如加载大型图像文件），阻塞将不可避免地发生。这种现象称为前端（HOL）阻塞。实际上，Web 服务器对管道的支持非常差，以至于许多浏览器干脆禁用了它。

HTTP 2 允许多路复用，通过允许响应无序到达来解决 HOL 问题，从而消除了打开多个连接的需要。

2. 压缩并减少头部开销

HTTP 1.1 下的每个请求和响应都有一堆头部（Header）信息，大小通常为 200B ～ 2KB。这里就会出现两个问题：头部信息不允许被压缩；头部包含大量冗余信息。当浏览器发出与加载网页相同数量的请求时，这些信息会被交换数百次。像 Accept* 和 User-Agent 这样的静态头信息只需要交换一次。HTTP 2 通过压缩和消除不必要的头部信息来修复这两个问题。

3. 服务器推送

支持 HTTP 2 的服务器可以在客户机请求数据之前将数据发送给客户机。为了理解为什么这是有好处的，需要了解一下如何在 HTTP 1.1 下加载一个 Web 页面：浏览器请求一个页面，先等待它被加载，之后解析并找到所有链接的资源，如 CSS 和 JavaScript，然后分别发出单独的请求进行下载。HTTP 2 的服务器推送机制是允许服务器在发出第一条请求的时候，就知道有哪些资源需要被下载，然后主动地通知服务器下载这些文件。

4. 加密（可选项）

长期以来，人们一直在争论是否应该在 HTTP 2 中强制使用加密（HTTPS）。标准的制定者经过广泛讨论，最后决定不要求必须使用加密方案（如 TLS）。然而，目前并没有任何浏览器支持未加密的 HTTP 2。

5. 二进制编码

与 HTTP 1.1 不同，HTTP 2 使用二进制编码，这意味着 HTTP 2 将更有效地进行在线解析和压缩，代价是这些编码将不再易读。在笔者学习 HTTP 1 时，所做的第一件事就是手动发出一个请求，并查看响应和所有报头，因为它非常棒。不幸的是，如果不借助一些第三方工具的话，这在 HTTP 2 中几乎很困难。

6. 向后兼容

HTTP 2 向后兼容 HTTP 1.1。这意味着如果想要升级到 HTTP 2，可以不做任何更改，并且升级对用户来说同样是无缝透明的。不要忘记撤销 HTTP 1.1 性能优化（即最佳实践），因为它们不再提供等同的好处。

1.3.4 下一代的革命：HTTP 3

目前使用的 HTTP 版本包括 HTTP 1、HTTP 1.1 甚至 HTTP 2 都基于 TCP，因为 3 次握手及 4 次分手的机制确保了两台计算机之间数据的安全可靠传输。但也正因如此，为了保证可靠性，TCP 的性能始终无法再进一步提升。

对于下一代 HTTP 的发展，谷歌开发团队早在 2012 年时再次一鼓作气，决定完全弃用 TCP，提出了 QUIC（Quick UDP Internet Connection，基于 UDP 的低延时网络连接）协议，该协议不等同于传统意义上的 UDP 协议，更准确地说是谷歌重新开发了 HTTP，作为 TCP 的改进版本，结合了 HTTP 2、TCP、UDP 和 TLS 的最佳特性。与 TCP 相比，QUIC 的默认加密实现使其运行速度更快、安全性更高。

已经有主流的浏览器厂商以及 Facebook、腾讯、新浪、YouTube 等互联网巨头纷纷在部分产品线使用该技术和测试。不可否认，QUIC 是一个非常新颖的概念，但它仍然还有很多问题需要解决，如不支持 QUIC 的浏览器和服务器，或者难以在 UDP 端口被禁用的网络环境下使用等。尽早适应变化非常有必要，笔者相信这一变革很快就会来临。

第2章 ECMAScript 与Python 3

成为一名 Web 全栈开发人员需要掌握很多技能，对于初学者或者刚接触前端或服务器端技术的读者来说，找到正确的学习路径并快速获得结果往往并不容易。初学者可能无法理解需要学习什么，以及最终如何将所有东西组合在一起。从本章开始，将逐步和大家探讨编程语言，然后继续讨论更高级的主题，如框架和其他工具。

2.1 JavaScript 简史

相信大家对 JavaScript 一词非常熟悉，无论是否熟悉和掌握 JavaScript 代码，大家首先都会遇到版本问题，困惑来自语言过去长期存在规范、语法的不稳定性。在深入研究 ECMAScript 基本概念之前，本章先讲述一段关于 JavaScript 的简史，把这些困惑解决掉。

JavaScript 是由布兰登 • 艾奇于 1995 年 5 月在网景公司工作时仅花了十天时间创建的，它的灵感来自 Java、Scheme 和 Self 三门语言。后来艾奇离开网景公司之后，和好友共同创立了 Mozilla（即火狐浏览器），并开发了一款极具技术革新意义的浏览器——Brave。

言归正传，JavaScript 最初命名为 Mocha，同年改名为 LiveScript。在拿到 Sun 的商标后，它最终获得 JavaScript 这个名字。后来越来越多的人发现通过这种语言可以非常方便地在 HTML 网页中增加动态功能，随后其他各个浏览器也在尝试支持它。为了实现这一目标，需要一个更统一的规范和标准，因此最终将该语言更改为 ECMA。

在一系列的标准化过程中，最终把 ECMA 定为 EMAScript 的名称，所以如今说到 ECMAScript 其实就是指实现 JavaScript 的标准规范。为了使 ECMAScript 成为更好的浏览器语言，需要改进之前因为快速开发而留下的种种后遗症。改进是分批进行的，每一次改进版本都会在特定的时间发布。为了跟踪这些改进，每次更新都会进行版本控制。

ECMAScript 2 于 1998 年发布，ECMAScript 3（ES 3）于 1999 年发布，那么 ES 3 的诞生可以说是今天 JavaScript 蓬勃发展的试金石。把时光快进到现在，从 ES 3 时期的前端技术到我们现在所看到的网页，已经发生了很多变化。因此以 ES 3 作为基础，之后所有这些 ECMAScript 更新都是为了使这门语言成为浏览器的一个伟大工具。

过去对于这门语言大量的修修补补并不能很好地帮助初学者，因为在尝试学习 JavaScript 时，初学者会听到更多令人困惑的术语，如 ES 6。此后，ECMA 技术委员会决定使用年份而不是数字作为版本，ES 6 成为 ES 2015，它发布于 2015 年，也是目前使用最广泛的 ECMAScript 版本。在 JavaScript 变得非常流行的时候，ES 2015 带来了很多变化，读者将会在本书之后的章节中进一步学习。

2.2 初识 ECMAScript 2015

ECMAScript 2015（ES 2015, 又名 ES 6）是 JavaScript 语言的一个版本，就像 ES 3（假如曾经写过）一样。它贯穿本书所有的前端实例、项目的主线，在正式开始学习之前，我们只需要记住 ES 2015 不是一种新语言，它不会带来突破性的变化（这意味着过去的 JavaScript 语法仍然可以工作），也不要求运行在完全不同的环境。

例如，在声明变量时，var 与 let、const 一样有效。let 和 const 是在 2015 年引入的，用于简化 JavaScript 中的变量管理，但这并不意味着 var 不再使用或不再工作。ECMAScript 只是试图通过许多改进使 JavaScript 变得更好，使得大规模软件开发变得更容易。

2.2.1 ECMAScript 与 JavaScript 的不同

前面回顾了 JavaScript 简史后，读者对从早期的 JavaScript 到 ECMAScript 的发展应该已有所了解。它们之间的区别可以简单概括如下：JavaScript 由布兰登 • 艾奇于 1995 年发明，并于 1997 年成为 ECMA 标准。ECMA-262 是标准的官方名称，而 ECMAScript 是该语言的官方名称。

JavaScript 和 ECMAScript 完全一样吗？ JavaScript 并不完全等同于 ECMAScript。JavaScript 的核心特性基于 ECMAScript 标准，但 JavaScript 还具有 ECMA 规范 / 标准中没有的其他附加特性。JavaScript = ECMAScript + DOM API。如前所述，这些术语、版本其实并没有太大不同。学习 ES 2015 不仅可以提高 JavaScript 编程能力，而且可以和当今最前沿的技术与时俱进。

如今，相对于 ES 2017（ES 8）、ES 2018（ES 9），ES 2015 可能看起来已经过时很长一段时间了。但正因如此，目前所有的浏览器都非常好地支持 ES 2015 所有特性。作为 JavaScript 语言的未来，现在正是学习 ES 2015 的绝佳时机。

2.2.2 ECMAScript 2015 有哪些变化

在学习 ES 2015 之前，先了解一下它给 JavaScript 带来的主要变化。

1. 常量

常量是只能定义一次的值（每个作用域，以后将解释 ES 2015 的作用域）。在同一范围内重新定义常量会引发错误。例如：

```
const username = "gubaoer"
username = "jack"
// 抛出异常 Uncaught TypeError: Assignment to constant variable.
```

尽管不能重新定义常量，但可以在任何地方引用它。例如：

```
console.log("my name is:" + username)
// 输出 "my name is gubaoer"
```

2. 块作用域下的变量和函数

相较于 JavaScript 而言，ES 2015 使用 let 声明的变量（以及上面描述的常量）遵循块范围规则，就像 Java、C++ 等一样。在以前，JavaScript 中的变量范围是函数范围。当需要一个新的变量时，必须在一个函数中声明它。在 ES 2015 中，变量保留值直到块的末尾。在块之后，将恢复外部块中的值（如果有的话）。例如：

```
{
  let x = "hello";
  {
    let x = "world";
    console.log("inner block, x = " + x);
  }
  console.log("outer block, x = " + x);
}
// 输出结果：
// inner block, x = world
// outer block, x = hello
```

也可以在这样的块中重新定义常量，例如：

```
{
  let x = "hello";
  {
    const x = 4.0;
    console.log("inner block, x = " + x);
    try {
      x = 3.5
    } catch(err) {
      console.error("inner block: " + err);
    }
  }
  x = "world";
  console.log("outer block, x = " + x);
```

```
}
// 输出结果:
// inner block, x = 4
// inner block: TypeError: Assignment to constant variable. 因为这里重新定义了常量
// outer block, x = world
```

3. 箭头函数

ES 2015 提供了一个使用箭头定义函数的新语法。在下面的例子中，x 是一个函数，它接收一个名为 a 的参数，并返回它的增量。

```
var x = a => a + 1;
x(4) // 输出结果: 5
```

使用这种语法，可以轻松地定义和传递函数中的参数，并且与 forEach( ) 一起使用。

```
[1, 2, 3, 4].forEach(a => console.log(a + " => " + a*a))
// 输出结果:
// 1 => 1
// 2 => 4
// 3 => 9
// 4 => 16
```

如果需要定义包括多个参数的函数，可以将它们写在括号内。

```
[22, 98, 3, 44, 67].sort((a, b) => a - b)
// 输出结果:
// [3, 22, 44, 67, 98]
```

4. 函数的默认参数

函数参数可以用默认值声明。在下面代码中，x 是一个有两个参数（a 和 b）的函数，第二个参数 b 的默认值为 1。

```
var x = (a, b = 1) => a * b
x(2)
// returns 2
x(2, 2)
// returns 4
```

ES 2015 与 C++ 或 Python 等其他语言不同，具有默认值的参数可能出现在没有默认值的参数之前。注意，这个函数被定义为一个带有返回值的块。

```
var x = (a = 2, b) => { return a * b }
```

然而，参数是从左到右匹配的。在下面的第一次调用中，b 有一个未定义的值，即使 a 已经用默认值声明。传入参数与 a 匹配，而不与 b 匹配，函数返回 NaN。例如：

```
x(2)
// 输出结果：NaN
x(1, 3)
// 输出结果：3
```

当显式传递 undefined 作为参数时，如果存在默认值，则使用默认值。

```
x(undefined, 3)
// 输出结果：6
```

5. 支持 Rest 函数参数

在调用函数时，有时需要能够传入任意数量的参数，并在函数中处理这些参数。这个需要由 rest 函数参数语法处理。它提供了一种方法，使用如下所示的语法捕获定义参数之后的其余参数，这些额外的参数在数组中捕获。例如：

```
var x = function(a, b, ...args) { console.log("a = " + a + ", b = " + b + ",
        " + args.length + " args
left"); }
x(2, 3)
// 输出结果：
// a = 2, b = 3, 0 args left
x(2, 3, 4, 5)
// 输出结果：
// a = 2, b = 3, 2 args left
```

6. 字符串模板

字符串模板是指使用 perl 或 shell 之类的语法将变量和表达式插入字符串中。字符串模板包含在回勾字符（'）中，并允许多行字符串；单引号（'）或双引号（"）仅表示单行普通字符串。模板中的表达式在 ${ 和 } 之间标出。例如：

```
var name = "baoer";
var x = 'hello ${name}'
// 输出结果："hello baoer"
```

当然，可以使用任意表达式求值。例如：

```
// 定义一个箭头函数
var f = a => a * 4
// 设置一个参数值
```

```
var v = 5
// 计算字符串中的函数
var x = 'hello ${f(v)}'
// 输出结果: "hello 20"
```

这种定义字符串的语法也可以用于定义多行字符串。

```
var x = 'hello world
next line'
// 输出结果:
//hello world
//next line
```

7. 对象属性

ES 2015 提供了一个创建对象的简化版语法。请看下面的例子：

```
var x = "hello world", y = 25
var a = { x, y }
```

在 ES 2014 或更早的版本中，要设置具有计算名称的对象属性，必须这样做：

```
var x = "hello world", y = 25
var a = {x: x, y: y}
a["baoer" + y] = 4
// 输出结果 :
//{x: "hello world", y: 25, baoer25: 4}
```

现在可以用一个简单的方式来定义：

```
var a = {x, y, ["joe" + y]: 4}
// 输出结果:
//{x: "hello world", y: 25, joe25: 4}
```

当然，如果要定义方法的话，还可以用它的名字来定义：

```
var a = {x, y, ["joe" + y]: 4, foo(v) { return v + 4 }}
a.foo(2)
// 输出结果:
// 6
```

8. 类

JavaScript 已经可以支持完整的类定义语法，虽然它只是已经可用的基于类型的类的语法糖，但它确实有助于提高代码的清晰度。例如：

```
class Circle {
  constructor(radius) {    // 定义构造函数
    this.radius = radius
  }
}
// 实例化类
var c = new Circle(4)
// 输出结果 : Circle {radius: 4}
```

定义方法也非常简单。例如：

```
class Circle {
  constructor(radius) {
    this.radius = radius
  }
  computeArea() { return Math.PI * this.radius * this.radius }
}
var c = new Circle(4)
c.computeArea()
// 输出结果 : 50.26548245743669
```

JavaScript 也支持 getter 和 setter，现在只须对代码进行简单修改。下面在 Circle 类中定义 area 方法，看通过 getter 如何实现。

```
class Circle {
  constructor(radius) {
    this.radius = radius
  }
  get area() { return Math.PI * this.radius * this.radius }
}
var c = new Circle(4)
// 输出结果 : Circle {radius: 4}
c.area
// 输出结果 : 50.26548245743669
```

现在添加 setter。为了能够将 radius 定义为可设置属性，首先应该将它重新定义为 _radius，或者一些不会与 setter 冲突的内容，不然程序将会抛出堆栈溢出的错误。例如：

```
class Circle {
  constructor(radius) {
    this._radius = radius
  }
```

```
  get area() { return Math.PI * this._radius * this._radius }
  set radius(r) { this._radius = r }
}
var c = new Circle(4)
// 输出结果：Circle {_radius: 4}
c.area
// 输出结果：50.26548245743669
c.radius = 6
c.area
// 输出结果：113.09733552923255
```

总之，这是针对面向对象 JavaScript 的一个很好的补充。

除了使用 class 关键字定义类外，还可以使用 extends 关键字定义子类并从父类继承。通过下面的例子来看其是如何工作的。

```
class Ellipse {
  constructor(width, height) {
    this._width = width;
    this._height = height;
  }
  get area() { return Math.PI * this._width * this._height; }
  set width(w) { this._width = w; }
  set height(h) { this._height = h; }
}
class Circle extends Ellipse {  // 定义子类 Circle 并从父类 Ellipse 继承
  constructor(radius) {
    super(radius, radius);
  }
  set radius(r) { super.width = r; super.height = r; }
}
var c = new Circle(4)
// 输出结果：Circle {_width: 4, _height: 4}
c.radius = 2
// 输出结果：c is now: Circle {_width: 2, _height: 2}
c.area
// 输出结果：12.566370614359172
c.radius = 5
c.area
// 输出结果：78.53981633974483
```

以上就是对 ES 2015 一些特性的简短介绍。

2.2.3　不可不知的 DOM

或许读者已经学过 HTML、CSS，并写过漂亮的表单、神奇的按钮、响应式页面，并向很多人展示这一切是多么神奇。但是当决定在学习中迈出另一步时，读者可能会想：怎样才能在页面上添加动画呢？

这里就需要使用 DOM（Document Object Model，文档对象模型），相信读者听过关于它的介绍，但不是很了解它是什么以及它解决了什么问题，尤其在现在前端页面日趋复杂的情况下，每一行代码都与 DOM 息息相关，所以它的重要性不言而喻。

DOM 其实是一套 API，主要用来表示浏览器如何读取 HTML 文档，它允许一种 JavaScript 来操作、构造网站。在浏览器读取 HTML 文档之后，它会创建一个文档对象模型的树结构，并定义如何访问该树。不夸张地说，通过操纵 DOM，就能在不刷新页面的情况下更改页面布局，随意拖动、移动和删除元素，那么在浏览器中如何表示整个 DOM 树结构呢？

在图 2.1 中，可以看到具象树以及在浏览器中如何创建它。常见的重要元素如下。

- document：处理所有HTML文档。
- 元素：HTML或XML中的所有标记都被转换为DOM元素。
- 文本：所有标签的内容。
- 属性：来自特定HTML元素的所有属性。假设给元素<p>定义了样式class= " hero "，那么该样式就是<p>的属性。

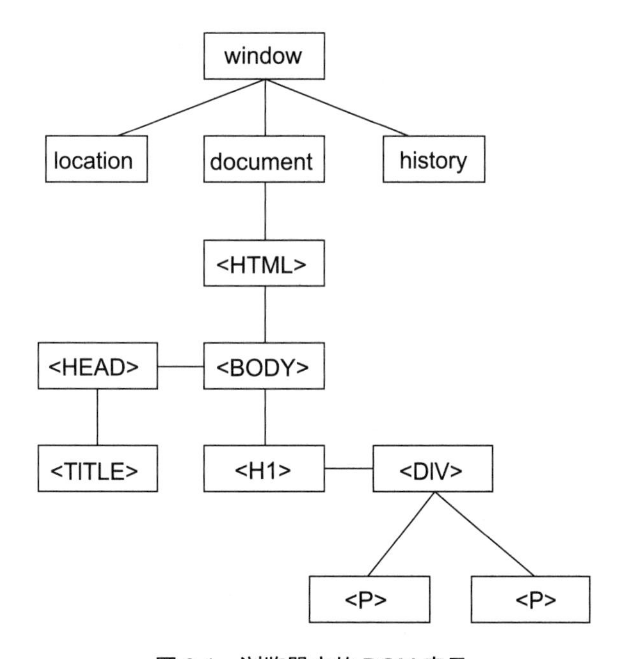

图 2.1　浏览器中的 DOM 表示

正如我们所知道的，对于 Web 页面，操纵 DOM，就有了无限的可能性，现在只需要发挥我们的创造力就可以了。

2.2.4 BOM 简介

BOM（Browser Object Model，浏览器对象模型）是一个非正式的术语，因为没有 W3C 或 WHATWG 标准提到它。

BOM 其实是浏览器提供的所有内容的更宽泛的表示，包括当前文档、位置、历史记录、框架以及浏览器可能向 JavaScript 提供任何公开的 API 或功能。另外，它也并不是标准化的，可以根据不同的浏览器进行更改。一个简单的定义是 BOM 包含了整个对象结构，可以通过浏览器中的脚本访问，首先是 Window 对象，因为它是全局对象，所以包含其他所有内容。

Window 对象包含许多属性。这些属性在许多 Web 标准中都有指定。到目前为止，Window 对象的核心规范仍然在 HTML 标准中指定，但笔者认为，编辑器决定将该规范转换为一个单独的标准只是时间问题。

因为 DOM 是 BOM 的对象之一，所以 DOM 是 BOM 的子对象，两者相互关联，我们可以通过简单地编写 document 或 window.document 来访问文档。其实单纯了解 BOM 本身意义并不大，读者只需要简单知道 BOM 是什么就够了。

2.3 新一代 Python 简述

自从荷兰计算机科学家 Guido van Rossum 于 1991 年首次发布了 Python 之后，这门语言如今已成为全球较受欢迎的计算机编程语言之一，活跃在人工智能、Web 开发、区块链技术、社交生活等各个领域。作为已经发展了将多年并极具可读性的高级计算机语言，无论是开发效率还是动态语言的性能优化，最新的 Python 版本均做到了很好的平衡。

2.3.1 经验之谈：为什么是 Python

使用 Python 是否可能达到每秒一百万次请求？也许直到最近才会。常听到一些公司正在从 Python 迁移到其他编程语言，以便提高操作性能并节省服务器成本，但实际上没有必要。在当下，Python 已经完全可以胜任这类工作。

Python 社区最近几年在性能方面做了很多工作。CPython 作为 Python 的默认解释器，其 3.6 版本通过新的字典实现提高了解释器的整体性能。由于引入了更快的调用约定和字典查找缓存，像 Python 3.7 及最新的 Python 版本性能会更快。对于一些数据处理任务，还可以使用 PyPy 进一步加速，它现在已经改进了与 C 扩展的整体兼容性。在本书截稿前，PyPy 与 Python 3.6 版本保持高度的兼容性，因此可以很稳定地部署在生产环境中。

作为 Web 应用领域来说，得益于 Python 3 对协程支持的完善和垃圾回收算法的优化，市场上已经涌现出诸如 uvloop、Sanic、Japronto 等异步框架，不可否认这些框架带来的并发吞吐量在过去是不可想象的，尤其是 Meinheld WSGI 服务器几乎与 NodeJS 和 Golang 不相上下。然而，从技术门槛以及社区成熟度来说，即便是传统的 WSGI 服务器在 Python 3.6 中也带来不少性能上的提升。尽管基于阻塞设计，但与一些异步解决方案相比，当前 WSGI 性能已经足够得好。所以不要相信那些说异步系统一定更快的谣言。虽然异步几乎总是并发的，但对于提升性能而言，还有比这多得多的话题可以聊。

对于 Python 这门语言来说，多线程的并发性能很差，因为它们的并行受到 GIL 的限制，所以应尽量避免使用多线程。除非确保多线程只运用在 I/O 密集型的处理上，如数据库查询，否则几乎所有 Python 的并发解决方案都不可能绕过 GIL 限制。

这就是协程的协作多任务模型相对于线程抢占多任务的优势所在。两者虽都受到 GIL 的约束，但是使用额外的 CPU 内核来节省多线程协程池在切换任务时更有效。当两个 CPU 内核都饱和到 100% 时，线程的处理能力会加倍，而对于多数项目来说，这几乎没有什么影响。

因此，协程基于事件循环并不擅长处理 CPU 密集型任务，这也是有时使用协程技术反而效率更慢的原因，从长期的工程实践来看，通过派生少量子进程（Prefork）和多协程组合的并发解决方案是比较理想的。

不可否认，静态语言在性能和节省内存方面确实要比动态语言有优势，但作为动态语言的典范，如今的 Python 3 正在颠覆曾经的固有印象。在资源过剩的数字时代，笔者认为与其纠结语言之间那一点性能差异，倒不如从自己的代码层面和业务逻辑着手，减少人为导致的循环引用以及不合理的数据结构，在正确的位置声明变量，并在任何有意义的地方缓存结果等。

相信一旦正确使用 Python，在实现高效编程的同时，在性能方面也能获得极高的收益，何乐而不为？所有这些改进都激发了人们在广泛使用 Python 的领域之一进行创新：Web 和微服务开发。

2.3.2　新版本的性能改进

Python 3.6 自发布以来一直都被寄予厚望，尤其是在性能上的改进，可谓是“针针见血”，如果读者对 Python 的内部机制稍许了解，就应当知道 Python 底层就是由字典来实现一个巨大的对象系统并通过 PyTypeObject 来实例化每一个 Python 类型，Python 3.6 不但对 PyTypeObject 进行了一些改进，并解决了原先字典效率低下的问题，而且在很多常用的内置方法上用 C 重新进行了优化。下面笔者结合官方的数据做一些简单的概括，以使读者更直观地感受 Python 3.6 做了哪些重要的变化。

1. Asyncio 改进

asyncio.Future 和 asyncio.Task 这两个较为常用的方法，分别重新通过 C 语言进行了优化和实现，优化后，通过知名框架 uvloop 的官方实测将提升 5% 运行效率。

2. 进一步优化字符串和字节的处理方式

- ASCII解码器的转义，忽略和替换处理提升高达60倍的速度。
- ASCII以及latin-1编码器的surrogate异常处理机制提升高达3倍的速度。

- UTF-8解码器的错误处理机制提升了75倍的速度。
- UTF-8编码器的错误处理机制提升了15倍的速度。
- 字节数和字节数组的效率提升了5倍。
- 对bytes.fromhex()、bytearray.fromhex()和bytes.replace()、bytearray.replace()方法进行更多优化。

3. glob 模块的优化

- 优化了glob()函数和iglob()函数，性能提升了6倍。
- 优化了pathlib库的匹配机制，性能提升了4倍。
- 改进在Python 3.5中新引入的os.scandir()处理机制。

4. 全新的字典（dict）

- 内部使用更紧凑的存储结构来表示字典类型。
- 在PyPy中将字典的实现方式直接移植进CPython。
- 新dict()的内存使用量比3.5版本缩小了20%～25%。
- 支持有序的保存类属性（__dict__），而不再是之前的乱序，例如：

```
data = {'a': 1, 'b': 2}
data['c'] = 3
assert str(data) == "{'a': 1, 'b': 2, 'c': 3}"
```

笔者将通过更实际的例子来模拟 Python 3.6 中字典类型在改进前、后的对比：

```
data = {'one': 'один', 'two': 'дВа', 'three': 'тРи'}
# 改进前
entries = [['--', '--', '--'],
           [-8522787127447073495, 'two', 'дВа'],
           ['--', '--', '--'],
           ['--', '--', '--'],
           ['--', '--', '--'],
           [-9092791511155847987, 'one', 'один'],
           ['--', '--', '--'],
           [-6480567542315338377, 'three', 'тРи']]
#===================================
data = {'one': 'один', 'two': 'дВа', 'three': 'три'}
# 改进后
indices =  [None, 1, None, None, None, 0, None, 2]
entries =  [[-9092791511155847987, 'one', 'один'],
            [-8522787127447073495, 'two', 'дВа'],
            [-6480567542315338377, 'three', 'ТРи']]
```

在以上例子中，只需要通过变量 entries 就能直观地观察到全新字典的结构已经较之前减少了很多内存空间。

5. 其他改进

- 在函数中，相较于位置参数，3.6版本进一步优化了关键字参数的性能。
- 对于许多小型对象的处理，pick.load()和pick.loads()提高10%的速度。
- 针对类型检查typing模块的各种实现改进。
- 改进针对xml.etree.ElementTree的解析、迭代和深度复制。
- 创建分数。从浮点数到小数的分数可以提升将近3倍的性能。

2.3.3 深究 CPython 3.6 的垃圾回收与建议

通常在编写程序时，我们不需要关心内存管理。当对象不再被使用时，Python 会自动从对象中回收内存。理解垃圾回收（Garbage Collection，GC，又称内存回收）的工作原理有助于程序号编写更好、更快的 Python 程序。

1. 内存管理

与许多其他语言不同，Python 不一定将内存释放回操作系统。相反，它为小于 512 字节的对象提供了专用的对象分配器（PyMalloc），这将保留一些已经分配的内存块以供将来使用。Python 持有的内存量取决于在代码中如何去使用和定义。在某些情况下，只有在 Python 进程终止时，系统才会释放所有分配的内存。

长时间运行的 Python 进程占用更多的内存，并不一定意味着存在内存泄漏。因篇幅有限，读者如果对 Python 的内存模型感兴趣，可以直接与笔者联系交流。

2. 垃圾回收算法

标准 CPython 的垃圾收集器有两个组件：引用计数收集器和分代垃圾收集器（即循环 GC 模块）。引用计数收集器对于内存回收是非常有效和直接的，但它不能检测一段引用的周期。这就是为什么 Python 还需要额外搭配分代垃圾收集器作为补充算法，专门处理循环引用的问题。引用计数收集器是 Python 的基础，不能禁用，而分代垃圾收集器是可选的，可以手动调用。

3. 引用计数

Python 中的每个变量均指向对象的引用（指针），而不是实际的值本身。例如，赋值语句只是向右边添加了一个新的引用。为了跟踪引用，每个对象（即使是整型）都有一个称为“引用计数”的额外字段，该字段的值在创建或删除指向对象的指针时增加或减少。那么何时才会触发某对象“引用计数”的值增加呢？下面列举一些常见的例子。

- 赋值运算符；
- 参数传递；
- 将对象附加到列表。

如果“引用计数”字段的值为 0，CPython 将自动调用该对象的内存地址进行释放。如果一个对象包含对其他对象的引用，那么它们的引用计数也会自动递减。因此，程序可以依次释放其他对象。例如，当一个列表被删除时，其所有项的引用计数都会减少。如果另一个变量引用列表中的一个项，则该项将不会被释放。

在函数、类和块之外声明的变量称为全局变量。通常，这些变量一直保留到 Python 程序运行结束。因此，由全局变量引用的对象“引用计数”永远不会减为 0。这也是不推荐使用全局变量的原因之一。

定义在块内（如在函数或类中）的变量具有局部作用域。当 Python 解释器退出其中某个块时，它会销毁在块内创建的局部变量及其引用。

一个重要的概念是，当程序运行至某一块之前，Python 解释器假定它内部的所有变量都在使用。要从内存中删除某些内容，就需要为变量分配一个新值，或者从代码块中退出。在 Python 中，最流行的代码块是“函数”，这是大部分垃圾回收发生的地方。这也是保持函数小而简单的另一个原因。

Python 提供了 sys.getrefcount() 函数来检查当前引用的数量。

下面是一个简单的例子。

```
# 引用计数机制示例
import sys
foo = []    # 定义全局对象 foo
# 下面输出 foo 对象的引用计数为 2，因为第一次定义 foo 对象时，引用计数 +1；
# 第二次被 getrefcount() 引用，引用计数 +1
print(sys.getrefcount(foo))
def bar(a):
# 第三次进入函数堆栈，引用计数 +1；第四次被 getrefcount() 引用，引用计数 +1
    print(sys.getrefcount(a))
bar(foo)  # 输出 foo 对象的引用计数为 4
print(sys.getrefcount(foo))# 输出 foo 对象的引用计数为 2，函数一旦调用结束即被销毁
```

从上述代码示例中可以看到，在 Python 代码运行结束之后，函数的引用会立即被销毁，而有时我们需要提前删除全局变量或局部变量，为此，可以尝试使用 del 语句。

CPython 使用引用计数的主要原因是历史原因。现在有很多关于这种技术的缺点的争论。例如，相当一部分人认为现代垃圾回收算法更有效，不需要引用计数，并且引用计数算法存在很多问题，如循环引用、线程锁定、内存和性能开销。当然不可否认，这种方法的主要优点是简单，当不再需要对象时，对象可以立即被释放。

4. 分代垃圾收集器

为什么我们还需要额外的分代垃圾收集器？

很遗憾，引用计数有一个严重的缺陷，即它无法检测循环引用的问题，即当一个或多个对象相互引用时，循环引用就会发生，如图 2.2 所示。

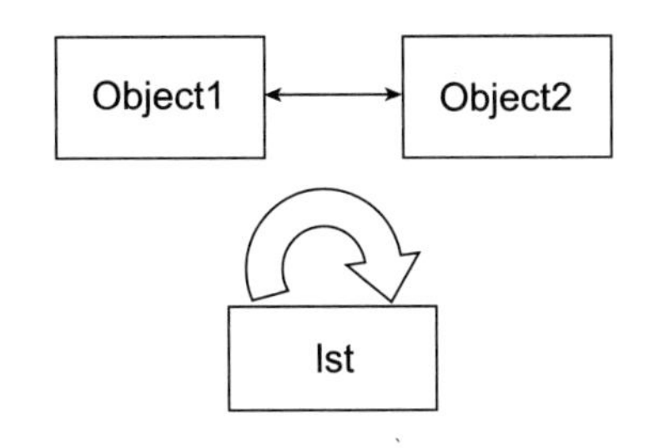

图 2.2　对象之间的循环引用

这里可以看到两个例子，其中对象 lst 指向它自己，Object1 和 Object2 相互引用。此类对象的引用计数始终且至少为 1，这意味着只要 Python 程序不被中断，它们永远都不会被销毁。

为了更好地理解，下面笔者准备了一个简单的代码示例。

```
# 模拟循环引用的代码示例
import gc
import ctypes
# 使用 ctypes moule 通过内存地址访问获取相关对象
class PyObject(ctypes.Structure):
    _fields_ = [("refcnt", ctypes.c_long)]
gc.disable()  # 关闭垃圾回收
lst = []
lst.append(lst)
# 将列表 lst 对象的内存地址引用至变量 lst_address
lst_address = id(lst)
# 销毁 lst 对象
del lst
object_1 = {}
object_2 = {}
object_1['obj2'] = object_2
object_2['obj1'] = object_1
obj_address = id(object_1)
# 销毁相关引用
del object_1, object_2
# 如果读者想手动运行垃圾回收过程，请取消注释
# gc.collect()
# 查看当前各个对象的引用计数
print(PyObject.from_address(obj_address).refcnt)  # 输出 1
print(PyObject.from_address(lst_address).refcnt)  # 输出 2
```

在上面的例子中，del 语句删除了对象的引用，也就是说对象已经无法从 Python 代码中访问。然而，循环引用的问题（每个对象的引用计数为 1）导致这些对象仍然位于内存中，读者可以使

用 objgraph 模块更直观地观察到这种关系。

为了解决循环引用，Python 1.5 引入了循环 GC 检测算法。该算法包含在 gc 模块中，专用于处理此类问题。值得说明的是，循环引用只会出现在容器对象中，如列表、字典、类、元组。因此，引用计数算法通常处理所有非循环引用的对象。

其实很难用几段文字来清楚描述循环 GC 检测算法背后更复杂的机制。另外，从 Python 3.4 开始，Python 原先的垃圾回收机制得到进一步优化，读者可以在 PEP442（https://legacy.python.org/dev/peps/pep-0442/）中了解更多信息。

5．关于提高性能的小贴士

循环引用的场景在实际开发过程中很容易发生。通常，我们会在图、链表等数据结构中遇到这些场景。在这些数据结构中，我们需要跟踪这些对象之间的关系。

然而，当程序需要满足密集型 I/O 的工作负载时，应该尽可能避免循环引用，否则建议使用 Python 标准库提供的 weakref 模块来实现弱引用。与一般的引用不同，weakref.ref 不会增加引用计数，如果对象被销毁，则返回 None。在某些极端情况下，禁用垃圾回收机制并手动使用它也是一种很有用的方式，可以通过调用 gc.disable() 来禁用垃圾回收机制。若需要手动运行垃圾回收机制，则使用 gc.collect() 即可。

在 Python 中，大部分垃圾回收是由引用计数算法完成的，我们根本无法对其进行调优。因此，我们平时更应该注意业务逻辑的实现细节并养成良好的编码习惯，而不是过早地担心 Python 的内存管理问题。

ECMAScript 2015

工欲善其事，必先利其器。在前面几章，我们已经讨论了单页应用、JavaScript 与 Python 的技术脉络以及进行全栈开发必须了解的知识点，现在是时候开始“倒腾”了。如今，要构建具有健壮性、高性能的 Web 页面，势必需要掌握 ECMAScript 2015（ES 2015）的常用语法。

本章并不会介绍所有的语法细节，但为了快速让读者具备“出活儿”的能力，结合笔者的实践经验，笔者对整个语法知识点进行了精简，便于读者能够在短时间内掌握以 ES 2015 为核心的前端知识体系。

3.1 搭建运行 ECMAScript 开发环境

如今从前端的打包、编译再到服务器端部署，无论是版本还是系统的需求都非常灵活，本书所涉及的所有代码都能在 Linux、Windows、Mac OSX 等主流操作系统中运行。

在本章中，我们会介绍在 Mac OSX 系统上搭建开发环境的流程（在本书中，所有的实例和指令在未明确指出的情况下，都将假定运行在类 UNIX 环境上，如果您是 Windows 用户，本书实例并不影响您使用，因为二者的区别只是路径不同）。为了读者更方便地进入之后的学习，下面介绍如何搭建运行 ES 2015 的开发环境。

3.1.1 包管理工具 NPM

在过去，前端页面还没有像现在这么复杂的情况下，单纯地在页面中引入 JavaScript 脚本并没有任何问题，但随着页面功能和组件的丰富，很多时候不得不需要手工解决脚本和脚本之间的依赖，尤其是当引用第三方插件的时候，更是让人“苦恼”，于是各种解决前端依赖的工具如雨后春笋般涌现，其中较为常用的就是 NPM（Node Package Manager，Node 包管理器）。

它是 Node.js 的默认包管理器，完全用 JavaScript 编写。它最初于 2010 年 1 月 12 日发布。NPM 管理 Node.js 的所有包和模块，作为 Node.js 不可或缺的一部分，通过安装 Node.js 一并安装到系统中。一个包不仅涵盖了一个模块所需的所有文件，而且该模块可以根据项目需求包含在节点项目中的 JavaScript 库。

NPM 只需通过一个 package.json 的文件来管理所有依赖项，可以很方便地安装、更新和卸载包。另外，每个依赖项都可以使用可读的语义化版本控制，从而允许开发人员自动更新包，同时避免不必要的破坏性更改。

本书所有前端示例所需的包和模块均使用 NPM 6.4.1 版本进行管理，为了避免学习中不必要的麻烦，建议读者也安装与本书一致的开发环境。

Node.js 10.15.x 包括 NPM 6.4.1，只需要在官网的下载页面 https://nodejs.org/en/download/ 选择适合自己操作系统的安装包即可。安装完之后，可以通过以下命令确认是否安装成功。

```
[root@ ~]#  node -v
v10.15.1
[root@ ~]#  npm -v
6.4.1
```

3.1.2 安装 ECMAScript 2015 开发环境

安装好NPM后，新建一个名为“es6_proj”的目录作为项目名，然后通过NPM命令初始化该项目。

```
[root@ es6_proj]#  npm init -y
# 生成package.json，参数 -y 是跳过一些安装过程中的交互式询问
```

由于各个浏览器及不同用户所使用的浏览器版本不同，在 JavaScript 文件中无法直接运行 ES 2015 的语法，因此需要通过一些如 Babel 的第三方 JavaScript 编译器来解析和转换成通用的 JavaScript 语法。这样一来，完整地运行 ECMAScript 代码需要 3 个步骤：代码编写→编译→运行。

如何正确编译 ECMAScript 代码呢？这时候就需要介绍一下 Babel。

Babel 是集合了一套强大工具链实现的语法转换器，用来把 ES 2015+ 版本的代码转换为向后兼容的 JavaScrip 代码，并使得我们无须关心浏览器是否支持这种转换。Babel 采用可插拔式管理方式，可能对于刚接触的读者来说，因为插件太过于丰富，外加有很多插件已被遗弃，所以面对大量的 Babel 插件会显得有些不明所以，那么借助 Babel 来运行 ES 2015 所需要的依赖包，一般只需要安装以下编译插件。

- babel-core：作为Babel的核心库，它主要把JavaScript代码转换为更低级的抽象语法树，并提供API来让各个插件进行分析及处理。
- babel-preset-env：会自动根据不同的浏览器选择不兼容的ECMAScript新特性来转译。
- babel-preset-stage-2：每次ECMAScript在最终发布前都会有不同阶段的提案，在Babel中分别表示stage-0、stage-1、stage-2、stage-3，其中0包含了最新的提案并向后兼容，倘若读者并不了解自己编写的代码是否具有较新的特性，可以直接安装stage-0。本书主要使用ECMAScript 2015的语法，因此采用stage-2。

使用 NPM 指令来安装这些编译插件。

```
[root@ es6_proj]# npm install --save-dev babel-core babel-preset-env babel-preset-stage-2
# 参数 --save-dev 表示只安装在本地项目库中
```

注意：由于NPM下载的镜像服务器在国外，如遇到国内下载速度较慢，可以使用淘宝cnpm，其用法与NPM一致。

安装完毕，项目目录中会生成文件package-lock.json用来锁定包的版本，以防止日后被其他依赖包进行篡改而引起一些奇怪的问题，而目录node_modules主要存放各个依赖包源码，另外，可以查看目录下的package.json，每当安装完前端依赖包之后，NPM都会自动写入package.json，无须手动添加，下面一起看看该文件里包含哪些内容。

```
[root@ es6_proj]# cat package.json
{
  "name": "es6_proj",          # 包名
  "version": "1.0.0",          # 包的版本号
  "description": "",           # 包的描述
  "main": "index.js",          # 指定程序的主入口文件
  "scripts": {                 # 定义脚本命令，即能使用 npm run <scripts> 运行
      "test": "echo \"Error: no test specified\" && exit 1"
                               # 根据此脚本定义，可直接运行 npm run test
  },
  "keywords": [],              # 可帮助人们通过 npm search 找到该包
  "author": "",                # 用来定义作者
  "license": "ISC",            # 指定 license 明确开源使用的权利和限制
  "devDependencies": {         # 已正确安装至本地项目库中
    "babel-core": "^6.26.3",
    "babel-preset-env": "^1.7.0",
    "babel-preset-stage-2": "^6.24.1"
  }
}
```

接着，在工程目录es6_proj下新建src子目录用于存放ECMAScript源代码，这里我们新建一个文件index.js，在该文件中添加两行代码作为学习ES 2015代码的开端。

```
# index.js
let learn = 'hello es6'     # let 是 ES 2015 的新语法之一
console.log(learn)
```

代码写好了，要想运行，需要使用Babel的命令行工具进行实际的编译工作，可以通过如下命令进行安装。

```
[root@ es6_proj]# npm install babel-cli -g
# 参数 -g 表示全局安装该依赖包，以便于在任何情况下都能使用
```

利用 Babel 的命令行工具可以很方便地直接运行、调试代码，如迫切希望知道先前我们编写的 index.js 是否可以正常运行，只需输入以下命令。

```
[root@ es6_proj]# babel-node src/index.js
hello es6
```

不过该命令仅仅只是为了调试，最终要想在网页中运行，还需要通知 Babel 进行编译转换，告诉浏览器如何读取 ES 2015 语法。接下来创建一个 Babel 的配置文件 , 并编写官方推荐的基础配置。

```
# .babelrc
{
    "presets": [
        ["env", {
          "targets": {
            "browsers": ["> 1%", "last 2 versions", "not ie <= 8"]
             # 加入兼容旧版本浏览器的规则
          }
        }],
        "stage-2"
      ],
}
```

在实际编译之前，一个好的习惯是把源代码和编译后的可运行代码相互隔离，因此在 es6_proj 目录下新建 build 的子目录来存放编译后的代码文件。以下这条命令，就是让 Babel 把编写好的 src/index.js 编译输出至 build 子目录中。

```
[root@ es6_proj]# babel src -d build
src/index.js -> build/index.js
```

该命令的输出结果告诉我们已经编译完成，现在可以观察一下编译后的文件 build/index.js 中到底发生了什么。

```
# build/index.js
var learn = 'hello es6';    # 注意这里的变化
console.log(learn);
```

可以看到，babel 已经把源代码中 ES 2015 的语法“let”转换为标准的 JavaScript 语法“var”，并且作为工程项目 es6_proj，它也已经有了比较清晰的前端工程目录结构。

```
# 项目 es6_proj 目录结构
[root@ es6_proj]# ls -l
total 96
...... build/               # 该子目录用于存放编译后的 js 文件
...... node_modules/        # 该子目录用于存放由 NPM 下载安装的依赖包和相关模块
...... package-lock.json    # 该文件用于锁定包的版本
...... package.json         # 该文件定义了该项目所需要的各种模块和项目配置等信息
...... src/                 # 该子目录用于存放项目工程的源代码
```

编译工作已经完成，不过每次调试和编译，都要输入晦涩难懂的命令，既不利于自己记忆，也不利于他人使用，因此好的工程实践是应该“化繁为简”，再次打开 package.json，只需要修改以下部分。

```
# package.json
{
  ......
  "scripts": {                                    # 通过定义 scripts 来实现命令脚本化
    "start": "babel-node src/index.js",     # 当运行 npm run start 时进行代码调试
    "deBug": "babel-node deBug src/index.js",
     # 当运行 npm run deBug 时可以开启 deBug 模式
    "build": "babel src -d build"  # 当运行 npm run build 时可以进行代码编译
  },
   ......
}
```

读者此时可以运行 npm run start 看看效果。到此为止，我们可以很方便地把该 build/index.js 引入 HTML 页面，从而让浏览器访问其内容。

3.1.3　配置 JavaScript 编辑器

3.1.2 节展示了如何编写、编译、运行 ES 2015 语法的环境，那么在日常的开发过程中，通常为了便于提高代码书写效率和功能调试效率，会使用不同的编辑器或者 IDE 进行代码编辑，如 emacs、Atom、Sublime Text、JetBrains 全家桶等。本书将采用微软的跨平台开源编辑器（Visual Studio Code，VS Code）。当然，大家也可以各自选用自己较为熟悉的编辑器。下面将介绍如何配置 VS Code 来调试 ECMAScript 代码。

假设读者也和笔者一样希望尝试使用 VS Code，可以访问官网 https://code.visualstudio.com/ 进行下载。

现在，在 VS Code 菜单栏通过 File → Open 选项来打开工程项目 es6_proj 目录，如图 3.1 所示。

ES 2015 的调试和编译都是在操作系统的命令行模式下进行的，在 VS Code 中，这一模式依然奏效，因为强大的 VS Code 本身默认自带终端。可以通过菜单栏的 Terminal → New Terminal

选项打开终端窗口，并且可以直接输入调试和编译的命令，如图 3.2 所示。

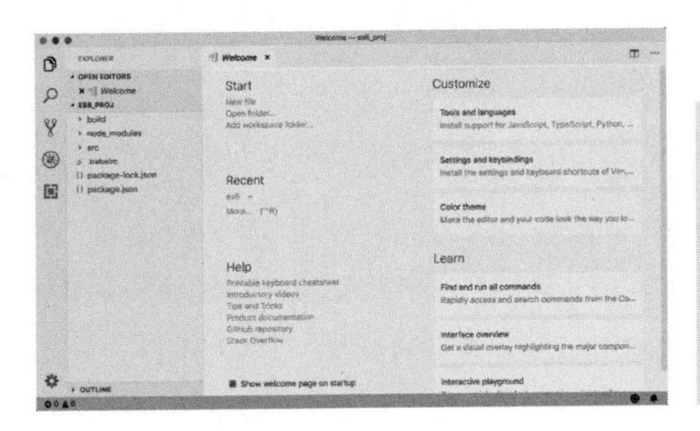

图 3.1　VS Code 界面

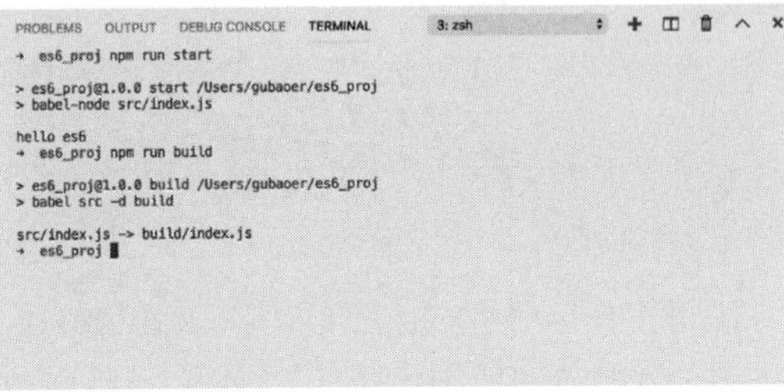

图 3.2　VS Code 终端窗口

细心的读者会发现，如果每次编辑代码后都要在终端命令行的模式下调试程序，那么使用编辑器所带来的便利性将大打折扣。因此，要想使用 VS Code 直接运行代码，只需要进行一些简单的配置。继续回到菜单栏，选择 DeBug → Open Configurations 选项，随后界面会弹出一个“选择环境”对话框，选择“Node.js”选项即可，如图 3.3 所示。

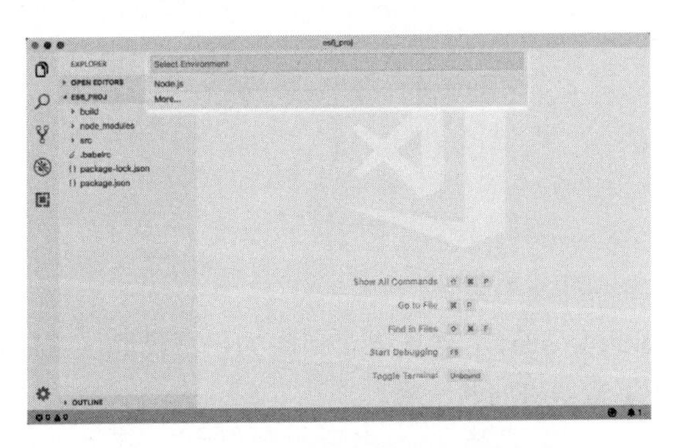

图 3.3　在 VS Code 中选择开发环境

接着，VS Code 会根据用户选择的环境生成所对应的 launch.json 文件（该文件实际存放在项目根目录中的 .vscode 子目录下）。

```
# launch.json
{
    // Use IntelliSense to learn about possible attributes.
    // Hover to view descriptions of existing attributes.
   // For more information, visit: https://go.microsoft.com/
   // fwlink/?linkid=830387
    "version": "0.2.0",
    "configurations": [
        {
```

```
            "type": "node",
            "request": "launch",
            "name": "Launch Program",
            "program": "${workspaceFolder}/index.js"
        }
    ]
}
```

稍微简单地修改一下，添加启动 Node.js 端口配置。

```
# launch.json
{
    // Use IntelliSense to learn about possible attributes.
    // Hover to view descriptions of existing attributes.
    // For more information, visit: https://go.microsoft.com/fwlink/?linkid=830387
    "version": "0.2.0",
    "configurations": [
        {
            "type": "node",
            "request": "launch",
            "name": "Launch Program",
            "program": "${workspaceFolder}/index.js"
        },
        {
            "type": "node",
            "request": "attach",
            "name": "node 端口 ",
            "address": "localhost",
            "port": 5858       # 确保该端口没有被占用，或指定其他空闲类端口
        }
    ]
}
```

配置好之后，使用 VS Code 重新编辑 src/index.js 文件，在其后加入下列代码并保存。

```
# src/index.js
let learn = 'hello es6'
console.log(learn)
console.log("cool")    # 新加入的代码块
```

然后在菜单栏中选择 DeBug → Start DeBugging 选项直接运行 ES 2015 代码，如图 3.4 所示。

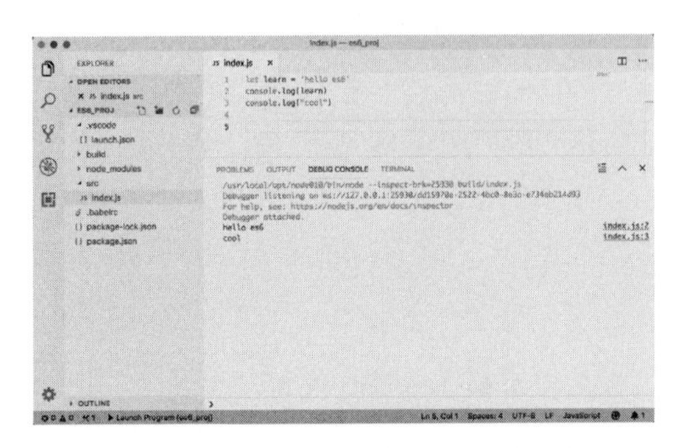

图 3.4　在 VS Code 直接运行 ES 2015 代码

当然，也可以选择菜单栏中的 Terminal → Run Task 选项来指定运行 package.json 中 scripts 定义的脚本。这样就大功告成！对于本章接下来的学习，目前的 ES 2015 环境配置已经满足要求，无论是 Babel 还是 VS Code 都包括大量的便于提高编程效率的技巧，在此不一一详述，读者若有兴趣，可在将本节作为入门的基础上再进一步丰富其配置效果。

3.2　ECMAScript 2015 必知

在 3.1 节，笔者带着大家快速领略了 ES 2015 的特性，本节将对这些细节进行更详细的介绍。

3.2.1　let 和 const

对于变量的声明，关键字 let 类似于 var，但与 var 不同的是，let 含有作用域，且只能在它定义的块级别上访问。例如：

```
# let 用法一
if (true) {
  let name = "learn";
  console.log(a);  // 输出 "learn"
}
console.log(a);   // 输出 undefined。在 js 中，当访问未定义的变量时，其值为 undefined
```

在上面的例子中，变量 name 是在 if 语句中定义的，因此在函数外部是不可访问的。下面再看一个例子。

```
# let 用法二
let a = 40;
let b = 80;
if (true) {
 let a = 60;
```

```
    var c = 10;     // 当声明了 var 变量之后，变量名 c 将不再具有作用域
    console.log(a-c);    // 输出 50
    console.log(b+c);    // 输出 90
  }
  console.log(c); // 输出 10
  console.log(a); // 输出 40
```

const 用于为变量分配一个常量值。这个值是不能被改变的，可以看看下面这个例子。

```
# const 用法一
const a = 33;
a = 44;        // 这里会抛出异常，因为经 const 声明的变量将无法被改变
const b = " 这是常量 ";
b = " 分配新的值 ";       // 变量 b 也由 const 声明，若进行赋值，同样会抛出异常
```

应该挺容易理解吧，不过在使用 const 声明变量时，有一些特殊情况需要注意，先看下面这个例子。

```
#const 用法二
const LANGUAGES = ['Js', 'Java', 'Golang', 'Python'];
// LANGUAGES = "ES2015";      // 抛出异常
LANGUAGES.push('Erlang');     // 对数组 "LANGUAGES" 附加一个元素
console.log(LANGUAGES);       // 输出 [ 'Js', 'Java', 'Golang', 'Python', 'Erlang' ]
```

这可能有点儿令人困惑，但可以这样考虑，当定义 const 变量时，JavaScript 首先会将值的内存地址引用到该变量，然后确保该变量的内存地址不会被改变。在这个示例中，变量 LANGUAGES 是一个数组类型的数据结构。在这类复合类型的数据结构（包括对象）中，变量通常指向内存地址，且通过一个指针进行引用，const 能确保该指针所引用的内存地址不发生位移。

由于无论对该数组进行附加还是删除元素，它的内存地址都不会被改变，因此使用 const 声明复合类型的变量时，这一点需要额外注意。

现在对于 let 和 const 已经有了一些了解，那对于关键字 var 到底还需不需要用？或许很多读者会有些困惑，其实 ES 2015 后，var 本身的意义已不大，外加没有作用域的概念会带来不少副作用，因此建议大家谨慎使用。在开发的过程中，最佳的实践是多多使用 const 来声明常量，确保数据不可被更改，只有确实需要改变数据时，才使用 let。

3.2.2 for 循环

如果不经常使用 JavaScript 进行编程，可能会对 for 循环有些混淆，如 for...each，for...of，for...in，其中 for...each 是 ES 5 的语法。在这里，读者只需要掌握 for...of 和 for...in 的用法，以及它们之间的区别。

for...in 主要用于遍历对象的属性，请看下面这个例子。

```
# for 循环用法一
let a = {'name': 'javascript', 'version': 'es2015'}
for ( obj in a ) {
    console.log('key: ${obj}   ===> value: ${a[obj]}')
}
// 输出
key: name   ===> value: javascript
key: version   ===> value: es2015
```

for...of 和 for...in 非常相似，主要用于遍历元素列表（即数组）并逐个返回元素，来看下面这个例子。

```
# for 循环用法二
let arr = [5,4,3,2];
for (value of arr) {
 console.log(value);
}
// 输出
5
4
3
2
```

注意，变量 value 输出的是数组中的每个元素，而不是索引。另一个例子如下。

```
# for 循环用法三
let string = "javaScript";
for (let char of string) {
 console.log(char);
}
//输出
j
a
v
a
S
c
r
i
p
t
```

for 循环在字符串中也能工作得很好。最后需要注意的是，for...in 也能遍历数组，但不建议这么做，因为这么做可能会发生很奇怪的现象，例如，程序有时无法按照实际数组的内部顺序输出，或者在一些情况下无法进行几何运算等。

3.2.3 箭头函数

ES 6 中的函数语法在细节上也发生了一些变化。下面定义两个函数。

```
# 箭头函数示例一
// 旧语法
function oldStyle() {
   console.log("Hello World..!");
}
// ES 6 新语法
var newStyle = () => {
   console.log("Hello World..!");
}
```

新的语法可能令人不知所措。下面简单解释一下。

这一部分的语法可以分为两个部分。第一部分 var newStyle = () 只是声明一个变量并将函数赋给它，也就是说变量实际上是一个函数。第二部分是声明函数的主体部分。带有大括号的箭头部分 =>{} 定义了主体部分。另一个带有参数的例子如下。

```
# 箭头函数示例二
let NewStyleWithParameters = (a, b) => {
    console.log(a+b);      // 输出 30
}
NewStyleWithParameters(10, 20);
```

看到这里，笔者已不需要对此做出解释，它非常简单理解。

3.2.4 默认参数

读者如果熟悉 Ruby、Python 等其他编程语言，那么对默认参数就不陌生。然而在过去，JavaScript 本身并没有默认参数的概念，如果需要支持，不得不使用一些其他方法去实现，而在 ES 2015 中，这一切将变得更自然。ES 2015 的默认参数与其他高级语言一样，是在声明函数时默认给出的，而它的值也可以在调用函数时改变。

```
# 默认参数示例一
let Func = (a, b = 5) => {      // 函数 Func 定义了形参 b 的默认值为 5
    return a + b;
}
```

```
Func(20);     // 输出 25
```

在上面的例子中，函数 Func 提供了两个形参，其中 b 为默认参数。当调用此函数时，只传递给函数 Func 一个实参，函数接收到形参 a 所对应的实参后，将其与默认参数 b 相加，最后返回其值作为函数结果。

```
Func(20, 50);      // 输出 70
```

在上面的例子中，函数接收两个参数，第二个参数替换了原先的默认参数。看到这里，有些读者可能会有疑问——JavaScript 是如何知道实参 20 与形参 a 的关系的？形参 50 又是如何分配给了默认参数 b 的？现在，笔者再举一个例子。

```
# 默认参数示例二
let NotWorkingFunction = (a = 10, b) => {
    return a + b;
}
NotWorkingFunction(20);     // 输出结果是 NaN.
```

当调用带有参数的函数时，它们是按顺序分配的。例如，第一个值赋给第一个参数，第二个值赋给第二个参数，依此类推。结合上面的例子，实参 20 被分配给参数 a，而 b 没有任何值，所以结果没有得到任何输出。稍微修改一下，再看一下结果。

```
NotWorkingFunction(20, 30);    // 输出 50;
```

可以看到，当加上了一个实参 30 后，其返回结果符合预期。

3.2.5 参数的扩展——Spread 操作符

这一节继续围绕函数的参数展开。ES 2015 还有一个变化是加入了 Spread 操作符。简单地说，它的作用是对元素列表与数组进行相互转换，不过在正式介绍它之前，先看下面这个例子。

```
# Spread 操作符示例一
let SumItems = (arr) => {  // 定义函数 SumItems，定义一个形参用来接收数组
 console.log(arr);          // 输出参数 [10, 20, 40, 60, 90]
 let sum = 0;
 for (item of arr) {      //  遍历该数组中的元素，并与变量 sum 进行叠加
    sum += item;
 }
    console.log(sum);     //  输出 220
 }
SumItems([10, 20, 40, 60, 90]);    // 调用函数 SumItems，并向该函数传递一个数组作为实参
```

上面的例子很简单，声明了一个函数接收数组作为参数并返回它的和，然而并没有 Spread 操作符的身影。先不急，在这个基础上，我们立刻尝试把 Spread 特性添加进去。

```
# Spread 操作符示例二
let SumElements = (...arr) => {    // 定义函数 SumItems，通过 Spread 操作符定义形参
   console.log(arr);       // 输出 [10, 20, 40, 60, 90]
   let sum = 0;
   for (let element of arr) {
       sum += element;
   }
   console.log(sum);     // 输出 220
}
SumElements(10, 20, 40, 60, 90);// 注意，这里没有传递数组，而是将元素作为参数传递
```

在上面的例子中，Spread 操作符将元素列表（即参数）转换为数组。为了帮助读者理解，笔者再举几个例子。

```
Math.min(10, 20, 60, 100, 50, 200);    // 求最小值输出 10
```

Math.min 是一个简单的方法，它返回给定列表中的最小元素，不接收数组。

```
let arr = [10, 20, 60];
Math.min(arr);       // 这里会抛出异常，因为 Math.min 方法不接收数组传参
```

解决这个问题，就需要靠 Spread 操作符。

```
let arr = [10, 20, 60];
Math.min(...arr);    // 输出 10
```

在上面的示例中，通过 Spread 操作符将数组自动转换为元素列表，传递给 Math.min 方法，这样就免去了手工转换的不便。

3.2.6　数据结构 Map 和原生对象

数据结构 Map 是以键值对的方式存储的。它类似于数组，但我们可以定义“键”作为索引，且该索引在 Map 中是唯一的，如下面这个例子。

```
# Map 示例一
var NewMap = new Map();
NewMap.set('name', 'BoyleGu');
NewMap.set('id', 123789);
NewMap.set('interest', ['js', 'Python', 'Java','Golang']);
```

```
NewMap.get('name');       // 输出 BoyleGu
NewMap.get('id');         // 输出 123789
NewMap.get('interest');   // 输出 ['js', 'Python', 'Java','Golang']
console.log(NewMap)
// 输出:
Map {
  'name' => 'BoyleGu',
  'id' => 123789,
  'interest' => ['js', 'Python', 'Java','Golang'] }
```

上面的例子展示了创建 Map 的方法以及一些常见的 Map 用法。读者只需要记住，在 Map 数据结构中，所有的键都是唯一的，我们可以用任何值作为键或值。再看一个例子。

```
# Map 示例二
var map = new Map();
map.set('sex', '男');
map.set('sex', 'Men');
map.set(1, '数字 1');
map.set(NaN, '没有值');
map.get('sex');    // 输出 Men，这里注意原先的'男'已被替换
map.get(1);        // 输出'数字 1'
map.get(NaN);      // 输出'没有值'
```

关于 Map 还有很多其他有用的技巧。

```
var map = new Map();
map.set('name', 'gubaoer');
map.set('id', 10);
map.size;          //输出 2. 这里返回的是该 Map 的长度
map.keys();        // 这里输出 Map 的键
map.values();      // 这里输出 Map 的值
for (key of map.keys()) {    // 这里遍历 Map 所有的键
 console.log(key);
}
// 输出 :
name
id
```

在上面的例子中，map.keys() 返回映射的键，但它作为可迭代对象（之后会介绍可迭代 Iterator 对象）。这意味着它不能按原样显示，它应该只通过迭代显示。

3.2.7 数据结构 Set

集合用于存储任何类型的唯一值，它与数学中的“集合”是一回事，下面看一个例子。

```
var sets = new Set();
sets.add('a');
sets.add('b');
sets.add('a');        // 这里再次添加同样的值
for (element of sets) {      // 遍历该集合的元素
 console.log(element);
}
// 输出：
a
b
```

正如集合的定义，不会显示任何重复的值，还需要注意的是集合也是可迭代的对象。我们必须遍历元素来显示。另外，下面再看看其他有用方式。

```
var Set = New Set([1,5,6,8,9]);
sets.size;/ / 返回 5
sets.has (1);/ / 返回 true
sets.has (10);/ / 返回 false
```

在上面的例子中，size 表示集合的长度。还有另一种方法 has，它根据给定元素是否存在于集合中返回布尔值。

3.2.8 迭代器工具

开发人员编写代码时的常见任务之一是遍历数组的内容。程序员通常使用 for 循环来完成此任务。然而，与任务频繁发生时的情况一样，JavaScript 现在提供了简化此任务的方法。这些方法称为迭代器（Iterator），在数组上调用，并完成诸如更改每个元素及选择符合特定条件的元素之类的任务。

本节将绕过 JavaScript 的迭代器原理，从实用性角度出发。ES 2015 所带来的迭代器工具在日常的开发中极为有用。

1..forEach ()

要学习的第一个迭代器方法是 .forEach()。这个迭代器将在一个数组的每个元素上执行相同的代码。例如：

```
# .forEach() 用法
let language = ['Golang', 'Python', 'JavaScript', 'Java']
// 以下迭代整个 language
```

```
language.forEach(function(codeItem){
    console.log("我正在学习" + codeItem)
})
// 输出
我正在学习 Golang
我正在学习 Python
我正在学习 JavaScript
我正在学习 Java
```

在上面的例子中，数组中的每个元素都被输出在控制台上。在使用 .forEach() 时需要注意的是，它只能对原有的数组进行操作，没有返回值。

2. .map ()

.map() 正好与 .forEach() 相反，它可以更改数组的内容并返回创建一个新数组。因此，需要始终声明一个变量来将存储数组。例如：

```
# .map() 用法
let bigNums = [5000, 4000, 3000, 2000, 1000]
let smallNums = bigNum.map(function(smallNum){
    return smallNum /100
})
console.log(smallNums)
// 输出 [ 50, 40, 30, 20, 10 ]
```

在这个例子中可以看到，变量 smallNums 使用 .map() 创建一个新数组。由于代码块定义了变量和条件，在这种情况下，新数组中的每个元素都会除以 100。基本上，这就是 .map() 迭代器的功能。如果读者想了解更多，可以随时查看官方文档。

3. .filter ()

就像迭代器 .map() 过滤器返回一个新数组一样，不过 .filter() 返回的这些元素主要是根据函数块中所写的条件过滤后的结果，下面看一个例子。

```
# .filter() 用法
let hasNullString = [", 'a', 'b',",",'c']
let filterNullString = hasNullString.filter(function(word){
    if (word) {
        return word
    }
})
console.log(filterNullString)
// 输出 [ 'a', 'b', 'c' ]
```

该示例展示了如何使用 filter 遍历所有项，从过滤条件得知，最后只返回非空的字符串作为元素的新数组。

这里笔者展示了 3 种不同类型的迭代器工具，除此之外，还有 .some()、.every() 及 .reduce() 等迭代器工具，它们也比较常见。作为任务，读者可以尝试在代码中使用它们。在第 4 章中，我们将进一步学习生成器的使用方法。

3.2.9 详解生成器

生成器函数（简称生成器）是 ES 2015 的一个新特性，乍一看可能会让人感到困惑，让人觉得它几乎没有什么实用性。但是，一旦花时间了解它们是如何工作的，并看到一些实际的例子，就会真正感受到它们是多么强大和有用。

JavaScript 中的函数俗称 run-to-completion，意思就是运行即完成。当一个函数被调用时，函数的主体将一直执行到它的末尾。函数不能暂停，以便其他代码执行。

但是生成器并不是“运行即完成”。生成器函数可以暂停和恢复，以便其他代码在此期间执行。这种行为的好处是可以使用生成器来管理流的控制。因为生成器允许暂停执行，所以可以很容易地取消异步操作，还能允许我们将异步代码转换为同步代码。

例如，前端通常需要向后端服务器接口发起请求来获得数据，有时，我们可能会希望在同一个页面中发起多个异步请求，就像下面这个例子。

```
Artist.findByID(id).then((artist) => {
  artist.getSongs().then((songs) => {
    console.log(songs);
  });
});
```

对于这种看似嵌套的写法，笔者可能也会与大家一样有点晕，想象一下，如果代码看起来像这样：

```
let artist = yield Artist.findByID(id);
let songs = yield artist.getSongs();
console.log(songs);
```

这段异步代码使用同步的方式去编写，而且更容易阅读。

那么生成器函数是如何工作的呢？其实它与普通函数声明没什么不同，只需要在函数关键字后面加上星号。

```
function *doSomethingAsync() {}
// or
function *doSomethingAsync() {}
// or
function *doSomethingAsync() {}
```

当调用生成器函数时，它不会像常规函数那样执行函数体。相反，它将返回一个称为迭代器的生成器对象。next() 方法用于控制生成器函数的执行。让我们看一个例子。

```
# 生成器示例一
function *myGenerator() {
  console.log(1);
  let a = yield '第一次执行';
  console.log(a);
  let b = yield '第二次执行';
  console.log(b);
  return '你好';
}

let iterator = myGenerator();
let firstYield = iterator.next();
console.log(firstYield)  // { value: '第一次执行', done: false }
```

这里定义了一个名为 myGenerator 的生成器函数，并通过调用生成器函数 myGenerator 创建了迭代器对象。此时，myGenerator 的主体还没有执行。直到调用 iterator.next() 时，myGenerator 主体才开始执行。通过调用 iterator.next()，生成器函数的主体将执行到第一个 yield 语句，然后暂停。

iterator.next() 返回的对象格式为 {value:<Any>，done:<Boolean>}，如 {value:' 第一次执行 ', done： false}。该对象中的 value 属性是 yield 语句旁边的值。done 属性是一个布尔值，指示生成器是否已完成执行。基本上，yield 语句允许向生成器函数的调用者发送值。现在继续看下面的生成器函数的示例。

```
function *myGenerator() {
  console.log(1);
  let a = yield '第一次执行';
  console.log(a);
  let b = yield '第二次执行';
  console.log(b);
  return '你好';
}
let iterator = myGenerator();
let firstYield = iterator.next(); // { value: '第一次执行', done: false }
let secondYield = iterator.next(2); // { value: '第二次执行', done: false }
let ReturnValue = iterator.next(3); // { value: '你好', done: true }
```

当第二次调用 iterator.next()，额外向 next() 总传入一个实参 2（即 iterator.next(2)）时，可以看到，程序将值作为 yield 语句的结果传回生成器函数，因此变量 a 被赋值 2。生成器函数将继续执行，直到第二个 yield 语句，然后再次暂停。

通过调用 iterator.next(3)，生成器函数继续执行，并为生成器函数中的变量 b 赋值 3。至此，生成器函数完成整个执行过程，结果 iterator.next(3）返回 {value:' 你好 '，done:true}。注意，done 现在为 true, value 是生成器函数的返回值。

这个例子说明了生成器函数如何工作的基本原理。它使用 yield 关键字暂停两次并向调用者发送值。我们可以通过调用迭代器上的 next() 来恢复生成器函数的执行，还可以选择传入一个参数（第一次除外），该参数允许我们将数据作为结果发送回生成器。

最后做一个小总结：生成器函数是一个可以暂停和恢复的函数，允许编写抽象，这样就可以将异步代码转换为同步代码并取消异步操作。

或许有些细心的读者会想起，第 1 章介绍过另一个异步函数 Promise，那么 Promise 与生成器函数有什么区别呢？ Promise 主要用于处理异步事件，如向服务器端发起一个事件请求；而生成器函数提供了一个强大的工具来编写循环和算法来维护它们自己的状态，尤其是提供了许多遍历集合的方法，从简单的 for 循环到一些迭代式工具，如 .map() 和 .filter()。

迭代器和生成器将迭代的概念直接引入核心语言，并提供了一种机制来定制 for 循环。它们的目的是解决两个截然不同的问题。尽管也可以使用生成器代替 Promise，但笔者认为这不是正确的用法。

3.2.10　面向对象编程

本节将介绍用 JavaScript 中的 super 和 extends 实现类、对象、静态属性、构造函数和继承等面向对象概念的新方法。

1. 类和对象

在现实生活中，对象是一种可以看到或触摸的东西。在软件工程中，对象表示现实生活中同样的东西，面向对象编程就是围绕该对象编写代码的；类不是一个对象，它就像一个可以生成对象的蓝图。类用于设置对象的分类及其属性和功能；可以从一个类创建任意数量的实例，每个实例都称为对象。

由此可以看出，面向对象编程概念在大多数的编程语言都是通用的，在 JavaScript 中也不例外。下面看一个简单的例子。

```
# 类和对象
class Car {
  /* 定义一个 Car 的类 */
}
let figo = new Car();
console.log(typeof Car);
// 输出 function
console.log(typeof figo);
```

```
// 输出 object
console.log(figo instanceof Car);
//输出 true
```

在上面的代码片段中，可以看到“class Car”的类型仍然作为函数返回，因为 JavaScript 在后台仍然只使用函数。

2. 构造函数、属性和方法

构造函数只是一个函数，当我们从类中创建一个实例时，它会自动被调用。使用构造函数创建和初始化实例变量，实例变量只是对象的属性。方法仍然是附带实例的函数。从同一个类创建的所有实例都将具有这些方法或操作。访问类内部的属性和方法时，我们需要 this 关键字。下面看一下具体用法。

```
# 构造函数、属性和方法
class Training {
  constructor(name, location) {    // 定义 Training 类的构造函数
      this.name = name;
      this.location = location;
    }
    start() {     // 定义实例方法，也称为动态方法
      console.log(this.name + '培训在' + this.location + '召开');
    }
  }
  let jsTrain = new Training('JS', '上海');
  let ngTrain = new Training('Angular', '北京');
  jsTrain.start();        //  输出：JS 培训在上海召开
  ngTrain.start();        //  输出：Angular 培训在北京召开
```

使用 new 关键字和类 Training 创建的实例 jsTrain 可以像传递其他函数一样将参数传递给类，在后台，它会调用构造函数来初始化实例变量 name 和 location，最后类为实例提供了 start() 方法，客户端通过调用 start() 方法实现相关功能。

3. 静态属性和方法

类的每个实例都有自己的属性，这些属性在构造函数中创建，但类也可以有自己的属性。只有类的属性才称为静态属性，静态方法也是如此。例如：

```
# 静态属性和静态方法
class Training {
  constructor(name, location) {
  this.name = name;
  this.location = location;
  }
```

```
    start() {
      console.log(this.name + '培训在' + this.location + '召开');
    }
    static getAddress() {      // 定义静态方法
        console.log('以下地址是：');
        /* 静态方法是无法调用或获取实例属性及动态方法的，因此输出 undefined */
        console.log('城市 : '+ this.location );
    }
}
Training.admin = "Boyle";                   // 定义静态属性
Training.getMembers = function () {     // 定义静态方法
    console.log('主办方：' + Training.admin);
}
let jsTrain = new Training('JS', '上海');
console.log(Training.admin);    // 输出 Boyle
console.log(jsTrain.admin);   // 由于 'admin' 定义为静态属性，这里输出 undefined
Training.getMembers();          // 输出 主办方：Boyle
jsTrain.getMembers(); // 抛出异常 TypeError: jsTrain.getMembers is not a function
Training.getAddress();          // 输出 '以下地址是：城市：undefined'
jsTrain.getAddress(); //抛出异常 TypeError: jsTrain.getAddress is not a function
```

说明：

实例 jsTrain 不能访问类方法，即静态方法 getMembers() 和 getAddress()。同样，admin 是静态属性。

我们可以将关键字 static 放在类定义中的方法和属性的前面，使它只对类可访问，或者可以稍后将它添加到类中，就像 getMembers() 方法或 admin 属性一样，如 getMembers = function () {…}。

关键字 this 的作用域是当前访问实例的执行上下文。对于静态方法，执行上下文永远不能是类实例或对象。静态方法 getAddress() 由于无法获取实例属性 this.location，因此输出 undefined。例如：

```
# Getter 和 Setter
class Training {
    constructor(name) {
        this._name = name;
    }
    get name() {
        // 这里可以对访问 name 属性进行必要的验证工作
        return this._name;
    }
    set name(val) {
```

```
        // 这里可以对设置 name 属性进行必要的验证工作
        this._name = val;
    }
}
let training = new Training('JS');
console.log("培训主题: " + training.name);    // 输出培训主题: JS
training.name = 'Angular';
console.log("培训主题: " + training.name);    // 输出培训主题: Angular
```

使用 Getter 和 Setter，在使用构造函数初始化后将对对象属性有更多的控制。

在设置或获取值之前，可以对 get 和 set 方法中的数据进行必要的验证。在上面的代码中，可以看到实例属性名是 _name，但是使用它作为 training.name，使用 getter 和 setter 方法，可以针对实例属性提供额外的验证机制。相对于写更多的 if...else，这能让代码结构更加清晰。

4. 在 ES 2015 中的类继承

根据图 3.5，下面这个例子将用 JavaScript 来实现它们的继承关系。

```
# 类的继承示例一
class Training{
}
class techTrain extends Training{
}
class sportTrain extends Training{
}
let js = new techTrain();
console.log(js instanceof techTrain);  // 输出 true
console.log(js instanceof Training);   // 输出 true
console.log(js instanceof Object);     // 输出 true
```

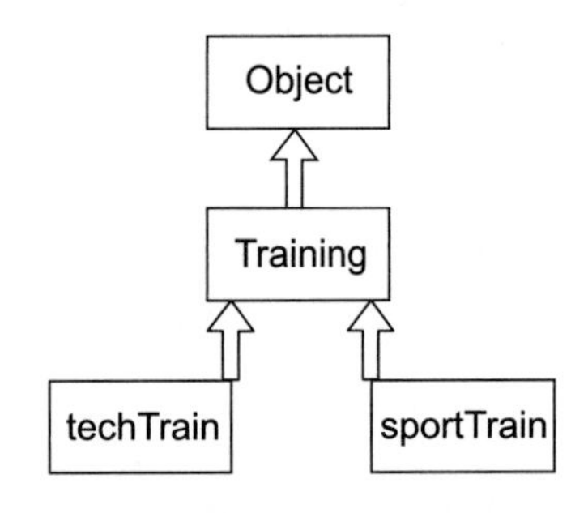

图 3.5 对象继承关系

上面这个示例使用 extends 和 class 关键字在 JavaScript 中实现继承的新方法。其中，对象 js

是类 techTrain 和 Training 的实例，因为类 techTrain 扩展了父类 Training。再看一个例子。

```
# 类的继承示例二
class Training {
  constructor() {
  console.log("Training 类下的构造函数 ");
  }
}
class TechTrain extends Training {     // 子类 TechTrain 继承了父类 Training
     constructor() {
          super();                    // 该方法中使用 super() 调用父类的构造函数
          console.log("TechTrain 类下的构造函数 ");
     }
}
let js = new TechTrain();
```

在子类 TechTrain 的构造函数内部，我们必须先调用 super() 方法来调用父类的构造函数，否则 JavaScript 将抛出错误。无论父类的构造函数是否显式存在，子类的构造函数中都必须有 super() 调用。

```
# 类的继承示例三
class Training {
  constructor(organizer) {
      this.organizer = organizer;
  }
}
class TechTrain extends Training {
    constructor(organizer) {
          super(organizer);
    }
}
let js = new TechTrain('Mr. Gu');
console.log(js.organizer);  // Mr. Gu
```

通过像上面代码片段那样的 super() 方法将参数从子类的构造函数传递给父类的构造函数，可以覆盖子类构造函数中的父类属性。接下来再看一个稍微复杂的例子。

```
# 类的继承示例四
class Training {
  organise() {
          console.log(' 组织培训 ');
      }
      static getTrainingFounderDetails() {
```

```
            console.log("培训主办方详情");
        }
    }
class techTrain extends Training {
        organise() {
            console.log("组织技术培训");
            super.organise();
        }
        static getTrainingFounderDetails() {
            console.log("技术培训主办方详情");
            super.getTrainingFounderDetails();
        }
    }
let js = new techTrain();
js.organise();
/* 输出：组织技术培训
        组织培训 */
techTrain.getTrainingFounderDetails();
/* 输出：技术培训主办方详情
        培训主办方详情 */
```

由上面的示例可知，在子类的动态方法 organise() 中可以使用 super.organize() 访问父类的 organise 方法，同样，子类的静态方法也可以在 super 对象的帮助下访问父类的静态方法。

3.2.11 面向对象编程进阶

在 JavaScript 中学习“面向对象”，能让用户用更接近现实的方式进行编程，如根据类、对象、方法、属性等方式进行代码结构组织，具有抽象、封装、模块化、隐秘性、多态性、继承等特性。本小节将进一步介绍 ES 2015 面向对象编程的知识。

1. 私有属性

JavaScript 并没有像 Java 和 C# 那样具有私有关键字，重要的是，我们可以使用通用惯例来标记“私有”值，就是在属性名前使用下画线，具体可以看下面的例子。

```
# 私有属性示例一
  class Person {
    constructor (name, phone) {
      this.name = name;
      this._phone = phone;
    }
  }
  const p1 = new Person('鲍尔', 13711111111);
```

```
    console.log(p1._phone);     // 输出 13711111111
```

这个例子只是属性名看起来更像“私有属性”，但似乎依然可以直接访问，那是不是 JavaScript 真的无法实现这一特性了呢？其实未必，ES 2015 还新增了一种类似 Map 的弱引用数据结构 WeakMap，允许我们创建私有属性，看看下面的例子。

```
# 私有属性示例二
// 这里需要提醒，请不要使用 private 作为变量名，因为它是被保留的关键字
const secret = new WeakMap();
class Person {
  constructor (name, phone) {
    this.name = name;
    secret.set(this, {_phone: phone});
  }
}
const p1 = new Person('鲍尔', 13711111111);
// 现在 _phone 已经是真正意义上的私有属性了
console.log(p1._phone);    // 输出 undefined
```

2. 多态性

多态性是面向对象编程中极为常见的术语，那么何为多态性呢？简单地说就是一种调用方式，不同的执行效果。例如，使用同样的快捷键在不同的软件中所达到效果也不一样，这就是“多态”。相信大家平时都会使用一些听歌类软件，它们都提供“显示歌词”的功能，然而同样的显示歌词功能快捷键在各个软件中不一定相同。通过下面例子可以看看在 ES 2015 中如何展示它的多态性。

```
# 多态性
class MuiceAPP {
    constructor(name, keyboards) {
      this.name = name;
      this.keyboards = keyboards;
    }
    showLyric() {
      return '"${this.name}" 显示歌词的快捷键 : ${this.keyboards}';
    }
  }
  const qqMuice = new MuiceAPP('QQ 音乐 ', 'Ctrl + Alt + d');
  console.log(qqMuice.showLyric());
    // 输出 "QQ 音乐 " 显示歌词的快捷键 : Ctrl + Alt + d
  class OtherMuiceAPP extends MuiceAPP {
    constructor (name, keyboards, isVip) {
      super(name, keyboards);
```

```
        this.isVip = isVip;
    }
    showLyric() {
        return `${this.name} 显示歌词的快捷键 : ${this.keyboards}, 是否是会员 :
            ${this.isVip}`;
    }
}
const aliMuice = new OtherMuiceAPP('"虾米音乐"', 'Ctrl + Alt + l', isVip='是');
console.log(aliMuice.showLyric());
    // 输出 " 虾米音乐 " 显示歌词的快捷键 : Ctrl + Alt + l, 是否是会员 : 是
```

3. 详解关键字 this

在前面几节的学习中，相信读者对关键字 this 已经不陌生，尽管笔者此前简单地介绍过 this 的大致作用，但考虑到它贯穿了整个 JavaScript 运作机制，深入了解以及运用它能达到事半功倍的效果，因此此处对其进行详解。

关键字 this 引用的其实也是一个对象，即执行当前 Javascript 代码位的对象。换句话说，每个 JavaScript 函数在执行时都有一个当前执行上下文的引用，称为 this。执行上下文的意思其实是表示该函数是如何被调用的。

要理解关键字 this，只需要知道如何、何时以及从何处调用函数，而不需要知道如何以及在何处声明或定义函数。例如：

```
# 详解关键字 this 示例一
function mobile() {
    console.log(this.name);
    }
    var name = " 苹果 ";
    var obj1 = { name: " 三星 ", mobile: mobile };
    var obj2 = { name: " 小米 ", mobile: mobile };

    mobile();              // 输出: " 苹果 "。在严格模式下，这里输出是 undefined
    obj1.mobile();         // 输出: " 三星 "
    obj2.mobile();         // 输出: " 小米 "
```

在上面的代码片段中，函数 mobile() 的任务是输出 this.name，这意味着它试图输出当前执行上下文的 name 属性的值（即这个对象）。当函数 mobile() 被调用时，因为执行的上下文没有指定，所以默认情况下它在全局上下文中有一个变量名，它的值是“苹果”。

在 obj1().mobile() 调用的情况下，程序会输出“三星”，而这背后的原因是函数 mobile() 被调用时执行的上下文为 obj1，因此 this.name 变成了 obj1.name。与 obj2.mobile() 调用相同，其中函数 mobile() 执行的上下文为 obj2。

4. this 的默认与隐式绑定

在严格模式（strict model）下，this 关键字的默认值是未定义的，否则将作为全局对象，这被称为 this 的默认绑定。需要注意的是，在 ES 2015 中自动采用严格模式。

当调用一个对象属性作为方法时，this 关键字就变成当前被调用方法的执行上下文对象，这就是 this 关键字的隐式绑定。

this 的显式绑定示例如下：

```
#this 的显式绑定
function mobile() {
   console.log(this.name);
}
var name = " 苹果 ";
var obj = { name: " 小米 " }
mobile();              // 输出： " 苹果 "。在严格模式下，这里输出是 undefined
mobile.call(obj);      // 输出： " 小米 "
```

call() 方法能够重新定义 this 对象，并能使它继承相关的执行上下文关系（与 call() 类似的还有 apply()），这就是显式绑定。

5. new 与 this

任何函数前面的 new 关键字都将函数调用转换为构造函数调用。当将 new 关键字放在函数前面时，会发生以下情况。

- 创建一个全新的空对象。
- 将空对象链接到该函数的prototype属性。
- 将相同的空对象绑定为该函数调用的执行上下文的关键字。
- 如果这个函数不返回任何内容，那么它隐式地返回这个对象。

示例如下：

```
# new 示例
function mobile() {
    var name = " 苹果 ";
    this.maker = " 乔布斯 ";
    console.log(this.name + " " + maker);  // 输出：undefined
  }
  var name = " 三星 ";
  var maker = " 小米 ";
  obj = new mobile();
  console.log(obj.maker);                      // 输出：" 乔布斯 "
```

上面的代码示例使用 new 关键字在前面调用 mobile 函数。new 创建了一个新对象，然后这个新对象被链接到函数 mobile 的原型链，之后创建的新对象被绑定到这个对象函数并返回这个对象。这就是赋值给 obj 和 console.log（obj.maker）的返回对象输出“乔布斯”的方式。

另外，函数 mobile() 中的 this.name 没有输出“苹果”或“小米”，而是输出 undefined，因为函数 mobile () 声明的 name 变量和 this.name 是两个完全不同的东西。同样地，maker 和内部函数 mobile() 中的 maker 也是不同的。

6. this 关键字绑定的优先级

首先，它会检查函数是否使用 new 关键字调用。

其次，它会检查函数是用 call 调用的还是用 apply 方法调用的，这意味着显式绑定。

最后，它会检查函数是否通过上下文对象（隐式绑定）调用。

默认为全局对象（在严格模式下为 undefined）。

3.2.12 实战：利用 ES 2015 开发仿“反恐精英 CS”游戏

现在大家应该可以独立使用 ES 2015 开发一款小程序，接下来就到了“检阅”的时候了。下面笔者为各位准备了一个实战案例，即开发一款仿“反恐精英 CS”小游戏，案例需求如下。

人物角色：

警察（Police）

默认装备：54 式手枪（杀伤力：50）

生命值：100

金钱值：15000 ¥

匪徒（Gangster）

默认装备 : 54 式手枪（杀伤力：50）

生命值：100

金钱值：15000 ¥

游戏脚本：

- 可随时查询“角色当前状态”。
- 不同武器的杀伤力不一定相同。
- 游戏最终必须分出胜负。
- 双方交战前可购买武器（Weapon）。

了解实际需求之后不要急于投入开发工作，应该先思考如何设计程序的逻辑架构，首先从需求中挖掘出各个角色的共性，并抽象出一个角色基类（Role），用来存储各个角色的一些基本信息。

```
# 定义 Role 基类
class Role {
  constructor(username, role, life_value=100, money=15000, weapon='54式手枪'){
    // 通过构造函数来存储角色基本信息
```

```
    this.username =username;          // 用户名
    this.role = role;                 // 角色名
    this.life_value = life_value,     // 生命值
    this.money = money                // 金钱值
    this.weapon = weapon              // 武器
  }
```

无论哪种角色，都需要支持查看各自状态信息、攻击、购买武器等动作，因此继续在类 Role 中添加相应动作的动态方法。

```
# 为 Role 添加多个方法
class Role {
  constructor(username, role, life_value=100, money=15000, weapon='54式手枪'){
    this.username =username;          // 用户名
    this.role = role;                 // 角色名
    this.life_value = life_value,     // 生命值
    this.money = money                // 金钱值
    this.weapon = weapon              // 武器
  }
  showStatus() {
     // 显示状态
  }
  gotShot(oppositeUser) {
     // 被对方攻击，该方法的形参 oppositeUser 传递的是攻击者的用户名
  }
  buyGun(gunName) {
     // 购买武器，该方法的形参 gunName 传递的是武器名
  }
}
```

这里只是添加了方法，尽管没有实现方法中的具体功能，但至少程序的项目骨架的雏形已经有了，那么根据游戏的脚本需求所描述的，玩家在进行游戏的过程中可以随时查看状态，因此在 showStatus() 中加入以下代码。

```
# 编写"显示状态"方法
.....
  showStatus() {
   console.log(
     '角色：' + this.role +
     '用户名：' + this.username +
     '武器：' + this.weapon +
```

```
        '生命值：' + this.life_value)
  }
  .....
```

这样就可以随时通过调用实例方法 showStatus() 来获取当前玩家角色的状态。buyGun() 方法主要提供“购买武器”的功能。

```
# 编写 " 购买武器 " 方法
  buyGun(gunName) {      // 购买武器，该方法的形参 gunName 传递的是武器名
    console.log(this.username + '买了把' + gunName)
    this.weapon = gunName
    // 把购买好的武器与原先的进行替换，因此需要赋值给 this.weapon
  }
```

现在需要编写 gotShot() 方法来实现相互“攻击”的效果，这是游戏中最精彩的场景。在这一过程中，由于每种武器的杀伤力不同，其所对应的伤害值也会有所不同。如果当前玩家生命值小于等于 0，那么游戏就会结束。看看下面的代码是如何实现这一过程的。

```
# 编写 " 角色攻击 " 方法
class Role {
  ......
    gotShot(oppositeUser) {//  被对方攻击，该方法的形参 oppositeUser 传递的是攻击者的用户名
      console.log(this.username + '中弹了')
      // weaponProxy 是一个代理类，主要用于根据不同的武器计算出伤害后的生命值
      const handlerProxy = weaponProxy(oppositeUser.weapon, this.life_
      value);
      this.life_value = handlerProxy.life_value;
    {
  if (this.life_value <=0) {    // 当生命值小于等于 0，宣告被攻击的玩家身亡，并游戏结束
   console.log(this.username + '已身亡')
  }
.....
}
```

笔者在这里使用 weaponProxy 代理函数来封装代理各种的武器，计算出玩家受伤害后的生命值，使用代理类的主要目的是将客户端与目标对象分离，在一定程度上降低系统的耦合度，也可以给某对象提供一个代理以控制对该对象的访问。概括来说，这就是面向对象较为常用的设计模式——“代理模式”，与它相对应的还有“反射模式”。下面看一下 weaponProxy 函数是如何实现这一过程的。

```
# weaponProxy 函数的实现
```

```
const weaponProxy=(name, life_value) => {
    let fn = [
      {name: "54 式手枪 ", value:30},
      {name: "AK47", value:50},
      {name:"M4 卡宾枪 ", value:100}
    ]
     return new Proxy(fn, {
      get: function (target, key) {
        for (info of fn) {
          if (info.name === name){
            life_value = life_value - info.value
          }
        }
        return life_value
      }
  });
  };
```

最后，编写两个子类 Police 和 Gangster 分别继承基类 Role 的属性及方法，并定义相应角色名作为默认参数，例如：

```
class Police extends Role {
  constructor(username, role=' 警察 '){
    super(username, role)
  }
}
class Gangster extends Role {
  constructor(username, role=' 匪徒 '){
    super(username, role)
  }
}
```

完整代码如下。

```
const weaponProxy=(name, life_value) => {
    let fn = [
      {name: "54 式手枪 ", value:30},
      {name: "AK47", value:50},
      {name:"M4 卡宾枪 ", value:100}
    ]
     return new Proxy(fn, {
      get: function (target, key) {
```

```
        for (info of fn) {
          if (info.name === name){
            life_value = life_value - info.value
          }
        }
          return life_value
      }
  });
  };
class Role {
  constructor(username, role, life_value=100, money=15000, weapon='54 式
  手枪'){
    this.username =username
    this.role = role
    this.life_value = life_value
    this.money = money
    this.weapon = weapon
  }
  showStatus() {
    console.log(
      '角色：' + this.role +
      '用户名：' + this.username +
      '武器：' + this.weapon +
      '生命值：' + this.life_value)
  }
  gotShot(oppositeUser) {
    console.log(this.username + '中弹了')
    const handlerProxy = weaponProxy(oppositeUser.weapon, this.life_value);
    this.life_value = handlerProxy.life_value
    if (this.life_value <=0) {
      console.log(this.username + '已身亡')
    }
  }
  buyGun(gunName) {
    console.log(this.username + '买了把' + gunName)
    this.weapon = gunName
  }
}
class Police extends Role {
  constructor(username, role='警察'){
    super(username, role)
```

```
    }
  }
  class Gangster extends Role {
    constructor(username, role='匪徒'){
      super(username, role)
    }
  }
  police = new Police('鲍尔')
  gangster = new Gangster('李四')
  police.gotShot(gangster)    // 鲍尔中弹了
  police.showStatus()       // 角色：警察 用户名：鲍尔 武器:54式手枪 生命值：70
  gangster.showStatus()   // 角色：匪徒 用户名：李四 武器:54式手枪 生命值：100
  gangster.buyGun('AK47')   // 李四买了把AK47
  police.buyGun('M4卡宾枪')   // 鲍尔买了把M4卡宾枪
  gangster.gotShot(police)    // 李四中弹了
                              // 李四已死亡
  gangster.showStatus()       // 角色：匪徒 用户名：李四 武器:AK47 生命值：0
```

通过这款小游戏的实战练习，相信读者已经对整个ES 2015的语法细节以及面向对象编程的基本概念有了一些理解。前面简单介绍了常用的设计模式，但这款小程序还有很多内容需要完善。

- 金钱值与购买之间的交互功能。
- 生命值可以考虑使用私有属性。
- 代码还能更精简。

作为书后练习，大家可以考虑如何优化以上所提到的细节。这一章，我们学习了ES 2015中的重要语法变化和新特性，有助于以后能够编写更好、更干净、更少的代码，从而实现JavaScript中的面向对象概念。这与早期使用原型链来实现复杂的面向对象概念相比要进步很多，class语法糖有助于吸引更多其他高级语言的开发者来学习JavaScript。

第二篇

Vue篇

Vue.js化繁为简

在第 1 章中，笔者向大家介绍过关于单页应用的方方面面。在实际项目中，徒手构建整个单页应用是极具挑战的工程，好在如今有成熟、可靠的单页应用框架作为技术栈中的备选方案。

其中最火爆的就是由尤雨溪打造的单页应用框架 Vue.js（简称 Vue），它本身作为遵循 MVVM 的践行者，提供了一个简单的、内聚的、可伸缩的工具集，可以用来解决在构建单页面应用程序或 SPA 时出现的许多挑战。它提倡的代码分割和服务器端呈现方面的创新性，使它深受开发者的欢迎。

4.1 初见 Vue.js

与过去的 jQuery 不同，Vue.js 在被创造之初就深受 Angular 的启发。事实上，它的创建者尤雨溪在谷歌从事 Angular 相关工作之后便开始这个项目。他决定提取 Angular 的一部分，创造一个真正轻量级的框架，并且更容易学习和使用。

从本节开始将与大家一起揭秘 Vue.js。

4.1.1 解决了什么问题

不是每个人都理解为什么使用 Vue.js，以及在什么情况下可以并且应该使用 Vue.js。

从技术上讲，Vue.js 被定义为 MVVM 模板的 ViewModel 层。它将模型和视图通过双向数据绑定连接到一起，并将当前的“DOM 更改”和“格式化输出”抽象在指令和过滤器中。

Vue.js 受到 Angular 和 React 的显著影响。尽管有一些相似之处，但 Vue.js 可以为这些现有库提供有价值的替代方案，在简单性与功能性之间寻找最佳平衡点。

笔者不使用 Angular 有几个原因，不是所有的原因都适用于所有的项目。

首先，Vue.js 的灵活性允许用户按照自己的意愿构造应用程序，而不是强制它在 Angular 中执行所有操作。Vue.js 只是一个表示层，所以用户可以在应用程序页面上使用它，将它作为一个不引人注目的特性，而不是一个完整的框架。这提供了将 Vue.js 与其他库结合起来的更多机会。例如，Vue.js 内核不包含路由或 AJAX 函数，可以随意与任何诸如 jQuery 等第三方库结合使用。

这可能是 Angular 与 Vue.js 最重要的区别。

其次，Vue.js 在 API 和设计方面都比 Angular 简单得多。用户可以快速地学习并立即开始上手开发。

最后，Vue.js 具有更高的性能，因为它不使用“脏检查”（Angluar 框架中的数据检查特性）。当使用多个观察者时，Angular 会变慢，因为每次当范围发生变化时，所有观察者都需要重新计算。Vue.js 不会遇到这种情况，因为它使用了一个更简明的观察者跟踪系统，所以如果观察者存在明显的相关依赖关系，所有的更改都会自动调用。

另外，React 和 Vue.js 也有一些相似之处，它们都支持组件的反应性表示和组件表示。然而，它们的内部实现完全不同。React 中的数据基本没有变化，DOM 的变化是根据差异计算的；而 Vue.js 相反，数据在默认情况下是改变的，并且通过事件来触发改变。可以将 DOM 作为模板使用，保留对现有节点的引用以进行绑定。

虚拟 DOM 本身提供了一种随时描述 Dom 文档的功能方法，这非常好。由于观察者模式没有被使用，并且整个应用程序不会在每次更新时重新绘制，这确保了视图与数据的同步，也为同构 JavaScript 应用程序提供了机会。

使用 React 的问题是，逻辑与表示紧密地交织在一起。对于某些开发人员来说，这是一个优势，但是对于前、后端混合的开发人员来说，在设计和 CSS 中呈现模板显然要容易得多。JSX 与 JavaScript 逻辑合并，稍许破坏了在设计中显示代码所需的可视化模型。而 Vue.js 正好相反，只需要在一个可视化模板中配合它提供的轻量级指令和过滤器，即可完成任何复杂的逻辑。

React 的另一个问题是 DOM，当实际需要自己控制 DOM 时，对于一些数据同步支持特效的应用程序来说，可能会变得很棘手。在这方面，Vue.js 更加灵活。

4.1.2　Vue.js 与 jQuery 的区别

在过去很长的时间中，jQuery 成为绝大多数开发者所使用的主流前端技术栈，那么 Vue.js 与 jQuery 有什么不同？如果学习了 Vue.js，应该停止使用 jQuery 吗？读者如果是一位初学者，或者刚刚开始学习或了解 Vue.js，可能会问自己同样的问题，也可能会感到困惑。下面笔者分别用两段简单的代码来比较两者的差异。

有关 jQuery 的代码如下：

```
# jQuery
##  HTML 部分
<button id="button">点我点我！</button>
##  JavaScript 部分
(function() {
    $('#button').click(function() {
    // jQuery 直接操作 DOM 中的 button 元素来绑定 click 事件
        alert('你好！');          // 弹出消息框显示"您好"
```

```
    });
})();
```

有关 Vue.js 的代码如下：

```
# Vue.js
##  HTML 部分
<div id="app">
  <button @click="clickMe">点我点我！</button>
</div>
##  JavaScript 部分
new Vue({
   el: '#app',
   methods: {
     clickMe() {        // Vue.js 无须直接操作 DOM，而是直接通过值和 js 对象进行绑定
            alert('您好！');  // 弹出消息框显示"您好"
        }
     }
});
```

以上两段代码分别使用 jQuery 和 Vue.js 来实现“点开按钮，弹出消息”的小例子，尽管简单，但很直观地展现出这两种框架的不同思想。当用户单击按钮时，jQuery 直接操作 HTML 中的 DOM 元素（在这一例子中指的是 button）来绑定事件处理器（click 事件），并触发 click 事件中弹出消息的代码块；Vue.js 则直接屏蔽了开发者操作 DOM 的方式，通过操作值与 JavaScript 对象（clickMe()）的绑定，使开发者只需聚焦自己的业务功能逻辑。

二者最大的区别就在于操作 DOM 的方式。jQuery 直接操作 DOM 的代价对于性能来说非常高，反观 Vue.js 内部使用虚拟 DOM 技术，不但使得开发人员无须关心 DOM 节点，而且在性能上也有极大的改进。二者因 DOM 操作方式的不同，也会带来开发方式的改变。对于 jQuery 来说，编写代码时可能更多地需要关注：操作 DOM →回调→操作 DOM →回调……这就导致当项目变得比较庞大时，代码也会变得难以维护。虽然在这一例子中，Vue.js 的代码量看似要比 jQuery 多，但在中大型项目中，Vue.js 的工程化优势则更为明显。

现在大家简单地了解了 jQuery 与 Vue.js 的区别，每种 jQuery 和 Vue.js 的好处以及何时使用它们。当笔者觉得 jQuery 已经足够用于正在进行的项目时，仍然会使用 jQuery，对于中大型项目或者更具复杂性的功能逻辑，会毫无疑问地使用 Vue.js 作为技术栈。

4.1.3 揭秘虚拟 DOM

在深入研究虚拟 DOM 之前，回顾一下在第 2 章所介绍的 DOM。DOM（Document Object Model，文档对象模型）基本上是 HTML 标记的内存表示，由 HTML 元素的对象组成，这些对象

存储为树结构。

浏览器在加载 Web 页面时，也随之会构建 DOM 树，DOM 允许交互和操作 HTML 元素，如添加或删除元素或更改它们的 CSS 样式；在处理小型 Web 应用程序时都很好，但随着应用程序的增长，对 DOM 的操作开始变得很慢，而且计算成本也很高，这就是虚拟 DOM 发挥作用的地方。

虚拟 DOM 基本上是使用自定义 JavaScript 对象的 DOM 之上的抽象。可以将虚拟 DOM 看作 DOM 的轻量级副本。虚拟 DOM 仍然使用 DOM 在浏览器中呈现元素，但是它做的尽可能少，而且效率很高。

因为直接使用 DOM 比较慢，所以当实际 DOM 中发生更改并限制使用 DOM API 的次数时，虚拟 DOM 会精确地计算出需要更新哪些内容。这是通过使用高效的 diff 算法来实现的，以便只更新 DOM 的相关部分。可以将虚拟 DOM 看作包含构建 DOM 所需的所有细节的蓝图，但是在内存中使用它要快得多。

因此，虚拟 DOM 位于 DOM 与 Vue.js 实例之间，是 JavaScript 数据结构中 DOM 的表示。它的目的是通过频繁地接触 DOM 来避免降低性能，并通过使用 DOM 的轻量级表示来做到这一点，当状态发生变化时，可以有效地使用 DOM 计算虚拟 DOM 与 DOM 之间的差异。当发生这种情况时，将一个补丁应用到 DOM 的适用部分，以便触及 DOM 的最小元素，如果在 DOM 中实际上不需要更改任何内容，则什么也不会发生。

为了使这一切更容易理解，笔者尝试用图 4.1 的例子来做形象化解释。

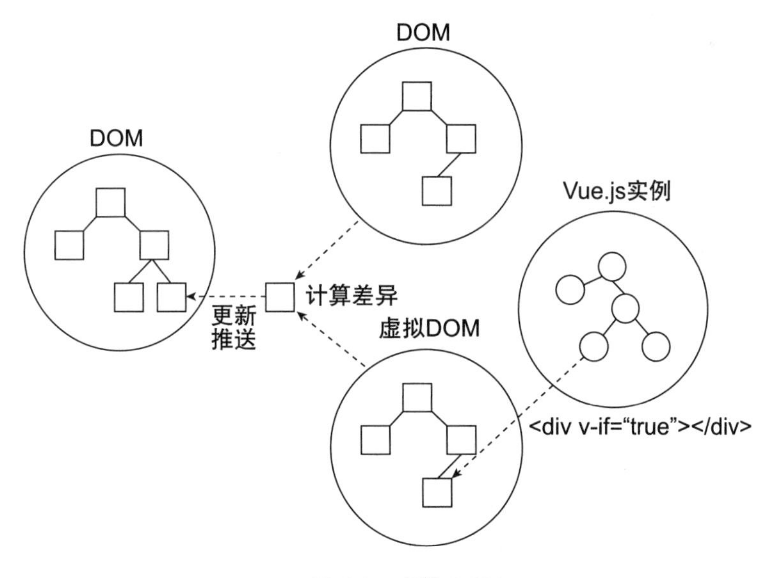

图 4.1　虚拟 DOM

假设要将一个元素添加到 DOM 中，在本例中，该元素是 v-if 指令的条件求值为 true 而不是 false 的结果。基于 Vue 实例中的数据和模板，更新虚拟 DOM 以反映这个新元素。请记住，虚拟

DOM 是实际 DOM 的表示，因此虚拟 DOM 的先前状态将与实际 DOM 的状态匹配。

因此，可以在这两种状态之间进行差异处理，其结果是所谓的修改补丁，可以应用于 DOM。在本例中，补丁将包含要添加到页面中的元素。由于虚拟 DOM 和真实 DOM 都是更新的，虚拟 DOM 现在拥有真实 DOM 的最新表示，而无须对其进行完整的复制。因此，虚拟 DOM 最终仍然使用 DOM，正如前面提到的。

这是什么意思？我们为 Vue.js 实例编写的模板并不是最终出现在 DOM 中的模板，这样做的原因是，在模板中编写的任何指令和事件都不是 DOM 的一部分，因为这是 Vue.js 在内部使用的。因此，如果检查 DOM 的外观，将不会发现任何指令之类的符号。此外，记住幕后发生的事情也很好，尽管这对于精通 Vue.js 并不是严格必要的。如果读者对其中的一些内容感到困惑，可以学习下面的内容。

4.2 上手 Vue.js

快速学习一种新技术，首先最好抛开所有对于“技术复杂度”的焦虑；其次用最简单的方式“快速开始”动手实践，即使没有任何相关技术背景和知识，只要最后运行成功，就可以反过来慢慢消化。同样在本节中，笔者也会用最简洁的方式来让读者了解和学习 Vue.js。

4.2.1 最简化安装

安装 Vue.js 有很多方法。在此基础上，本节对如何通过 NPM 安装 .js 进行简单的介绍。

第 3 章介绍了如何使用 NPM 和 VS Code 编辑器部署 ES 2015 开发环境的例子，那么安装 Vue.js 依然很简单，只需要在终端或命令提示符类型中安装 vue-cli 即可。

```
npm install -g @vue-cli
```

vue-cli 是 Vue.js 官方出品的脚手架，本身集成了与 Vue.js 相关的必要库，因此使用它来创建 Vue.js 项目，搭建基础的 Vue.js 开发环境会事半功倍。安装完 vue-cli 后，即可创建一个新的 Vue.js 应用程序，如下：

```
vue create my-vue
```

其中，my-vue 是应用程序目录的名称。用户按照提示选择一个预置，也可以保留默认值（babel, eslint），使用 babel 将 JavaScript 转换为与浏览器兼容的 ES 2015，并安装 eslint linter 来检测编码错误。之后，创建 Vue.js 应用程序并安装其依赖项可能需要几分钟。

现在就可以快速运行 Vue.js 应用程序，将路径切换到新的目录，输入 npm run serve 启动 Web 服务器，并在浏览器中打开应用程序，如下：

```
cd my-vue
npm run serve
```

此时，vue-cli 会在内部开启 vue-clip-service 服务器并自动打开浏览器 http://localhost:8080 显示“Welcome to your Vue.js App”。用户可以按 Ctrl+C 快捷键来停止服务器。在项目目录中的 package.json 了解到，vue-cli 除了安装了一些如 eslint（代码错误检查插件）、用于运行 ES 2015 的 babel 插件外，也安装了 Vue.js 2.6.10 版本（这也是笔者在撰写本书时的最新版本）。一般来说，Vue.js 2.x 版本都不会影响读者对于本书的使用。

如果希望在 VS Code 中打开 Vue.js 应用程序，可以从终端（或命令提示符）导航到 my-app 文件夹并输入 code。

```
cd my-vue
code.
```

VS Code 将在文件资源管理器中启动并显示 Vue.js 应用程序。

4.2.2　分析由 Vue.js 构建网页

无论是选择在本地使用 Vue CLI，还是通过其他方式创建 Vue.js 项目，都要先分析 4.2.1 节安装好的默认 Vue.js 应用程序。以下是初始项目包含的主要文件。

文件结构如下：

```
# my-vue 项目目录
index.html
src/App.vue
src/main.js
src/assets/logo.png
src/components/HelloWorld.vue
```

1. index. html

<body> 中只有一个简单的元素：<div id="app"></div>。这是 Vue.js 应用程序将附加到 DOM 的元素，如下：

```
# my-vue/index.html
<!DOCTYPE html>
<html lang="en">
  ......
  <body>
    ......
    <div id="app"></div>
    <!-- built files will be auto injected -->
  </body>
</html>
```

2. src/main. js

src/main.js 是驱动整个 Vue.js 应用程序的主要 JavaScript 文件。在该文件中，首先看到的是从 App.vue 导入了 Vue 库和 App 组件。然后将 productionTip 设置为 false，这样只是为了避免 Vue.js 在控制台输出“您处于开发模式”提示。

接下来，通过将 Vue.js 实例分配给 #app 标识的 DOM 元素来创建 Vue.js 实例，该元素在前面介绍的 index.html 中定义，最后使用 Vue.js 自带的 render 函数告诉 Vue.js 去渲染一个名为 App 的组件并呈现内容。如下：

```
# my-vue/src/main.js
import Vue from 'vue'
import App from './App.vue'
Vue.config.productionTip = false
new Vue({
  render: h => h(App),
}).$mount('#app')
```

3. src/App. vue

src/App.vue 是带有 Vue 格式的文件，在 Vue.js 中是一个单独的文件组件。它包含 3 块代码：HTML、CSS 和 JavaScript。乍一看，这似乎有些奇怪，但是单个文件组件是创建自包含组件的好方法，这些组件在单个文件中包含了所需的所有内容，如包含了 HTML 标签（<template>……</template>）、与之交互的 JavaScript（<script>……</script>），以及该组件所涉及的样式（<style>……</style>），而样式既可以限定范围，也可以不限定。在本例中，样式并没有指定作用域，只是输出 CSS 像常规 CSS 一样应用于页面。比较有趣的部分在于 <script> 标记，从 components/HelloWorld 导入了另一个名为 HelloWorld.vue 的组件，笔者稍后将对此组件的内容进行描述。

HelloWorld.vue 组件被 App.vue 组件引用，作为 App.vue 的唯一依赖项，下面看一下这段代码：

```
# my-vue/src/App.vue
<div id="app">
    <img alt="Vue logo" src="./assets/logo.png">
    <HelloWorld msg="Welcome to Your Vue.js App"/>
                // <HelloWorld/>作为HelloWorld组件、标记位
</div>
```

App.vue 文件组件引用了 HelloWorld 组件。开发者只需要在 <template/> 标记中指定组件名，Vue.js 就会自动将该组件作为标记位插入这个占位符中。

```
# my-vue/src/App.vue
<template>
```

```
  <div id="app">
    <img alt="Vue logo" src="./assets/logo.png">
    <HelloWorld msg="Welcome to Your Vue.js App"/>
  </div>
</template>
<script>
import HelloWorld from './components/HelloWorld.vue'
export default {
  name: 'app',
  components: {
    HelloWorld
  }
}
</script>
<style>
#app {
  font-family: 'Avenir', Helvetica, Arial, sans-serif;
  -webkit-font-smoothing: antialiased;
  -moz-osx-font-smoothing: grayscale;
  text-align: center;
  color: #2c3e50;
  margin-top: 60px;
}
</style>
```

4. src/components/HelloWorld. vue

现在看一看 App.vue 组件所导入的 HelloWorld 组件究竟包含了哪些信息。该组件的内容其实很简单，仅仅包括一条消息和一组链接。值得一提的是，还记得上面在 App.vue 中讨论的 CSS 吗？HelloWorld 组件已经限定了 CSS 的作用域。

读者可以很容易地查看样式标签 <style> 并找到它。如果它具有 scoped 属性，那么它的作用域是 <style scoped>，这意味着生成的 CSS 只应用于该组件。这样做的好处是所编写的 CSS 不会影响该组件外页面的其他样式。另外，组件输出的消息存储在 Vue 实例的 data() 函数中，并在模板中以 {{msg}} 的形式输出。

存储在数据中的任何内容都可以通过模板本身的名称直接访问。或许读者还发现了 <script/> 标签中的 props，先放一放不用着急，重要的是我们已经学完了本节所有的内容。

```
# my-vue/src/components/HelloWorld.vue
<template>
  <div class="hello">
```

```
    <h1>{{ msg }}</h1>    <!-- 模板指向数据属性 msg -- >
    <p>
      <a href="https://cli.vuejs.org" target="_blank" rel="noopener">vue-
         cli documentation</a>.
    </p>
    <h3>Installed CLI Plugins</h3>
    <ul>
      <li><a href="https://github.com/vuejs/vue-cli/tree/dev/packages/%40vue/
          cli-plugin-babel" target="_blank" rel="noopener">babel</a></li>
      <li><a href="https://github.com/vuejs/vue-cli/tree/dev/packages/%40vue/
          cli-plugin-eslint" target="_blank" rel="noopener">eslint</a></li>
    </ul>
    <h3>Essential Links</h3>
    <ul>
        ......
     <li><a href="https://forum.vuejs.org" target="_blank"
         rel="noopener">Forum</a></li>
        ......
    </ul>
    <h3>Ecosystem</h3>
    <ul>
        ......
     <li><a href="https://vue-loader.vuejs.org" target="_blank"
         rel="noopener">vue-loader</a></li>
        ......
    </ul>
  </div>
</template>
<script>
export default {
  name: 'HelloWorld',
  props: {
    msg: String      // 读者目前只需要知道 msg 作为属性值向模板传递相应的数据，而 props 是
                     // 定义该组件所对外暴露的参数，我们将在之后的章节中重点介绍
  }
}
</script>
<!-- Add "scoped" attribute to limit CSS to this component only -->
<style scoped>
h3 {
  margin: 40px 0 0;
```

```
}
ul {
  list-style-type: none;
  padding: 0;
}
li {
  display: inline-block;
  margin: 0 10px;
}
a {
  color: #42b983;
}
</style>
```

现在重新打开浏览器访问 http://localhost:8080，如图 4.2 所示，现在就能明白其中的意思了。

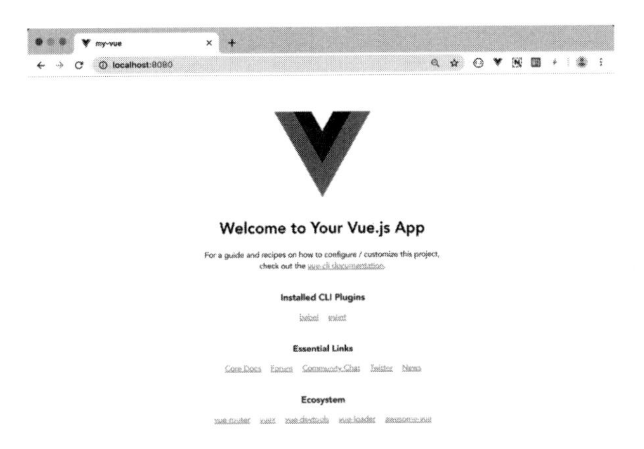

图 4.2　Vue.js 项目初始化页面

4.2.3　数据如何渲染

在前面，笔者通过 vue-cli 创建了第一个 Vue.js 项目，并对其初始化页面以及文件的结构进行了分析，相信读者对 HelloWorld.vue 文件中的以下代码块印象深刻。

```
# my-vue/src/components/HelloWorld.vue
<template>
    ......
    <h1>{{ msg }}</h1>
    ......
</template>
```

Vue.js 所提供的 Mustache 语法，使得 msg 成为一种属性。当该属性发生任何改变时，Mustache 语法的特有机制将动态地把 msg 属性值渲染在页面中。Mustache 语法的表示方式就是字符串周围的双花括号。msg 属性的值如何定义呢？

观察 Vue.js 初始化页面中的代码可以发现，msg 属性的值“Welcome to Your Vue.js App”是从父组件 App.vue 中传递给子组件 HelloWorld.vue 的，这部分关于组件的进阶知识、组件之间的数据传递以及何为父 / 子组件的知识，笔者将在之后的章节中详细介绍。

对于本节来说，读者只需要了解以 .vue 结尾的文件都称为组件，可以暂时把看不明白的代码放一放。现在，笔者稍微修改一下，新增这部分代码，就像下面的例子：

```
# my-vue/src/components/HelloWorld.vue
<template>
    ......
    <h1>{{ msg }}</h1>
    <h3>{{ msg 2 }}</h3>    // 新增定义 {{ msg 2 }} 属性
    ......
</template>
<script>
export default {
  name: 'HelloWorld',
  props: {
    msg: String
  },
data() {             // 新增定义 Vue.js 自带的 data 函数，用于渲染 msg2 属性的值
    return {
        msg2: '为自己的努力而鼓掌',
    }
  }
}
</script>
```

在上面的例子中，笔者在原来 HelloWorld.vue 文件的基础上新增了 {{ msg2 }}，并且在 <script/> 定义了一个 data() 函数，它是 Vue.js 所提供的极为重要的内置方法，也是用户想要在页面中定义数据的地方。

在这里，将属性 msg2 设置为一个键 msg2，以及为其设置了“谢谢”作为值，并且在 data() 函数中使用 return 来将这些数据对象返回，然后在 HTML 中引用它，如 {{ msg2 }}。Vue.js 负责将数据对象通过虚拟 DOM 链接到实际的 DOM 节点中，因此如果数据发生更改，页面也将被更新。现在重新打开浏览器，效果如图 4.3 所示。

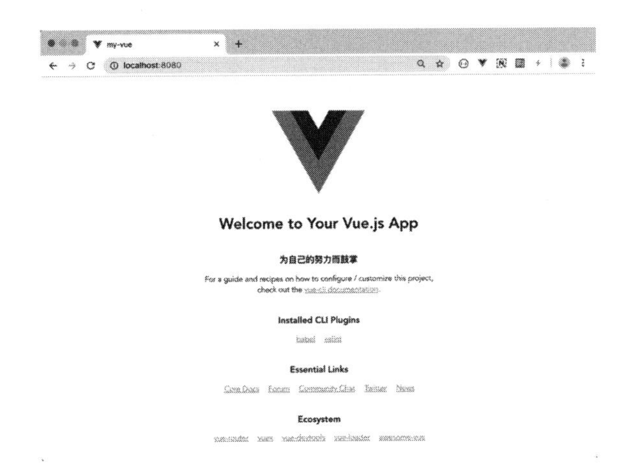

图 4.3　数据渲染

这称为“声明式呈现”。用户只需指定要更新的内容，而 Vue.js 将负责如何进行更新。

4.2.4　必须了解的生命周期

每次创建 Vue.js 实例时，都要执行一系列步骤，如数据观察、模板编译、将实例挂载到 DOM 等。在这些步骤之间，有一组钩子可供使用，允许在 Vue.js 实例生命周期的某些阶段中运行一些任意代码。例如，当进入某个页面时，能自动获取数据列表；离开页面时，希望清理一些数据等。

现在一起来看看整个 Vue.js 实例的生命周期以及可用的生命周期钩子。在图 4.4 中，圆角方形是 Vue.js 在内部执行的操作，长方形是生命周期钩子，圆形表示 Vue.js 实例所处的状态。

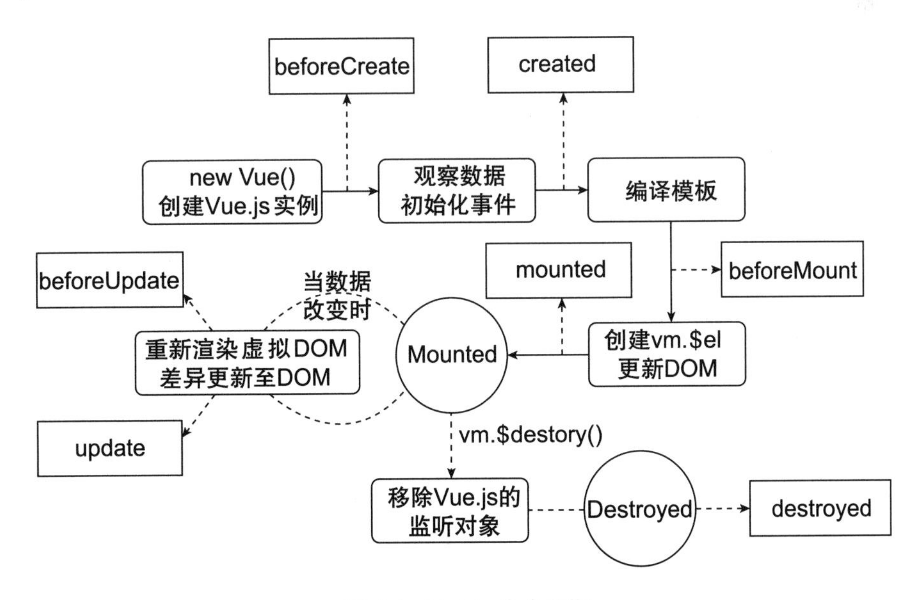

图 4.4　Vue.js 生命周期

当使用 new 关键字实例化 Vue.js 实例时（就像 my-vue/src/App.vue），Vue.js 同步调用第一个名为 beforeCreate 的生命周期钩子，用户可以在其中运行一些定制代码。调用此钩子后，Vue.js 继续设置观察数据并初始化事件。

接下来，Vue.js 有另一个钩子，名为 created，它在创建实例之后被同步调用。在调用这个钩子时，已经处理了 Vue.js 的选项，这意味着已经设置了数据观察、计算属性、方法等。然后，Vue.js 开始编译模板。因此，它接受模板（无论是内联模板还是 el 属性引用的模板）并编译它。这意味着它将基于模板更新虚拟 DOM。注意，如果 Vue.js 实例没有 el 属性，那么这将在调用 $mount 方法之后立即发生，就像我们前面所做的那样。

下一步就是挂载模板，其中包括使用呈现的 HTML 标记创建 $el 属性并将该标记插入 DOM。这就是呈现虚拟 DOM 并将结果应用到实际 DOM 的地方。在做这些动作之前，Vue.js 还提供一个名为 beforeMount 的钩子。

在此之后，Vue.js 实例进入挂载（mounted）状态，挂载钩子 mounted 会在此时被调用。现在，DOM 的一部分就作为模板和数据的快照，例如，由于数据可能会随着事件的变化而变化，可以认为这当中存在一个持续不断的循环。当某些数据发生更改时，会重新渲染虚拟 DOM，并将差异化的增量更新至实际 DOM。在此之前，调用 beforeUpdate 钩子，在更新 DOM 之后，调用 update 钩子。每次数据更改时，这个过程都会重复。

现在，已经和大家聊到了 Vue.js 实例生命周期的末期，更确切地说，是它被销毁的时候。当这种情况发生时，Vue.js 实例通过删除观察者、事件侦听器等清除自身。然后，Vue.js 实例进入销毁状态，并调用 destroyed 钩子。

是不是很简单？实际上，笔者已经对 Vue.js 实例生命周期描述做了一些简化，实际的过程会更冗长，而读者在图 4.4 中看到的是整个生命周期中比较重要的部分。读者如果想要看到更详细的相关信息，可以浏览 Vue.js 的官网。无论如何，读者应该已经对 Vue.js 实例的生命周期有了一些了解，现在更进一步，了解一下如何使用生命周期钩子。

下面继续在之前例子“my-vue/src/components/HelloWorld.vue”上新增一些包含所有生命周期钩子的代码。

```
# my-vue/src/components/HelloWorld.vue
......
<script>
export default {
  name: 'HelloWorld',
  props: {
    msg: String
  },
  data() {
      return {
```

```
            msg2: '为自己的努力而鼓掌',
        }
    },
    beforeCreate: function() {
        alert("beforeCreate");
        console.log(this.msg2)
        // 生命周期中的钩子都能使用 this 实例访问该实例的相关属性或方法
    },
    created: function() {
        alert("created");
    },
    beforeMount: function() {
        alert("beforeMount");
    },
    mounted: function() {
        alert("mounted");
    },
    beforeUpdate: function() {
        alert("beforeUpdate");
    },
    updated: function() {
        alert("updated");
    },
    beforeDestroy: function() {
        alert("beforeDestroy");
    },
    destroyed() {        // 这里有意写成"函数定义"的简写方式，等同于 func:function(){...}
        alert("destroyed");
    }
}
</script>
```

以上例子中添加了一些生命周期钩子。请注意，这些钩子的命名函数所在位置是在 Vue.js 实例的顶层添加的，并将其上下文绑定到 Vue.js 实例，以便可以访问数据属性、方法等，正如这一例子中 beforeCreate() 函数里的代码块，通过 Vue.js 实例 this 来访问 msg2 属性。笔者在每个生命周期钩子添加了一个警告。如果运行上面的代码，会发生以下情况。

首先，触发 beforeCreate 钩子。在这一点上，Vue.js 还没有做太多的工作。

其次，created 钩子在 Vue.js 设置事件和观察数据时被调用，所以现在 Vue.js 正在监视我们的数据属性以进行更改。

再次，beforeMount 钩子在 Vue.js 编译模板并更新虚拟 DOM 之后被调用。下一步是将模板挂载到 DOM，本质上是将 $el 属性添加到 Vue.js 实例并更新到实际 DOM 中。

最后，完成以上操作后，调用 mounted 钩子。这是调用的最后一个生命周期钩子，因为没有在 Vue.js 实例的生命周期中更新任何数据，也没有销毁它。

当更新数据属性时会发生什么呢？现在添加一个按钮来做这件事（@click 用于绑定触发 HTML 的 click 事件，在后面会详细介绍），如下所示。

```
# my-vue/src/components/HelloWorld.vue
<template>
  <div class="hello">
    <h1>{{ msg }}</h1>
    <h3>{{ msg2 }}</h3>
   <button @click="msg2 = '新数据'">变更数据</button>   // 添加一个按钮
   ......
  </div>
</template>
......
```

现在单击“变更数据”按钮，会看到两个警告弹框，即触发了 beforeUpdate 钩子和 updated 钩子。beforeUpdate 钩子是在 Vue.js 更新虚拟 DOM 和增量更新实际 DOM 之前调用的，而 update 钩子是在 DOM 更新之后触发的。每当 Vue.js 实例中的某些数据发生更改时，被这两个钩子就会调用。

注意这一变化，再次单击该按钮时，没有任何警告框弹出。这是因为现在不再更改 msg2 属性的值。尽管确实给它分配了一个值，但是这个值与现有的值相同。因此，Vue.js 足够聪明，不会触发相应的钩子，因为不需要更新 DOM。这就是 Vue.js 做的性能优化。

在多数情况下，可能在每次数据更改时，这些钩子都会被调用，但在一些情况下不一定会是这样。现在尝试添加计数器数据属性和一个按钮来增加其值，如下所示。

```
# my-vue/src/components/HelloWorld.vue
<template>
    ......
    <button @click="counter++">为自己点赞</button>
  ......
</template>
<script>
  ......
  data() {
      return {
        msg2: '为自己的努力而鼓掌',
        counter: 1
      }
```

```
  },
  ......
</script>
```

如果单击该按钮，请注意，即使刚刚更改了数据 counter 属性的值，也不会调用 beforeUpdated 钩子和 updated 钩子。原因是只有在需要更新虚拟 DOM 和实际 DOM 时才调用这些钩子。Vue.js 非常聪明，它知道实际上并没有显示计数器 counter 的数据属性，因此不需要更新 DOM。当然，值仍然被正确地更新。另外，如果模板中显示 counter 的属性，应该会看到钩子被调用。

```
<button @click="counter++">为自己点赞 {{ counter }}</button>
```

实际上，现在调用钩子是因为 DOM 需要更新以响应计数器数据属性值的更改。现在尝试手工销毁 Vue.js 实例，这样就可以看到所有的生命周期钩子都在工作，为了便于演示，稍微修改一下这些代码：

```
# my-vue/main.js
import Vue from 'vue'
import App from './App.vue'
Vue.config.productionTip = false
var vm =new Vue({       // 利用 Vue() 实例为 vm 变量赋值
  render: h => h(App),
})
vm.$mount('#app');         // 通过 vm 变量调用 $mount 方法
vm.$destroy();             // 手工销毁实例
```

在给 Vue.js 实例赋予变量之后，会更容易调用其各种方法和钩子。例如，在这个例子中，调用 $destroy() 来触发销毁实例的方法后，页面触发了 beforeDestroy 钩子，当 Vue.js 实例被销毁时，页面触发 destroyed 钩子，此时在页面上再单击任何按钮都不会再有反应，因为 Vue.js 实例已经被销毁而不再工作。下面把那一行手工销毁实例的代码注释掉，因为关于生命周期的例子还有一些话题值得讨论。

```
# my-vue/main.js
......
// vm.$destroy();  注释掉这行代码，以便进一步讨论
```

通常将每个生命周期钩子声明为一个函数。这也是目前常见的方法，但实际上可以使用函数数组作为值。下面的例子将 beforeCreated 钩子更改为包含两个函数的数组。

```
<script>
  ......
  beforeCreate: [
```

```
        function() {
            alert("beforeCreate #1");
        },
        function() {
            alert("beforeCreate #2");
        }
    ],
  ......
</script>
```

再次运行该例子，将会看到触发 beforeCreate 钩子时，页面显示两个告警弹框。如果需要为一个给定的钩子做不止一件事，这是很有用的，因为这允许让每个函数专注于做一件事，而不是让一个函数做许多不同的事情。

读者现在应该对初始化 Vue.js 实例时会发生什么，以及如果需要可以使用哪些钩子运行一些自定义代码有了相当清晰的了解。

4.3 常用模板语法指令

Vue.js 模板提供了各种用于方便开发人员控制数据渲染及呈现方式的指令。这些指令都由前缀“v-”作为开头，每一个都有其不同的目的，而且可以在任何一处 HTML 标签、元素或 Vue.js 组件标记中添加，非常灵活。这些指令列表如下：v-text、v-html、v-show、v-if、v-else、v-else-if、v-for、v-on、v-bind、v-model、v-pre、v-cloak、v-once、v-slot。

笔者并不打算深入讨论这些模板指令，了解其中较为常用的一部分已经足够用于开发 Vue.js 项目，因此本节将会结合具体的例子来重点介绍常用的指令。

4.3.1 v-if/v-else/v-else-if 指令

条件分支判断是平时日常开发中最不可或缺的重要手段，同样，Vue.js 模板也提供了完整的条件分支判断指令，假设在前面的例子里希望基于 counter 属性的不同值来呈现不同的文本，可以尝试使用 v-if 指令检查 counter 属性的值是否小于等于 2，如下所示。

```
# my-vue/src/components/HelloWorld.vue
......
    <button @click="counter++">为自己点赞 {{ counter }}</button>
    <p v-if="counter <= 2">还需努力</p>
......
```

在这种情况下，指令表达式的结果应该是布尔值。如果 counter 属性包含一个小于等于 2 的数字，则页面呈现元素 <p/> 中的内容，否则将忽略。接下来如果使用 v-else-if 指令，那么当 v-if

指令的表达式计算结果为 false 时，v-else-if 指令会接受并处理接下来的条件判断逻辑，所以这次将检查 counter 属性是否等于 3，如下所示。

```
# my-vue/src/components/HelloWorld.vue
......
    <button @click="counter++">为自己点赞 {{ counter }}</button>
   <p v-if="counter <= 2">还需努力</p>
   <p v-else-if="counter === 3">继续加油</p>
......
```

因为只有当 v-if 指令的表达式计算结果为 false 时才计算这个值，所以这可以有效地检查 counter 属性是否等于 3。最后一种情况是，如果所有的 v-if 指令及 v-else-if 指令结果中的条件都不为真，则表示这些值都不符合相关条件。此时如果包含了 v-else 指令，那么页眉就自然而然地呈现该指令下的内容，如下所示。

```
# my-vue/src/components/HelloWorld.vue
......
    <button @click="counter++">为自己点赞 {{ counter }}</button>
   <p v-if="counter <= 2">还需努力</p>
   <p v-else-if="counter === 3">继续加油</p>
   <p v-else> 很棒！ </p>
......
```

现在运行代码，在浏览器中，默认看到了“还需努力”的文本，这是因为 counter 属性的初始值是 1，连续单击“为自己点赞”按钮后，counter 属性的值才会叠加，直到 v-if 和 v-else-if 以及 v-else 的逻辑条件为真时，相应的内容才会呈现。

值得注意的是，Vue.js 指令需要表达式，所以也可以输入 data() 函数中相关属性的名称作为表达式。在这种情况下，该属性需要包含一个布尔值，即 true 或 false，但是指令的行为保持不变，如下所示。

```
# 当属性作为指令中的表达式
......
   <div v-if=" isTrue">正确</div>
   <div v-else>错误</div>
......
   data() {
       return {
          isTrue: true       //在 data 属性中定义 isTrue，并将该属性作为 v-if 的表达式
       }
   },
   ......
```

这 3 个指令的表达式一旦为 false，Vue.js 就会从 DOM 中删除元素，而不是隐藏它们。相反，如果某些内容发生了变化，表达式的值为 true，这些元素将被删除并添加到 DOM 中，这也适用于包含指令的元素的任何子元素。

另外，在使用 v-else-if 指令或 v-else 指令时，要求必须在一个同层级中包含 v-if 指令，简而言之，这与其他编程语言的思想是一致的。

4.3.2 v-show 指令

v-show 指令主要用于通过布尔值来控制展示页面 UI 或元素。与 v-if 指令通过布尔值来控制渲染相反，v-show 指令更能说明仅仅通过 CSS 样式的 display 属性来控制元素的显示或隐藏，与 v-if 渲染相比，不需要在 DOM 删除节点，开销更小。继续修改 HelloWorld.vue 文件，如下所示。

```
# my-vue/src/components/HelloWorld.vue
    ......
    <p v-show="counter >=3">    //  加入 v-show 指令
      For a guide and recipes on how to configure / customize this project,<br>
      check out
      ......
    </p>
  ......
```

保存文件后再次运行，此时，<p/> 元素只是被 CSS 的属性 display:none 隐藏了，但依然存在于 DOM 节点中，我们继续在浏览器连续单击“为自己点赞”按钮，当 counter 属性的值叠加至大于等于 3 时，<p/> 元素才会显示其内容。

可以看出，由于 v-show 指令所在的元素在页面初始化的时候就已经被挂载，这一阶段对于资源性能的开销也是需要考虑的，根据官方的最佳实践，在属性变化比较小的情况下，使用 v-if 指令，反之使用 v-show 指令。

当然，v-if 指令对属性变更的控制更为精细，是日常开发中会经常使用的指令之一。v-if 指令和 v-show 指令对于资源消耗的侧重点不同，因此读者可以考虑结合使用。

4.3.3 v-for 指令

列表呈现是前端 Web 开发中常用的实践之一。动态列表通常用于以简洁友好的格式向用户显示一系列类似的分组信息。几乎在每个 Web 应用程序中，用户都可以在应用程序的许多区域中看到列表。在 Vue.js 中，生成动态列表通常会使用的 v-for 指令，该指令在模板上使用时需要特定的语法，大致如图 4.5 所示。

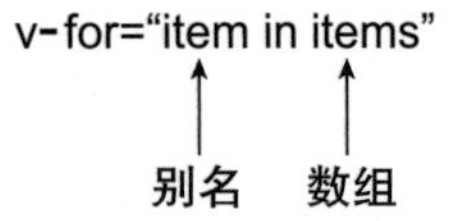

现在来看一个实际的例子。首先，假设已经获得了一组名为 skils 的数据集，那么就可以在 data() 函数中定义该数组作为属性，如下所示。

v-for="item in items"

别名　数组

图 4.5　v-for 指令语法

```
# my-vue/src/components/HelloWorld.vue
data() {
      return {
        ......
        skils: [     // 定义 skils 属性，值为一个数组
          {
            id: '1',
            name: 'python'
          },
          {
            id: '2',
            name: 'javaScript'
          },
          {
            id: '3',
            name: 'django'
          },
          {
            id: '4',
            name: 'vue.js'
          }
        ]
      }
  },
```

在这一例子中，笔者希望能在页面中展现相关“技能树”列表，因此定义了一个名为 skils 的属性，其值是一个包括以“技能信息”为对象的数组复合数据结构——一个唯一标识符、技能名。现在可以尝试使用 v-for 指令来呈现基于此数据的“技能树”列表，如下所示。

```
# my-vue/src/components/HelloWorld.vue
<template>
    ......
   <div>
      技能树:
       <ul>
          <li v-for="skil in skils">{{skil.name}}</li>
       </ul>
   </div>
   ......
</template>
```

在 HTML 模板中，使用 v-for 指令来呈现“技能树”列表。因为 skils 是将要迭代的数组，而 skil 则是指令中使用的别名。运行这段代码后，页面会呈现图 4.6 的效果。

这看上去符合预期，不过需要注意的是，由于本例是基于 vue-cli 所创建的初始化页面，因此默认安装了代码检测插件 eslint，在运行该代码时，会抛出“Elements in iteration expect to have 'v-bind: key' directives”的错误（尽管运行得不错）。解决该问题需要为其增加 key 属性，Vue.js 会将该属性的值作为索引值，用来优化 v-for 指令的性能，这是之前 Vue.js 2.2 版本对 v-for 做的一些改进。

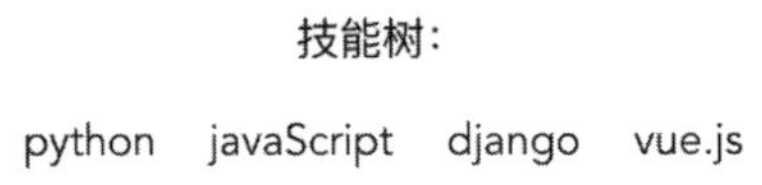

技能树:

python javaScript django vue.js

图 4.6 v-for 指令例子

```
<li v-for="skil in skils" v-bind:key="skil.id">{{skil.name}}</li>
```

这里添加了 v-bind：key=“skil.id”，其中 v-bind 指令用于在 HTML 添加设置属性，这部分会在 4.3.4 节介绍。由于 key 属性的值必须唯一，笔者使用数据集合 skils 中所定义的唯一标识符，更好的做法是使用数据集合本身的索引作为 key，稍微把上面的代码修改一下。

```
<li v-for="(skil, index) in skils" v-bind:key="index">{{skil.name}}</li>
```

通过这样的方式，很容易同时遍历该数组的值和其对应的索引，并把索引值作为 v-for 指令的索引 key，很容易达到目的。

4.3.4 v-bind 指令

4.3.3 节在介绍 v-for 指令时，已经涉及 v-bind 指令，它用于 HTML 中属性与数据的绑定，本节将介绍如何使用 v-bind 指令将数据连接到 HTML 元素的属性。假设希望在 HTML 中能够动态地显示相关图片，例如：

```
# my-vue/src/components/HelloWorld.vue
......
<div>
   <img src=""/>
</div>
......
```

在这一例子中，继续创建了一个 div 并加上 img 标签用来展示图片，那么在 Vue.js 中获取动态数据，读者应该很快地意识到还需要在 data() 函数中新增被绑定的数据属性，因此 JavaScript 的内容会像下面这样。

```
# my-vue/src/components/HelloWorld.vue
  ......
  data() {
```

```
        return {
          ......
            image:'https://github.com/boylegu/SpringBoot-vue/raw/master/
                images/newlogo.jpg',
        }
    }
```

image 作为属性，其值是以 .jpg 结尾的图片，下面需要将该属性与 HTML 进行绑定。

```
<img src="image"/>
```

很遗憾，运行代码后，图片并没有像期望的那样被显示，这是因为 HTML 中属性的值和用法往往是它本身的默认行为，HTML 并不清楚 image 其实并不是实际传递的数据而是希望通过 data() 函数定义的 image 属性进行获取和绑定，这时候就需要 v-bind 指令，如下所示。

```
<img v-bind:src="image"/>
```

它等同于：

```
<img src="https://github.com/boylegu/SpringBoot-vue/raw/master/images/
    newlogo.jpg"/>
```

重新运行代码后，浏览器就能会正常显示链接中的图片。Vue.js 还允许以更简洁的方式去使用 v-bind 指令，如下所示。

```
<img :src="image"/>
```

在被修饰的 HTML 属性前面使用“:”来替代“v-bind”，代码会更易读、简洁。

4.3.5　v-on 指令

大家已经知道 v-bind 指令用于绑定 HTML 属性，那么 v-on 指令就作用于 HTML 事件。代码示例如下。

```
# my-vue/src/components/HelloWorld.vue
......
  <button @click="counter++">为自己点赞 {{ counter }}</button>
......
```

这里的“@”是“v-on”的简写形式，意味着它本身也可以完整地使用下面的写法。

```
# my-vue/src/components/HelloWorld.vue
......
  <!--button @click="counter++">为自己点赞 {{ counter }}</button-->
  // v-on 指令的简写形式
```

```
    <button v-on:click="counter++">为自己点赞 {{ counter }}</button>
     // v-on 指令的简写形式
......
```

v-on 指令是让 Vue.js 知道现在需要监听这个按钮上的事件，在“:”后面指定用来监听的事件类型，在本例中是“:click”。引号中的表达式表示在每次单击按钮时向 counter 属性的值添加 1。

使用 v-on 指令，Vue.js 很容易将 HTML 的 DOM 事件与在 data() 函数中自定义的属性进行绑定，甚至可以绑定自己的事件处理器。

4.4 一招学会事件处理器

事件处理器也可以称为方法，是大家在使用 Vue.js 时经常使用的工具。其本质就是函数，这个函数被挂在一个对象上。事件处理器对将功能连接到事件的指令非常有用，甚至可以创建少量逻辑来重用。例如，事件处理器可以在一个方法中调用另一个方法。Vue.js 生命周期中的那些钩子函数也是方法或事件处理器。

在先前的例子中，笔者直接在指令中执行相关逻辑，如 @click=“counter++”，这样的例子看起来非常好用。然而，随着应用程序的复杂性增加，更常见的做法是将其拆分以保持可读性，另外，Vue.js 允许对直接表达的逻辑做一些限制，如允许使用表达式，但不允许使用语句。

定义一个事件处理器是让业务逻辑解耦的方式之一，那么如何在指令中调用它？例如，@click= “methodName()”是不必要的。通常可以使用 @click= "methodName" 引用它，除非需要传递一个参数，如 @click= "methodName（param）"。现在笔者不使用 counter++ 表达式，而是定义一个 addCounter 方法来增加 counter 属性的值，如下所示。

```
# my-vue/src/components/HelloWorld.vue
......
<!--button @click="counter++">为自己点赞 {{ counter }}</button-->
<button @click="addCounter">为自己点赞 {{ counter }}</button>
......
```

其中，addCounter 是一个方法的名称，当单击事件发生时，该方法被触发，现在只需要在该组件的实例中定义它，如下所示。

```
# my-vue/src/components/HelloWorld.vue
<script>
export default {
  data() {......},
  methods: {
```

```
      addCounter(){
        this.counter++;
        // counter++; counter 在这里并没有被定义，因此会抛出异常
      }
    }
  }
</script>
```

就像 Vue.js 提供 data() 函数定义属性一样，Vue.js 在实例中也对方法提供了一个可选属性“methods”，正如本例中所展示的 addCounter 方法。现在，当单击按钮时，addCounter 方法被触发，和原先一样，它增加 counter 属性的值，并显示在 button 元素中。

按钮用 v-on 指令监听单击事件来触发 addCounter 方法。该方法作为匿名函数存在于 Vue 实例的 methods 属性中，并在逻辑中针对 this.counter 的值进行叠加的操作。this 引用了当前所在实例的属性 counter 数据，因此读者应该很容易理解这里的 this.counter 是指 data() 函数中的 counter 属性。

如果这里只是写“counter++”，那么就会得到一个错误，因为 counter 并没有定义，所以必须使用 this.counter 引用此实例数据中的 counter。

4.5 不得不懂的计算属性和侦听器

计算属性和侦听器是笔者常用的 Vue.js 特性。在一开始的时候，读者很容易将它们与方法混淆，因为它们的用法乍一看都差不多。其实它们的用途有着显著的区别。正确使用它们不仅能提高代码的可读性，而且对性能也会有显著的影响。

- 计算属性：它是定义属性的另一种方式，与使用常规数据属性方式相同，区别在于可以封装更多的逻辑，如格式化、基于缓存依赖项的自定义处理等。
- 侦听器：反应式框架的魅力所在，根据Vue.js提供的一系列钩子来观察任何属性。一旦属性发生变更，即可添加一些功能来响应特定的更改。

4.5.1 计算属性

计算属性对操作已经存在的数据非常有用。它是理解 Vue.js 的重要部分，得益于基于依赖项缓存的计算，并且只在需要时更新。如果使用得当，它们的性能将非常实用。通过计算属性，曾经需要编写大量代码才能实现的逻辑现在只需几行代码就可以实现。当需要对大量数据进行逻辑处理而不想重新运行这些计算时，推荐使用计算属性。

现在举一个简单的例子，笔者希望计算并显示“技能树”的个数，因此将 computed 选项添加到实例并创建一个名为 skilTotal 的计算属性。

```
# my-vue/src/components/HelloWorld.vue
......
  data() {......},
  computed: {
    skilTotal(){
         return this.skils.length      // length 是数组的属性，用来返回数组的元素
个数
    }
  },
......
```

这很简单。调用 skilTotal 时，它将计算出的 skils 数组的元素个数连接到一个新字符串并返回该字符串。现在只需要把 skilTotal 放在 HTML 中。

```
# my-vue/src/components/HelloWorld.vue
......
<div>
   技能树 ( {{ skilTotal }} ):
   ......
</div>
......
```

运行后，“技能树”的个数显示在页面中。或许读者觉得这和定义一个方法没有太大差别，但是值得注意的是，方法并不具备计算属性惰性机制，这就是在选择技术场景上值得考虑的地方。

4.5.2 侦听器

坦白地说，没有多少情况需要使用侦听器，通常使用计算属性即可。笔者也看到侦听器和计算属性总会被误用，导致组件之间的数据工作流非常不清晰，所以先不着急使用它们，而是要提前考虑具体的使用场景。侦听器通常用于响应数据更改并执行异步操作，如执行 AJAX 请求。下面介绍如何在 Vue.js 中使用侦听器。

笔者尝试监听实例中的 counter 属性，并希望根据其变化来实现一些额外的逻辑，现在向实例中添加 watch，它也是 Vue.js 提供的可选项，如下所示。

```
# my-vue/src/components/HelloWorld.vue
<script>
  ......
  watch: {
      counter(newVal, oldVal) {          // 这里指定用来被监听的属性名
          console.log(newVal, oldVal)
```

```
        }
    },
    ......
</script>
```

在上面的代码中，侦听器 watch 用来监听实例属性 counter，每当 counter 发生变化时，都会在浏览器控制台中输出变化后的值 newVal 和变化前的值 oldVal。当然，在实际开发过程中，通常会根据数据的变化相应地向服务器端发送 AJAX 请求，由于这部分内容稍显复杂，笔者打算在本书的案例实战章节中向大家介绍。

侦听器和计算属性之所以容易让人混淆，是由于它们都可根据数据变化做出相应的逻辑操作。通常在数据量较大的情况下，应该考虑使用侦听器。由于计算属性拥有惰性的特点，计算属性在海量数据的情况下会发生一次性加载至客户端本地内存的情况，这导致页面卡顿；否则首选使用计算属性是非常良好的习惯。

4.6　常用的表单处理

几乎所有 Web 应用程序都有一个共同点，即它们都需要从用户那里获得输入、验证输入并对其进行操作。学习在 Vue.js 框架中正确地使用表单是读者的必修课，这样可以在开发过程中节省时间和精力。

4.6.1　v-model 指令

使用 Vue.js 处理表单，其实就是学习如何使用 v-model 指令。v-model 指令在表单输入和文本区域元素之间创建双向数据绑定。换句话说，v-model 指令直接将用户输入绑定到一个 Vue 对象的数据模型，当其中一个对象发生更改时，另一个对象将自动更新。v-model 指令语法接受一个表达式，该表达式就是待输入绑定到的实例属性名称：

```
v-model = "dataProperty"
```

v-model 消除了保持用户输入和数据模型同步的任何困难，几乎可以应用于任何表单输入元素，如文本输入框、下拉框、复选框、单选框等。

现在感受一下 v-model 指令在表单中的实际操作，如下所示。

```
# my-vue/src/components/HelloWorld.vue
<template>
    ......
    <div>
    <fieldset>
        <legend>对于本书的意见</legend>
```

```
        <form>
          <input v-model="demoForm.message" placeholder=" 读者心声 ">
        </form>
    </fieldset>
    </div>
</template>
```

笔者新增了 div 标签，并在其中加入了 form 表单。为了便于读者理解，form 表单暂时只包含一个 input 输入框控件，通过 v-model 指令使得用户输入的数据将直接与实例属性 demoForm.message 进行关联。在此，读者应该已经很熟悉如何定义实例属性，如下所示。

```
# my-vue/src/components/HelloWorld.vue
<script>
  ......
  data() {
  return {
      ......
    demoForm: {    // 属性 demoForm 作为对象，以键值对形式存储表单的数据
        message: ' '
      },
   }
   }
   ......
</script>
```

新增一个“提交”按钮，来看 Vue.js 有没有接收和处理用户输入的实际数据，如下所示。

```
# my-vue/src/components/HelloWorld.vue
<template>
.......
<form>
  <input v-model="demoForm.message" placeholder=" 读者心声 ">
  <button @click="submitted"> 提交 </button>
   // 加入 " 提交 " 按钮并关联 submitted 方法以触发 click 事件
</form>
......
</template>
<script>
  ......
  methods: {
     submitted(){  // 定义 submitted 方法作为事件处理器，并在控制台输出用户输入的值
```

```
            console.log(this.demoForm.message)
        }
    }
    ......
</script>
```

现在运行代码，在表单的输入框输入实际的数据，就能在控制台中看到其输出结果。这种方式很容易应用在其他表单控件中。现在丰富一下表单内容，如下所示。

```
# my-vue/src/components/HelloWorld.vue
......
<form>
  <input v-model="demoForm.message" placeholder=" 读者心声 ">
  请选择您最喜欢的章节：
   <select v-model="demoForm.favour">   // 新增下拉框控件，并绑定属性 demoForm.favour
     <option value=" 第一章 "> 第一章 </option>
     <option value=" 第二章 "> 第二章 </option>
     <option value=" 第三章 "> 第三章 </option>
     <option value=" 第四章 "> 第四章 </option>
  </select>
  <button @click="submitted"> 提交 </button>
</form>
......
<script>
  ......
  data() {
   return {
     ......
   demoForm: {   // 属性 demoForm 作为对象，以键值对形式存储表单的数据
        message: ' ',
        favour: ' ',
      },
   }
}
......
</script>
```

这次增加了下拉框控件，v-model 指令的处理方式和之前增加输入框控件是一致的。在实际效果中，submitted() 方法最终会触发 v-model 将实例属性的 demoForm 一并异步 AJAX 至服务器端。

4.6.2 省力的修饰符

Vue.js 为表单处理加入了一些“魔法”方法。尽管在平时开发中，这些方法并不是必需的，但使用这些方法可以减少很多工作量。

.trim：用于去除用户输入中多余的首尾空白字符，如下所示。

```
<input v-model.trim="demoForm.message">
```

.number：由于 HTML 默认的输入类型都是字符串类型，如果希望用户输入能自动转换为数字类型而无须手工进行 parseInt() 转换，该修饰符是很实用的选择，如下所示。

```
<input v-model.number="demoForm.message">
```

.lazy：v-model 指令让数据和对象实现双向绑定，但在某些较为特殊的场景下需要限制这一行为时，修饰符 .lazy 可以改变这一机制，从而触发 change 事件来侦听数据，如下所示。

```
<input v-model.lazy="demoForm.message">
```

Vue.js进阶

在第 4 章中，笔者介绍了 Vue.js 的技术理念，并以默认安装的初始化页面作为示例，通过学习常用的实例生命周期、模板指令、事件处理器及表单处理，一步步构建出具有可交互性的 WebSPA 程序。对于开发短小、精悍的网页来说，这些知识已经足够，不过一旦页面功能逐渐复杂，现有的知识体系就会使代码变得冗长且难以维护。

本章将介绍如何在 Vue.js 中构建更复杂的中大型 WebSPA 程序。

5.1 深入组件

在深入研究 Vue.js 的组件之前，先介绍应用程序开发中的 Web 组件。例如，笔者去超市买饮料。在超市中，一排排冰箱通常横向排列，形成一个丰富的饮料区域（块体），这样能够提升购物辨识度。同样，可以将 Web 应用程序中的组件看作块体（可复用的小块），这些块经过精心设计可以组成应用程序，甚至可嵌套的大组件（也可称为父 / 子组件）。

5.1.1 快速入门

在 Vue.js 官方文档中，组件被定义为可复用的 Vue.js 实例，经由 new Vue 创建的 Vue.js 根实例并使用命令 Vue.component（tagName, options），即可把该组件作为自定义元素来使用。

为了便于演示，笔者计划将先前例子 HelloWorld.vue 文件中的表单 <form/> 元素单独以组件的方式剥离出来，为此，创建一个名为“From”的组件。

首先在项目 components 目录下新建文件 Form.vue，作为好的习惯，定义 Vue.js 的代码骨架作为其初始内容，如下所示。

```
# my-vue/src/components/Form.vue
<template>
  <!-- HTML -->
</template>
<script>
```

```
  /*  javaScript  */
</script>
<style>
  /*  CSS  */
</style>
```

现在把 HelloWorld.vue 文件中的表单 <form/> 标签及 data() 函数中相关的属性和方法都移动至 Form.vue 文件中，如下所示。

```
# my-vue/src/components/Form.vue
<template>
    <fieldset>
        <legend>对于本书的意见</legend>
        <form>
          <input v-model="demoForm.message" placeholder="读者心声">
          请选择您最喜欢的章节：
          <select v-model="demoForm.favour">
             <option value="第一章">第一章</option>
             <option value="第二章">第二章</option>
             <option value="第三章">第三章</option>
             <option value="第四章">第四章</option>
          </select>
          <button @click="submitted">提交</button>
        </form>
    </fieldset>
</template>
</<script>
export default {
    name: 'Form',
    data() {
      return {
        demoForm: {
          message: '',
          favour: ''
        },
      }
  },
   methods: {
    submitted(){
        console.log(this.demoForm.message);
    },
```

```
  },
}
</script>
```

上面的例子并没有涉及新的知识点，只是进行了简单的代码移动、定义name属性并设置其组件名。就这样，一个名为“Form”的全新组件已经创建完成。下面在HelloWorld组件中导入Form组件，如下所示。

```
# my-vue/src/components/HelloWorld.vue
<template>
   ......
    <div>
      <Form></Form>     // 在这里使用组件元素<Form>代替原先表单的位置
    </div>
   .......
</template>
<script>
  // import…from是一种ES 2015的模块导入方式
import Form from '@/components/Form'
   // '@'是一种用于简化编写路径的特殊符号，默认等价于'src'
export default {
    name: 'HelloWorld',
    components: {Form},   // 创建并注册组件，使其可作为自定义元素来使用
    ......
  }
  ......
</script>
```

在当前组件HelloWorld中导入Form组件只需要3步：①导入组件；②创建并注册该组件；③在HTML中定义该组件元素。运行代码后，结果看起来和之前没有任何区别，但文件HelloWorld.vue的代码变得更加简洁、清晰，因为Form组件在整个页面中被单独划分为小块组件，并有自己的功能。基于组件的体系结构使开发和维护应用程序变得很容易。

在这个例子中，笔者仅仅把表单封装成单独组件，读者完全可以把任何HTML中的元素、标签等封装成组件。这样的单文件组件也是Vue.js的强大功能之一。在上面的例子中，Form组件还没有发挥组件真正的威力。在实际开发过程中，经常会遇到需要与其他组件共享数据的情况。为了让组件更具有通用性，读者将学习实现组件之间通信的许多有用的方法。

5.1.2 父组件与子组件间的数据通信

如图5.1所示，父组件很容易通过子组件所提供的props参数，将数据传递给子组件。

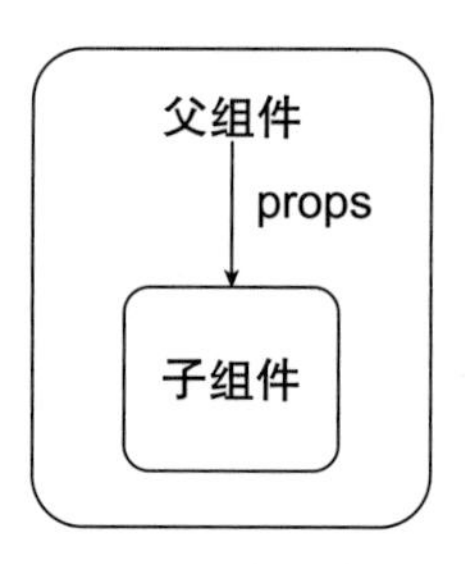

图 5.1 父组件与子组件数据通信

父组件可以通过在组件声明中添加一个参数将数据传递给子组件，如下所示。

```
# my-vue/src/components/HelloWorld.vue
<template>
    .......
   <Form :selectOptions="formSelectOptions"></Form>
   // 父组件向子组件 Form 传递参数 selectOptions，其值作为动态属性定义在 data() 函数中
   ......
</template>
<script>
import Form from '@/components/Form'
export default {
  name: 'HelloWorld',
  components: {Form},
  ......
  data() {
      return {
        ......
        formSelectOptions: [   //  定义 Form 表单中的下拉框选项
          '第一章',
          '第二章',
          '第三章',
          '第四章'
        ],
      }
  },
}
</script>
```

从上面的代码中能够理解其意图。笔者在父组件 HelloWorld 调用了子组件 Form，并在声明中向参数 selectOptions 传递了 formSelectOptions 属性值。要想让其作为动态设置值，必须在参数前添加 v-bind。笔者在这里使用了更为常用的简化写法“：”，具体代码如下。

```
# my-vue/src/components/Form.vue
<template>
        ......
        <form>
          ......
          <select v-model="demoForm.favour">
             // 遍历 selectOptiions' 的值作为下拉框的选项列表
             <option v-for="(item, index) in selectOptions" :
                 value="item" :key="index" >{{item}}</option>
          </select>
          ......
        </form>
    ......
</template>
</<script>
export default {
    name: 'Form',
   props: ['selectOptions'],      // 用于接收父组件传递过来的参数 selectOptiions
   ......
}
</script>
```

在上面的示例中，笔者添加了 Vue.js 实例属性 props，定义了该组件所对外暴露的参数 selectOptions。props 只提供从父组件到子组件的单向通信。通过这种方式的定义，props 中参数名 / 值的任何更改都会直接反映在模板的元素中。另外，也可以在 props 中限制其类型，例如：

```
    props: {
        selectOptions: Array
        // 支持 String、Number、Boolean、Array、Object、Function、Promise 等类型
    },
```

子组件向父组件传递数据如图 5.2 所示。

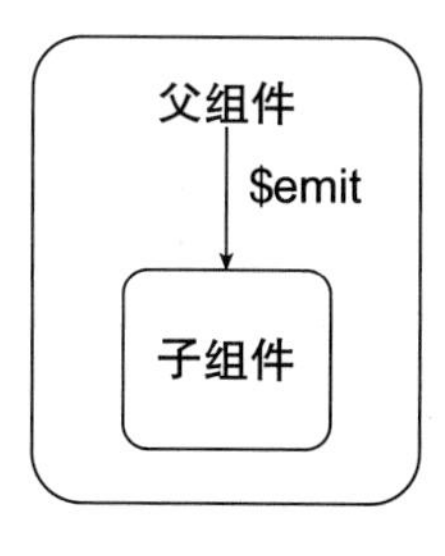

图 5.2　子组件与父组件数据通信

props 仅限于父组件向子组件进行数据传递，那么子组件向父组件进行数据传递就得使用 Vue.js 提供的事件消息总线 $emit 方法，如下所示。

```
# my-vue/src/components/Form.vue
</<script>
export default {
    ......
    methods: {
    name: 'Form',
    ......
     submitted(){
         console.log(this.demoForm.message);
         // 子组件通过事件把表单提交数据派发至父组件
         this.$emit('dataFromChild', this.demoForm)
     },
   },
}
</script>
```

在这里的子组件中，一个 dataFormChild 事件正在被触发，该事件发出一条消息，它的父组件可以使用 v-on: 指令获得此消息，如下所示。

```
# my-vue/src/components/HelloWorld.vue
<template>
   <Form :selectOptions="formSelectOptions" @dataFromChild="childDataRecei
      ved"></Form>
</template>
<script>
  ......
  methods: {
    childDataReceived(val) {
      console.log(' 来自 Form 子组件的数据 :', val)
    }
  },
  ......
</script>
```

在上面的父组件中，模板中的 v-bind（‘@’作为简化写法）触发子组件的 dataFromChild 事件，并绑定 childDataReceived 方法。事件中还包括一个可选参数，可以传递多个参数。在这个例子中，当触发子组件事件 dataFromChild() 时，程序将调用 childDataReceived() 函数，并从该函数中的参数 val 中获取来自 Form 子组件的数据。

5.1.3 不同组件间的数据通信

事件消息总线 $emit 并不仅限于子组件与父组件进行数据通信，还可以在任何没有相关的不同组件之间共享信息。继续先前的例子，Form.vue 组件与 App.vue 组件是两个没有任何直接关联的组件，现在笔者通过 $emit 来展示如何跨组件进行数据传递，如下所示。

```
# my-vue/src/components/Form.vue
</<script>
export default {
    ......
    methods: {
    name: 'Form',
    ......
     submitted(){
         console.log(this.demoForm.message);
         // 子组件通过事件把表单提交数据派发至父组件
         this.$emit('dataFromChild', this.demoForm)
       // 结合表单数据把该事件挂载在根实例中，实现事件派发式的跨组件数据通信
       this.$root.$emit('dataFromChild', this.demoForm)
     },
   },
}
</script>
```

上面的例子仅仅增加了 this.$root.$emit，意思是使用根实例来挂载该事件，供任何组件监听该事件并获取其数据。那么组件 App.vue 如何监听该组件的事件呢？如下所示。

```
# my-vue/src/App.vue
<script>
import HelloWorld from './components/HelloWorld.vue'
export default {
  name: 'app',
  ......
  mounted(){
      this.$root.$on('dataFromChild', (val) =>{
          console.log(' 在 App.vue 中接收来自 Form 组件的消息 :', val);
      })
  }
}
</script>
```

在 App.vue 中，要监听来自某个跨组件的事件，必须使用根实例的事件侦听器 this.$root.$on()

先注册它。为了观察这一数据传递的过程，可以通过将事件侦听器放在 mounted() 的生命周期钩子函数中来实现。当从任何组件触发事件时，此回调将被触发。现在运行一下代码并打开浏览器的开发者工具，当输入并提交页面表单后，可以看到控制台输出结果。

使用事件消息总线进行非父 / 子关系的跨组件数据通信，对于复杂的大型项目而言可能是一个灾难，因为滥用会导致事件、组件和属性之间变得非常难以维护，因此在这个时候需要使用 Vue.js 的另一个撒手锏 Vuex 进行状态管理，在 5.2 节中，笔者将重点对其进行讲解。

5.2 掌握状态管理 Vuex

Vue.js 与其他基于组件的前端框架一样，面对越来越复杂的应用程序，很难跟踪其数据增长带来的诸多内部状态（数据、方法、事件等）。当大量数据从一个组件移动到另一个组件时，这种管理上的挑战就更明显。

Vuex 是 Vue.js 所提出的一个状态管理解决方案，可以将管理状态的重任从 Vue.js 提升到 Vuex。它内部实现的单一状态树结构，使得数据流和更新都将从一个来源发生，最终可以借此跟踪整个应用程序发生了什么。

5.2.1 初始化 Vuex

使用 Vuex 之前，需要在项目 my-vue 根目录中使用 NPM 安装它，如下所示。

```
npm install Vuex --save
```

本书安装的 Vuex 版本是 3.1.1，可以通过同一目录层级下的 package.json 文件进行查看。考虑到状态管理贯穿整个应用程序，比较好的工程实践是单独划分一个目录存放 Vuex 的管理文件。所以安装完后，在根目录下新建 store，并且在该目录中新建 index.js，作为 Vuex 状态实例的入口，如下所示。

```
# my-vue 项目目录
index.html
store/index.js        // store 目录用于之后存放与其相关的状态管理文件
src/App.vue
src/main.js
src/assets/logo.png
src/components/HelloWorld.vue
src/components/Form.vue
```

在 index.js 中导入 Vuex 并创建状态实例：

```
# my-vue/store/index.js
import Vue from 'vue'
```

```
import Vuex from 'vuex'
Vue.use(Vuex)
const store = new Vuex.Store({})
export default store
```

由上可知，index.js 主要做了 3 件事：①引入 Vuex 状态管理库；②集成 Vue.js；③创建并通过 export 导出状态实例 store。

最后将 Vuex 挂载进根实例中，如下所示。

```
# my-vue/src/main.js
mport Vue from 'vue'
import App from './App.vue'
import store from './store'      // 导入状态实例 store
Vue.config.productionTip = false
new Vue({
  store,   // 把 store 挂载进根实例中
  render: h => h(App),
}).$mount('#app');
```

至此，Vuex 的安装和初始化工作完成。

5.2.2　state、mutation、action

本节进入 Vuex 最核心的内容，也是刚接触 Vuex 的读者最不易理解的部分。简单回顾一下先前的例子，通过事件消息总线 $emit 使得在 Form 组件进行表单提交后，数据传递至 App 组件中。现在笔者使用 Vuex 来实现相同的目的，读者通过本节会对 Vuex 有一个很好的理解。

首先，在项目根目录的 store 中新建一个 modules 来存放所有的状态文件，由于在这一例子中，把 Form 组件的表单提交数据作为第一个被管理的目标状态，所以比较合适的命名规范是以其所在的组件名作为状态文件名，如下所示。

```
# my-vue 项目目录
......
store/index.js       // store 目录用于之后存储与其相关的状态管理文件
store/modules/form.js    // 这里的文件 form.js 用于设置与表单数据有关的状态管理文件
......
```

看一下 form.js 中的内容，state、mutation、action 这 3 个 Vuex 核心概念如下所示。

```
# my-vue/stroe/modules/form.js
const form = {    // 定义 form 常量用来设置状态管理信息
       state:{
```

```
          // 这里定义应用程序的当前状态
        },
        mutations:{
          // 主要作用是改变当前状态
        },
        actions:{
          // 通常这里从服务器获取数据并将其发送到 mutations 以更改当前状态
        }
}
export default form     // 这里将 form 分配给变量并导出
```

接着，在 store 中开始定义状态（state），作为承载表单数据的载体，举例如下。

```
# my-vue/stroe/modules/form.js
......
   state:{
     formData: {},    // formData 的值是对象，是因为被作为状态的表单数据也是对象
   },
......
```

访问状态比其他任何表达式都要简单，可以像下面这样直接读取。

```
store.state.formData    // 输出：{}
```

还可以直接对它赋值。

```
store.state.formData = {'xxx': 123}
```

看起来似乎已经完成了所有使用 Vuex 进行状态管理的工作，但从长远来看，用户根本不知道哪个组件的状态被更改，并且这样随意地进行状态变更会导致很难调试和跟踪。这时候需要介绍另一个重要的概念——mutations，它是唯一有权限改变相关状态的对象，举例如下。

```
# mutations 定义方法
// updateFormData(state, payload){
//     state.formData = payload
// }
  updateFormData: (state, payload) => {   //  使用 ES 2015 箭头函数写法
     state.formData = payload
  },
```

一个 mutations 一般会有两个参数作为状态（state）和有效负载（payload）。其中 state 代表应用程序的当前状态对象；而有效负载是可选的，它将提供期望可变更后的数据用于 mutations。所以定义好 mutations 之后，现在的状态管理文件如下。

```
# my-vue/stroe/modules/form.js
const form = {
    state:{
        formData: {},
    },
    mutations:{
        // updateFormData(state, payload){
        //      state.formData = payload
        //   }
    // },
        updateFormData: (state, payload) => {   //  使用 ES 2015 箭头函数写法
          state.formData = payload
        },
    },
    actions:{}
}
export default form
```

现在可以使用下面这样的方式直接调用 mutations。

```
store.commit(updateFormData, {'message': 'good', 'favour': '第一章'})
```

也可以使用对象作为整体实参的方式调用 mutations。

```
# mutations 的另一种调用方式
store.commit({
  type: 'updateFormData',
    name: {'message': 'good', 'favour': '第一章'}
  })
```

那么问题来了，什么样的场景才会调用 mutations ？由于 mutations 是一种同步操作，这时候就需要 sction 登场，它支持任何异步操作。在真实开发场景中，大致的流程就是在执行异步操作后，提交 mutations 变更状态。

如果希望将表单数据提交至服务器，服务器端返回状态 200 后才会把数据传递给另一个组件。更具体一些，当表单被提交至服务器时，服务器接收响应，如果数据合法则修改状态，否则抛出错误；在修改状态之后，与该状态关联的组件将由 Vue.js 实例重新呈现。

action 有两个参数，即 context 和 payload，其中 context 表示当前 store 的上下文引用。当更改状态时，其内部会通过 context.mutate（'updateFormData'，{}）；而读取状态时会使用 context.state.updateFormData。另外，参数有效负载（payload）是可选的，它将携带被修改后的数据来执行相关操作，如下所示。

```
# action 运用场景举例
postFormData(context, payload){
    // 向服务器端提交表单数据，其中 axios 是一种较为流行的异步 HTTP 客户端
    axios.post('www.api.yourdomain', {'form': '表单数据'}).
    then((response)=>{
          // 如果服务器端状态为 200，使用 commit 向 store 进行相关状态变更；反之抛出异常
            if (response.status===200) {
                context.commit('updateFormData', {'form': '表单数据'})
            } else {
                throw('error')
            }
    })
}
```

读者如果对上述部分代码感到困惑，没有关系，这里仅仅只是把表单的数据传递给另一个组件而已。现在精简一下，在 store 中添加 action，如下所示。

```
# my-vue/stroe/modules/form.js
const form = {
    state:{
        formData: {},
    },
    mutations:{
        updateFormData: (state, payload) => {
          state.formData = payload
        },
    },
    actions:{
        postFormData(context, payload){
            context.commit('updateFormData', payload)
    // 触发 mutations 向 updateFormData 提交更新后的 payload，其实就是待更新后的表单数据
        }
    }
}
export default form
```

调用 action 的方式同样也很简单，如下所示。

```
store.dispatch('nameOfAction');    //  nameOfAction 是指在 store 中定义的 action 名
```

对于本次实现跨组件传递数据的目标，已经完成了整个 store 的定义和讲解。那么如何在实际代码中完整地运行 Vuex 这套机制？如下所示。

```
# my-vue/store/index.js
import Vue from 'vue'
import Vuex from 'vuex'
import form from './modules/form'     // 导入 form 状态文件
Vue.use(Vuex)
const store = new Vuex.Store({
    modules: {
        form       // 在 store 实例中注册 form 状态
    },
})
export default store
```

按照中大型 Vue.js 项目的最佳实践，在 store 实例中通过 modules 模块化分割各个组件的状态，是比较实用的技巧之一。在上面的示例中，form.js 中所定义的状态在被使用之前，需要告诉 store 实例，它将被注册为 Vuex 状态管理对象的一部分，如下所示。

```
# my-vue/src/components/Form.vue
</<script>
export default {
   ......
   methods: {
    name: 'Form',
    ......
    submitted(){
        console.log(this.demoForm.message);
        // 子组件通过事件把表单提交数据派发至父组件
        this.$emit('dataFromChild', this.demoForm)
        // 结合表单数据把该事件挂载在根实例中，实现事件派发式的跨组件数据通信
        this.$root.$emit('dataFromChild', this.demoForm)
// 表单数据通过 store 实例调用 Action 分发至 'postFormData'，实现 Vuex 的跨组件数据通信
        this.$store.dispatch('postFormData', this.demoForm)
    },
  },
}
</script>
```

单击“提交”按钮后，数据将被分发至 store 中定义的 action 以触发 mutations 来实现状态变更，那么另一个组件就需要定义如何接收更新后的状态，如下所示。

```
# my-vue/src/App.vue
<template>
```

```
    <div id="app">
    ......
    <HelloWorld msg="Welcome to Your Vue.js App"/>
        使用 Vuex 接收 Form 组件数据:
        {{ fromFormWithStore }}    // 定义 fromFormWithStore 动态属性
    </div>
</template>
<script>
import HelloWorld from './components/HelloWorld.vue'
export default {
    ......
    computed: {
    fromFormWithStore() {    // 在计算属性中，获得 store 中表单数据的最新状态
      return this.$store.state.form.formData
    }
    },
}
</script>
```

在上面的例子中，笔者特地通过计算属性的方式获得表单数据的最新状态并将其渲染至模板中，现在运行代码后，大家试着在表单中进行数据录入及提交，看页面会发生什么变化。这个例子尽管很简单，但已经是 Vuex 状态管理最核心的内容。图 5.3 充分说明了整个状态管理的机制。

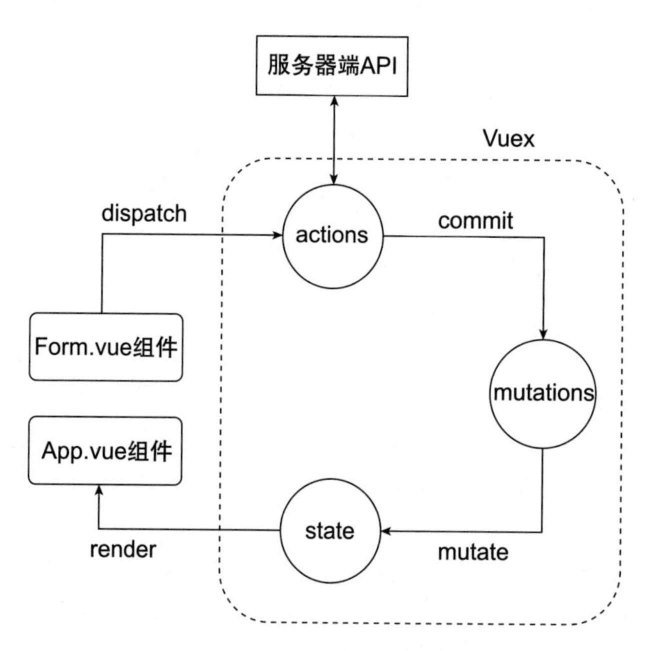

图 5.3　项目 my-vue 状态管理机制

接下来，Vuex 还有一些更实用的工具和技巧。

5.2.3　getter 的使用

有些时候需要针对一些状态进行一些特定的计算，倘若这个时候又有非常多的组件引用此状态，那么就不得不在各个组件的 computed 中进行计算，烦琐而又重复地编写相同的代码，这是相当糟糕的。那么 Vuex 提供了更通用的解决方案——getter。使用它基于 store 中已定义的状态进行计算，从而派生了新的状态属性。下面看一个具体的例子。

```
# my-vue/stroe/modules/form.js
    ......
    state:{......},
    mutations:{......},
    getters:{
        isMostFavour(state,getters){     // 定义一个 getters
         return state.formData.favour ===' 第二章 ' ? true : false
        // 使用三元表达式，计算当用户选择 " 第二章 " 时，其结果为真
        }
    },
    actions:{......}
    ......
```

从上面的例子可知，定义 gettes 时，会包括两个参数 state 和 getters。其中，state 指当前 store 中存在的状态对象；参数 getters 是可选的，如果定义了多个 getters，则都可以通过参数 getters 进行引用。在这里，笔者根据 state 所对应的表单数据进行了计算，得出某个新的结果，然后在 App.vue 组件中调用 getters，如下所示。

```
# my-vue/src/App.vue
<template>
  <div id="app">
    ......
    是否最喜欢第二章：{{isTwoFavour}}  定义 isTwoFavour 动态属性
  </div>
</template>
<script>
import HelloWorld from './components/HelloWorld.vue'
export default {
  ......
  computed: {
    ......
    isTwoFavour() {      // 在计算属性中，获得 store 中表单数据的 getters 结果
```

```
        return this.$store.getters.isMostFavour;
      }
    },
  }
  </script>
```

现在只需要在 store 中定义需要计算的状态属性，即可在任何组件中调用，而不必在多个组件中重复计算。诚然，这也是 Vuex 的状态管理推崇的状态与业务逻辑解耦的重要思想。

5.2.4 Vuex 辅助函数

经过前面的学习，读者已经能够较好地掌握 Vuex。但从长远来看，Vuex 所提供的辅助函数在调用或触发 state、mutations、action 以及 getters 时，具有简化代码、提高可读性的特点，面对日后更多的组件及状态管理，不至于难以调试和跟踪。下面看看如何使用它们。

1. mapState

首先，下面代码展示了如何定义 mapState 的具体实现。

```
# my-vue/src/App.vue
<script>
import { mapState } from 'vuex'      // 从 Vuex 中导入 mapState
......
export default {
  ......
  computed: {
    ...mapState(['form']),            // 指定状态对象
    fromFormWithStore() {
      // return this.$store.state.form.
      return this.form.formData     //  代替原先调用 state 方式，在实例中直接访问状态对象
    },
 },
    ......
}
```

可以直接访问“this.form.formData”获得 Form 组件的表单对象，但无法像这样改变状态“this.form.formData={}”，还记得先前介绍的 mutations 吗？跟随笔者回到 my-vue/src/components/Form.vue。

2. mapMutations

在 action 中异步调用 mutations，这是比较推崇的标准做法。当然，如果非要在组件中同步更新状态，也许 mapMutations 会比使用 store.commit（......）方式更优雅。

```
# my-vue/src/components/Form.vue
<script>
import { mapMutations } from 'vuex'    // 从 Vuex 中导入 mapMutations
export default {
  ......
  methods: {
    ...mapMutations(['updateFormData']),     // 指定 mutations 对象
   submitted(){
       .......
     this.updateFormData({'name': '全栈论道'})
     //  在实例中同步调用 mutations 对象触发变更
    },
  },
}
</script>
```

在 Form 组件内部，笔者从 Vuex 导入一个辅助函数 mapmutation，并将其扩展到调用 mutations 对象的方法中同步触发更新。这里还有一个小技巧，可以为mutations对象增加一个别名，就像下面的例子。

```
# 为 mutations 增加别名
  methods: {
    ...mapMutations({
      'editForm': 'updateFormData'
      }),      // 指定 mutations 对象
  }
// 通过这一方式，可以使用别名来触发更新 : this.editForm({'name': '全栈论道'})
```

因此，可以使用 this.editForm() 调用 store 中的 mutations 来更新状态。

3. mapActions

对于 action，同样可以使用辅助函数来简化代码。

```
# my-vue/src/components/Form.vue
<script>
import { mapMutations, mapActions } from 'vuex'   // 从Vuex中导入mapActions
export default {
   ......
   methods: {
    ...mapMutations(['updateFormData']),
    ...mapActions(['postFormData']),     // 指定 action 对象
   submitted(){
      ......
```

```
        //this.$store.dispatch('postFormData', this.demoForm)
        // 在实例中触发 action 异步调用 mutation 对象触发变更
        this.postFormData(this.demoForm)
      //this.updateFormData({'name': '全栈论道'})
      // 在实例中同步调用 mutation 对象触发变更
    },
  },
}
</script>
```

此时读者就可以使用 this.postFormData() 来分发 action。

4. mapgetters

组件内部使用 getters 时，也能通过辅助函数 mapgetters 将其扩展到 computed 属性中。

```
# my-vue/src/App.vue
<script>
import { mapState, mapgetters } from 'vuex'    // 从 Vuex 中导入 mapgetters
......
export default {
  ......
  computed: {
    ...mapgetters(['isMostFavour']),    // 指定 getters 对象
    ......
    isTwoFavour() {
      // return this.$store.getters.isMostFavour;
      return this.isMostFavour
      // 代替原先调用 getters 方式，在实例中直接访问 store 中的 getters 属性
    }
  },
}
</script>
```

现在可以通过 this.isMostFavour 访问 getters 属性了。

注意：正如本小节示例中所展示的，mapMutation、mapActions 必须定义在实例的方法（methods）中；而 mapState、mapgetters 必须定义在实例的计算属性（computed）中。

5.2.5 Vuex 的经验之谈

相信大家会因为学习 Vuex 状态管理工具而兴奋不已，尤其在刚开始使用 Vuex 时，多数人想知道应该在 Vuex 中存储哪些数据。在回答这个问题前，很多人（包括笔者）幻想着把所有东西都一股脑存储在 Vuex 中。因为它确实能达到所有不同场景下的组件间数据通信、数据存储的目的。

但当开始滥用它的时候，读者很快就会意识到，这不是 Vue.js 应用程序中管理状态的最重要和最终的解决方案。在本小节中，笔者将尝试回答这样几个问题：Vuex 在什么情况下是解决当前问题的好方法？什么时候使用不同的方法可能更好？

1. 为什么要使用 Vuex？

Vue.js 提供了一种强大的“开箱即用”的机制来处理具有动态性的数据和对象，以及将其传递给子组件的可能性。

```
export default {
  name: 'MyComponent',
  data() {
    return {
      thisValue: 'Hello Vue',
    };
  },
}
......
<template>
  <div class="MyComponent">
    <this-component :some-value="thisValue"></this-component>
  </div>
</template
```

如果读者正在开发一个相当简单的应用程序，或者所做的只是为了渲染服务器端的某些 API 数据，那么实际上完全可以不使用 Vuex，前面提到的组件通信基本上可以满足绝大多数的场景；另外，如果读者正在处理一个大型单页 Web 应用程序，并且有多个不同位置的组件需要相同数据，则通常像 Vuex 这样的集中状态管理工具才有意义。

2. 使用 Vuex 的需求场景

数据必须由多个（独立的）组件访问。简单地说，数据需要在应用程序的多个位置之间传递，且必须是组件访问，而这些组件通常不以任何方式关联（它们既不是彼此的父组件，也不是彼此的子组件）。这方面就如先前笔者介绍的例子一样。

API/ 数据统一获取逻辑：假设有一个“待办事项”的应用程序，其中从一个服务器端 API 获取所有待办事项的列表，通过使用 Vuex，用户可以一次获取所有的待办事项并将它们存储在 Vuex 中，然后各个组件都可以获得该数据，即使它们分布在不同的路由器上。

在客户端中实现持久化状态存储得益于 Vuex 强大的生态圈，其包括了很多有用的插件，如 Vuex-persistedstate。它在浏览器中使用 Vuex 管理状态时变得非常得心应手，使得更容易处理高级用例，例如，当用户刷新或关闭浏览器后，即使重新回到页面，原来的状态信息依然保留。

3. 不使用 Vuex 存储数据的原因

假设当读者决定使用 Vuex 来管理应用程序的状态，那么每次添加新组件时，都必须判断是否将其状态存储在 Vuex 中。读者如果是 Vuex 的新手，可能很想用 Vuex 做任何事情，不过最好还是听一下笔者的建议。

（1）复杂性。虽然 Vuex 比它的一些竞争对手简单得多，但是从易用性来说，它仍然比直接使用本地组件数据属性复杂得多。开发者必须考虑是否需要使用 Vuex 为解决方案带来的好处来证明额外的复杂性。

（2）开销。在组件中使用 Vuex 总是意味着一些开销。因此，笔者建议尽可能地使用本地组件状态作为默认值，并且只有在有必要时才选择使用 Vuex。

5.3 SPA 必备：路由

欢迎大家进入本节学习在 Vue.js 如何处理路由，正如本书第 1 章所介绍过的单页应用程序，路由正是单页架构体系（SPA）的灵魂所在。因为前端提供路由机制很好地解决了过去每次用户请求新内容时都必须向服务器发出请求的问题，以减少后续的页面加载时间。

单页应用程序的本质就是在初始化页面时完成加载所有网站内容，然后根据 URL 的路径名动态地在页面上进行渲染。

5.3.1 Vue 路由基础

Vue.js 官方提供了 vue-router 插件。其理念非常容易理解，作为一种路由器，它将当前需要被显示的视图（也指组件）与浏览器地址栏内容进行同步关联。换句话说，路由是在单击页面上的某些内容时更改 URL 的部分，并在特定的 URL 进行导航时帮助显示正确的视图或 HTML。这与其他单页应用程序框架的路由机制一样。

首先在项目 my-vue 的根目录中使用 NPM 安装 vue-router 插件。

```
npm install vue-router --save
```

本书所安装的 vue-route 版本是 3.0.6。读者拿到本书时，可能会得到一个不同的版本信息，但绝不会影响读者使用本书。

现在就可以在 Vue.js 应用程序中导入路由器。值得一提的是，就像先前安装 Vuex 一样，笔者遵循中、大型 Vue.js 的最佳工程实践，通过 modules 对各个组件的状态管理进行模块化分割。对于路由器，同样会存在很多不同的导航路径，所以这个理念依然值得推荐。

在项目根目录下新建 router，并且在该目录中新建 index.js 作为路由器的实例入口，如下所示。

```
# my-vue 项目目录
index.html
```

```
store/index.js
router/index.js     // router 目录用于存放与其相关的路由导航管理文件
src/App.vue
src/main.js
src/assets/logo.png
src/components/HelloWorld.vue
src/components/Form.vue
```

在 index.js 中导入 vue-router 并创建路由实例。

```
# my-vue/router/index.js
import Vue from 'vue'
import Router from 'vue-router'
Vue.use(Router)
const router = new Router({})
export default router
```

由上可知，index.js 主要做了 3 件事：①引入 vue-router 库；②集成进 Vue.js；③创建并通过 export 导出路由实例 router。

最后将 router 挂载进根实例中，如下所示。

```
# my-vue/src/main.js
mport Vue from 'vue'
import App from './App.vue'
import store from './store'
import router from './router'    // 导入路由实例 router
Vue.config.productionTip = false
new Vue({
  store,
  router,  // 将 router 挂载进根实例中
  render: h => h(App),
}).$mount('#app');
```

至此，路由器的安装和初始化的工作完成。

5.3.2 常规路由匹配

现在通过一些具体例子，看看在实际项目中如何运用常规路由。尽管笔者在项目 my-vue 中增加了不少功能来展示 Vue.js 的特性，但由于缺乏路由，所以它看起来甚至不怎么像一款单页应用程序。下面先规划一下在 my-vue 中所期望的导航效果，如图 5.4 所示。

从图 5.4 中可知，笔者期望在根组件 App.vue 页面中提供 3 个链接，分别路由导航至相应的

组件来呈现对应的内容。在开始之前，可能细心的读者会发现项目 my-vue 并没有 OpenSource 组件，并且目前 HelloWorld.vue 组件是以子组件形式导入进根组件进行内容呈现的，这与图 5.4 通过路由来渲染 HelloWorld 组件相违背，所以还有一些工作需要做。

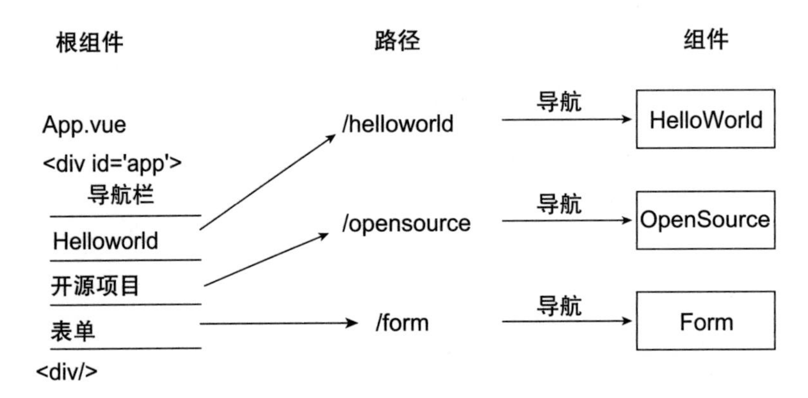

图 5.4　my-vue 路由效果

首先整理一下当前 App.vue 组件的内容，把与 HelloWorld 组件相关的代码注释掉。

```
# my-vue/src/App.vue
<template>
  ......
        <!--HelloWorld msg="Welcome to Your Vue.js App"/ -->
  ......
</template>
<script>
......
// import HelloWorld from './components/HelloWorld.vue'
export default {
  name: 'app',
  // components: {
  //   HelloWorld
  // },
  ......
}
</script>
```

接着在 components 目录中创建一个新组件 OpenSource。

```
# my-vue/src/components/OpenSource.vue
<template>
    <div>
```

```
        <img v-bind:src="img"/>
      </div>
  </template>
  <script>
  export default {
      name: 'OpenSource',
      data() {
        return {
           img:'https://github.com/boylegu/SpringBoot-vue/raw/master/images/
              newlogo.jpg',
        }
    },
  }
  </script>
```

完成这些工作之后，下一步笔者就可以根据图 5.4 的目标来定义路由器，确保想法能够落地。继续模块化设计的理念，在 router/modules/ 下定义 3 个路由文件。

```
# my-vue/src/router/modules
form.js               // 最佳实践，根据组件名划分路由作为文件名，便于管理
helloworld.js
opensource.js
```

由导航分别为这些路由指定相应的组件。

```
# my-vue/src/router/modules/form.js
import Form from '@/components/Form'    // 导入 Form 组件
const FormRouter = {             // 路由配置作为对象赋值给变量 FormRouter
        path: '/form',                  // 定义需要被导航的目标路径
        component: Form,                // 指定目标路径所对应的组件
        name: 'form'                    // 添加路由标识
}
export default FormRouter          //
# my-vue/src/router/modules/helloworld.js
import HelloWorld from '@/components/HelloWorld'     //  导入 HelloWorld 组件
const HelloWorldRouter = {
        path: '/helloworld',
        component: HelloWorld,
        name: 'HelloWorld'
}
export default HelloWorldRouter
# my-vue/src/router/modules/opensource.js
```

```
import OpenSource from '@/components/OpenSource'     //  导入 OpenSource 组件
const OpenSourceRouter = {
        path: '/opensource',
      component: OpenSource,
        name: 'opensource
}
export default OpenSourceRouter
```

在上面的例子中，笔者分别在各个路由模块文件下定义了目标路径以及对应的组件，还添加了路由标识，这对后面进行编程式导航是有好处的。把这些路由模块挂载至路由实例中，如下所示。

```
# my-vue/src/router/index.js
import Vue from 'vue'
import Router from 'vue-router'
import FormRouter from './modules/form'              // 导出 FormRouter
import HelloWorldRouter from './modules/helloworld'  // 导出 HelloWorldRouter
import OpenSourceRouter from './modules/opensource'// 导出 OpenSourceRouter
Vue.use(Router)
export const constantRouterMap = [
    FormRouter,
    HelloWorldRouter,
    OpenSourceRouter,
  ]
const router = new Router({
    routes: constantRouterMap, // 挂载 FormRouter、HelloWorldRouter、OpenSourceRouter
})
export default router
```

在上面示例中，笔者已经完成了整个路由的定义，过程有些烦琐。或许模块化的好处在类似 my-vue 这种小项目中优势并不明显，但从长远来看，其对日后开发迭代及排错跟踪等都有非常积极的意义。下面在根组件 App.vue 中加入导航栏，如下所示。

```
# my-vue/src/App.vue
<template>
  <div id="app">
    ......
    <nav>
        <router-link to='/helloworld'>HelloWorld </router-link>
        <router-link to='/opensource'>开源项目 </router-link>
        <router-link to='/form'>表单 </router-link>
    </nav>
```

```
    <router-view />
  </div>
</template>
```

为了在模板中能够渲染基于路由器所定义相应的组件内容，可以通过 vue-router 内置的模板指令 <router-view> 来实现，并且使用 <router-link> 通过导航匹配不同的组件，当然也可以通过编程的方式来达到同样的效果（稍后会进行介绍）。就这样，基本的导航功能构建完成。

转到终端并启动 Vue 开发服务器，通过单击页面中的导航栏感受一下单页应用程序的神奇魅力。

5.3.3　路由匹配

1. 动态路由匹配

在很多时候，用户希望在路径中加入一些参数（可能是某条数据的 ID），并向服务器获取不同的数据集，这种使用动态参数来渲染不同数据集的方式称为动态路由匹配。假设笔者想通过下面的路径来获得不同的数据集。

/opensource/1

/opensource/2

……

其实很容易实现，只需要在路由器中添加下面配置即可。

```
# my-vue/src/router/modules/opensource.js
......
const OpenSourceRouter = {
   path: '/opensource/:id',
         ......
}
......
```

当然，还能使用诸如正则表达式等一些高级匹配的方式。

2. 嵌套路由匹配

绝大多数组件中不会只出现一个需要被导航的路由路径，也有可能组件中还包括子组件的路径。例如，希望组件 OpenSource 中还包括像下面这样的路径：

/opensource/list

/opensource/detail/1

……

这时候就需要在路由中定义 children 属性，具体如下。

```
# my-vue/src/router/modules/opensource.js
......
```

```
const OpenSourceRouter = {
    path: '/opensource',
    // path: '/opensource/:id',
    component: OpenSource,
    name: 'opensource',
    children: [{                  // 定义嵌套路由
        path: 'list',             // 设置路径 /opensource/list
        component: <组件名>,
        name: 'OpenSourceList',    // 增加路由标识
      }, {
        path: 'detail/:id',    //  设置带有动态参数的路径 /opensource/detail
        component: <组件名>,
        name: 'OpenSourceDetail',  // 增加路由标识
      },]
}
......
```

children 是配置嵌套路由的属性，通过数组进行包裹，可以添加多层路由，其配置方法是一致的。

5.3.4 编程式导航

除了使用 <router-link> 定义导航链接外，还可以通过 vue-router 提供的实例方法进行编程代码的方式实现导航，如下所示。

```
# 编程式导航示例
<script>
  router.push({ path: '/opensource' })    // 路径 :/hellworld
  router.push({ name: 'OpenSourceDetail', params: 'ID'})   // 路径 : /opensource/
  detail/123
</script>
```

可以看出，该过程与 <router-link> 没有任何区别，却进一步提升了灵活性。另外，还可以从路由实例中获取动态路由的路径参数，如下所示。

```
router.push({ name: 'OpenSourceDetail', params: 'ID'})  // 路由至 /opensource/detail/12
this.$route.params.id    // 在当前页面 /opensource/detail/12 获得路径参数 '12'
```

前端工程化Webpack 4及部署

Web 前端开发的现代工程方法在许多方面已经与传统的服务器端开发模式比肩而立，只是开发环境不同，并且从前端的角度更专注页面加载和性能问题。由于 Node.js 及其包管理器 NPM 的支持，前端工程师必须使用 CLI（Command Line Interface，命令行接口）来进行一系列的构建编译任务。

前端工程化主要包括将 CSS 预处理代码（诸如 Less、Sass、Sytlus 等）编译为原生 CSS 代码，并将多个 CSS 和 JavaScript 文件合并到一个文件中，从而大大减少了 HTTP 请求，这对前端性能起着非常重要的作用。HTTP 请求越少，页面性能就越好。其中，构建任务还包括 CSS 和 JavaScript 的压缩、调试等，这些对性能都有着重要影响。

一直以来，Webpack 的复杂配置让许多学习者“望而却步”。初学者往往借鉴网上零碎教程不知所然地乱跑一通。事实上，“编译”对现代前端项目尤为重要，如果没有理解项目的编译及打包机制，一旦发生瓶颈，就可能很难快速定位和解决问题。

本章不仅会系统、全面地介绍 Webpack 4 和 Vue.js 的编译基础，也会深入分享打包过程中的最佳实践。

6.1 vue-cli 打包编译

读者已经了解了如何使用强大的脚手架工具 vue-cli 创建 Vue 项目、开发以及运行调试。现在笔者从项目根目录的 package.json 获知使用 npm run build，把项目 my-vue 打包编译成静态文件，如下所示。

```
# 在项目根目录运行 npm run build 进行打包编译
> my-vue@0.1.0 build /Users/gubaoer/my-vue
> vue-cli-service build
∵ Building for production...
DONE  Compiled successfully in 2935ms                        下午 10:09:36
  File                                 Size                  Gzipped
  dist/js/chunk-vendors.e661abfc.js    130.30 KiB            44.78 KiB
  dist/js/app.bee3e635.js              8.47 KiB              3.30 KiB
```

```
    dist/css/app.88c4dc56.css            0.33 KiB           0.23 KiB
    Images and other types of assets omitted.
    DONE  Build complete. The dist directory is ready to be deployed.
   INFO  Check out deployment instructions at https://cli.vuejs.org/guide/
deployment.html
```

神奇的一幕发生了，当笔者执行编译命令后，强大的 vue-cli 在项目根目录自动创建了 dist 目录，并智能地将 Vue.js 文件分别生成了 CSS、js、img，而且进行了容量压缩。因此，这些静态资源文件非常符合生产环境的运行要求。

通常来说，使用 vue-cli 是构建 Vue.js 项目的首选方法。它提供了文件、目录和配置、开发及构建的开发环境，在编写代码的同时能够支持热启动更新，并最终让用户使用一条简单的命令就能编译出用来生产环境部署的静态资源文件。那么什么样的机制使得 vue-cli 带给用户如此强大的开发体验？它的幕后英雄就是大名鼎鼎的编译构建工具——Webpack。或许读者在享受 vue-cli 便利的同时，不太愿意花时间学习复杂的 Webpack。但无论是想进一步在前端编译中挖掘其性能，添加个性化配置，还是计划开发一款非 Vue.js 的前端项目，掌握 Webpack 都有助于读者对其背后完整的编译机制有更深入的了解。

6.2 取代 CLI，从“零”揭秘 Webpack 4

不管大家喜不喜欢，Webpack 都是现代前端 JavaScript 工具集的主要部分，它将无数的小文件转换成一个（或多个）内聚模块（包）。然而，对许多人来说，它的运作方式是一个谜。诸如 vue-cli 内置现成配置的 CLI 工具兴起，使用户从复杂晦涩的配置项解脱出来。但是，用户是否真正理解了那么多配置文件在做什么？能够手工构建自定义的配置吗？

读者已经知道 Vue.js 项目通过一个或多个组件文件构建出完整的网站（结构、样式和功能）。而且，大多数代码编辑器为这些组件文件提供语法高亮显示和语法检测功能。值得注意的是，文件以 .vue 结尾，但浏览器不知道该如何处理这个扩展。Webpack 使用一些加载器和插件将该文件转换为浏览器可以使用的 HTML、CSS 和 JavaScript。下面笔者不再使用 vue-cli，而是逐步介绍如何配置 Webpack 来创建及优化 my-vue。

首先，创建一个名为 my-vue-webpack 的目录。从命令行切换到该目录并运行 npm init（这里已经不再是 vue create my-vue-webpack），接着按照提示创建项目。Vue 项目至少包括一个 HTML、JavaScript 和一个 Vue.js 文件（以 .vue 结尾的文件）。

一个好的习惯是将这些文件放在一个名为“src”的目录中，它将使得编写的源代码与 Webpack 最终构建的代码分开。笔者直接把先前项目 my-vue 中的 src 和 public 目录一并复制进去。项目 my-vue-webpack 的目录结构应该是这样的。

```
# my-vue-webpack 项目目录
```

```
src/App.vue
src/main.js
src/assets/
src/components/
src/router/
src/store/
babel.config.js
package.json
```

笔者并没有刻意改变其目录结构，与先前项目 my-vue 保持了一致。接下来在安装整个编译及运行 Vue.js 项目的依赖包及插件之前，笔者带领大家先睹为快。

1. 编译依赖

- Webpack：主角登场，使得项目代码具备在编译的过程中将其打包成单个文件的能力。
- webpack-cli：用于运行Webpack命令。
- webpack-dev-server：在项目中嵌入小型的开发服务器作为本地开发环境，自动支持热加载，通过一些简单的配置，就能在本地直接运行、调试项目，如命令npm run serve。
- webpack-merge：该插件可以把单个Webpack配置文件分割为多个文件，对于生产/开发环境的配置隔离相当有用。
- cross-env：通常当使用webpack-merge分别针对不同环境进行配置后，此插件作用于在跨平台时设置及使用环境变量。
- friendly-errors-webpack-plugin：作为可选项，它是Webpack错误友好提示的插件，提升开发体验，因此推荐安装。
- babel-loader、@babel/core和@babel/preset-env：正如在第3章中所介绍的，Babel将ES 6代码转换为ES 5，而这3个插件建议同时安装（这里需要说明的是类似@babel/preset-env指的就是babel-preset-env。因为Babel在7.0版本后规范了命名规则，所以这里才会使用“@babel/…”）。
- @babel/plugin-syntax-dynamic-import：作为可选项，它能够使项目支持“插件语法动态导入”，更容易地实现用“惰性加载”的技术进一步提升性能（在第 7 章将会详细介绍）。
- css-loader：作为加载器，用来获取在.vue文件中编写的CSS，或者在任何JavaScript文件中找出CSS的位置，并解析这些文件的路径。不过它本身不会做太多事情，还需要下面介绍的两个加载器来配合处理CSS 内容。
- vue-style-loader：将从css-loader获得的CSS注入HTML文件。这将在HTML文档的头部创建并注入样式标签。
- mini-css-extract-plugin：该插件主要用于把CSS内容抽取至存放编译后文件的目录（通常该目录会被命名为“dist”）中。可能读者会问是否有相应的JavaScript插件，这里不需要该插件，因为Webpack默认就会识别和处理JavaScript 。

- url-loader：用于处理图片的打包和压缩的加载器。
- vue-loader、vue-template-compiler：它们需要同时安装，作用是把.vue文件转换为JavaScript。
- html-webpack-plugin：使用index.html并将绑定的JavaScript文件注入头部，然后将这个文件复制到用于存放编译后文件的目录（通常该目录会命名为dist）中。
- optimize-css-assets-webpack-plugin：作为可选项，该插件相比Webpack内置的压缩算法，可以进一步提升对CSS资源的压缩效率。
- terser-webpack-pl0ugin：作为可选项，该插件主要用于优化及进一步压缩基于ES 2016的JavaScript文件资源（如果读者曾经使用或熟悉Webpack，最好停用uglifyjs-webpack-plugin，升级为此插件）。
- compression-webpack-plugin：该插件能够将资源文件压缩为.gz文件，并且根据客户端的需求按需加载。

2. 项目依赖

- Vue.js；
- Vuex；
- vue-router。

接下来使用 NPM 安装这些依赖包：

```
# NPM 安装 Vue.js 项目的编译及运行依赖包
npm install vue vuex vue-router vue-loader vue-template-compiler webpack webpack-cli webpack-dev-server webpack-merge cross-env friendly-errors-webpack-plugin babel-loader @babel/core @babel/preset-env @babel/plugin-syntax-dynamic-import css-loader vue-style-loader mini-css-extract-plugin url-loader html-webpack-plugin
```

安装完之后要在根目录中添加 babel 的配置文件：

```
# my-vue-webpack/.babelrc
{
"presets": [
    ["@babel/preset-env", {
      "modules": false,
      "targets": {
        "browsers": ["> 1%", "last 2 versions", "not ie <= 8"]
      }
    }]
  ],
  "plugins": [
```

```
    "@babel/plugin-syntax-dynamic-import"
  ]
}
```

假如读者还不熟悉 babel，可以再复习一下第 3 章的内容。这里并没有新的知识，只是在配置中引入了之前安装的 babel 插件。

- @babel/preset-env允许用户使用最新的JavaScript版本，而不必担心最终需要为目标环境进行哪些语法转换。
- @babel/plugin-syntax-dynamic-import支持“惰性加载”。

6.3 基础配置

为了保持结构清晰，在项目根目录中增加 build 目录，用于存放 Webpack 配置文件。现在运行及编译该项目所需的环境已经准备就绪。笔者只需要做最后 3 件事：一是告诉 Webpack 要做什么；二是使用 Webpack 运行 Vue.js 项目；三是编译打包。

在 build 目录中创建一个名为 webpack.base.config.js 的配置文件，也是 Webpack 构建的核心。读者将学习那些像 babel 和 vue-loader 这样的预处理程序是如何与 Webpack 一起工作的。

1. 入口

首先定义一个入口，告诉 Webpack 应该使用哪个模块开始构建其内部依赖关系图。Webpack 将找出入口点所依赖的其他模块和库（直接和间接）。

```
# my-vue-webpack/build/webpack.base.config.js 选项 entry 配置示例
    entry: {
        app: './src/main.js'
    },
```

2. 解析

在下面的选项中，配置一些需要被改变的模块解析方式。

```
# my-vue-webpack/build/webpack.base.config.js 选项 resolve 配置示例
resolve: {
   extensions: ['.js', '.vue',],
   alias: {
        'vue$': isDev ? 'vue/dist/vue.runtime.js' : 'vue/dist/vue.runtime.min.js',
        '@': resolve('src')
}
},
```

参数 extensions 允许用户在导入时避免编写相关扩展名。这样做的好处是不需要这样写：

```
import Form from '../../components/Form'
```

而只需像这样：

```
import Form from '@/components/Form'
```

参数 alias 允许在导入模块的时候加入一些更容易书写的标识。例如，这里定义的 @ 等同于 my-vue/src。另外，当前环境如果是开发模式，那么 Vue.js 会被映射到 vue.runtime.js（在 Vue.js 源代码的 dist 目录中，用户将发现许多不同版本的 Vue.js）。

运行时不涉及编译工作，涵盖了如创建 Vue.js 实例、渲染和触发虚拟 DOM 等机制。从性能方面来理解这个概念很重要，因为总是希望浏览器能处理较小的数据包。

3. 加载器

选项 loader 用于让 Webpack 使用加载器对指定的文件进行预处理。

```
# my-vue-webpack/build/webpack.base.config.js 选项 loader 配置示例
    module: {
        rules: [
            {
                test: /\.vue$/,
                loader: 'vue-loader',
                include: [resolve('src')]
            },
            {
                test: /\.js$/,
                loader: 'babel-loader',
                include: [resolve('src')]
            },
            {
                test: /\.css$/,
                use: [
                     isDev ? 'vue-style-loader' : MiniCSSExtractPlugin.loader,
                    {loader: 'css-loader', options: {sourceMap: isDev}},
                ]
            },
            {
                test: /\.(png|jpe?g|gif|svg)(\?.*)?$/,
                loader: 'url-loader',
                include: [resolve('src/assets')],
                options: {
                    limit: 10000,
```

```
                        name: assetsPath('img/[name].[hash:7].[ext]')
                    }
                },
            ]
        },
```

对于 Vue.js 项目来说，先了解一下两个比较重要和基础的加载器。

- vue-loader用于.vue文件的加载。
- babel-loader用于.js文件的加载。

当在 Vue.js 项目中定义 <style/> 时，用户也会根据不同的开发习惯使用标准的 CSS、Sass 或 Less 等，样式风格的不同也会导致不一样的加载方式，以及期望在开发或生产环境所达到的效果。

考虑到例子中只使用了标准 CSS 样式，因此在上面配置中定义了 .css 文件在开发模式下使用 vue-style-loader，而在生产模式中会使用 MiniCSSExtractPlugin 进行加载。倘若大家也使用诸如 .sass 或 .scss 等其他样式预处理文件，则在此基础之上还需要安装相对应的加载器插件，如 sass-loader。另外，参数 sourceMap 在开发环境中会被设置为 true。这会使调试变得更容易。

同理，笔者还定义了 url-loader，根据参数 test 可得知这是一个检查文件名是否以 .png、.jpg、.jpeg、.gif、.svg 扩展名结尾的正则表达式。这确保 url-loader 只针对这些文件触发运行。参数 limit 定义了当体积小于 10 000 字节时，图片会被转换成 Base64 格式，并会被标签 img 的属性 src 所使用。

4. 插件

选项“插件”主要用于以多种方式来自定义控制 Webpack 构建时的过程。

```
# my-vue-webpack/build/webpack.base.config.js 选项 plugins 配置示例
plugins: [
    new VueLoaderPlugin(),
  ]
```

作为不可缺少的核心插件，VueLoaderPlugin() 负责复制用户定义的任何规则，并将它们应用于 .vue 文件中的相应语言块中。例如，前面加入了一些匹配规则的加载器设置，那么它将应用于 <script> 块中的 .vue 文件。完整的 webpack.base.config.js 内容如下所示。

```
# my-vue-webpack/build/webpack.base.config.js
'use strict';
const VueLoaderPlugin = require('vue-loader/lib/plugin');
const MiniCSSExtractPlugin = require('mini-css-extract-plugin');
const isDev = process.env.NODE_ENV === 'development';
const path = require('path')
function resolve(dir) {
    return path.join(__dirname, '..', dir)
}
```

```
function assetsPath(_path) {
    const assetsSubDirectory = 'static'
    return path.posix.join(assetsSubDirectory, _path)
}
const webpackConfig = {
    entry: {
        app: './src/main.js'
    },
    resolve: {
        extensions: ['.js', '.vue',],
        alias: {
            'vue$': isDev ? 'vue/dist/vue.runtime.js' : 'vue/dist/vue.runtime.min.js',
            '@': resolve('src')
        }
    },
    module: {
        rules: [
            {
                test: /\.vue$/,
                loader: 'vue-loader',
                include: [resolve('src')]
            },
            {
                test: /\.js$/,
                loader: 'babel-loader',
                include: [resolve('src')]
            },
            {
# 由于Webpack默认只处理JavaScript，这里只能配置静态资源之一CSS文件最终编译的输出结果
                test: /\.css$/,
                use:[
                   isDev ? 'vue-style-loader' : MiniCSSExtractPlugin.loader,
                    {loader: 'css-loader', options: {sourceMap: isDev}},
                ]
            },
            {
# 由于Webpack默认只处理JavaScript，这里只能配置静态资源之一图片文件最终编译的输出结果
            test: /\.(png|jpe?g|gif|svg)(\?.*)?$/,
            loader: 'url-loader',
```

```
            include: [resolve('src/assets')],
            options: {
                limit: 10000,
                name: assetsPath('img/[name].[hash:7].[ext]')
            }
        },
    ]
  },
  plugins: [
      new VueLoaderPlugin(),
  ]
}
module.exports = webpackConfig;
```

无论如何，webpack.base.config.js 只是一个基础配置文件。在上面的例子中，它导出一个由 Webpack 解释的对象——webpackConfig——来构建项目。这意味着可以在任何其他模块或节点中进行导入和扩展，并从任意多的文件和位置组合它。这使得 Webpack 非常灵活和强大，但也造成了几乎没有人在编写构建配置时使用完全相同的约定。

6.4　配置开发服务器

下面介绍如何在文件 webpack.base.config.js 的基础上进行“开发 / 生产环境”的配置隔离、运行开发服务器以及编译构建。

笔者继续在 build 目录下创建 webpack.dev.config.js 文件，作为存放关于开发环境的配置项。

```
# my-vue-webpack/build/webpack.dev.config.js    开发环境 model 选项配置示例
mode: "development"
```

在 Webpack4 中，参数 mode 告诉 Webpack 选择使用相应的内置优化，这里笔者明确定义为开发环境“development”。

```
# my-vue-webpack/build/webpack.dev.config.js    开发环境 devtool 选项配置示例
devtool: 'cheap-module-eval-source-map'
```

作为 Webpack 的内置测试工具 devtool 选项提供给用户 7 种可选择的模式，通常来说只需要定义 cheap-module-eval-source-map。它的主要作用是配合选项 loader 的 sourcemap 来便于开发人员进行错误调试，确保每条堆栈信息的输出和跟踪；但不建议在生产环境中配置使用，因为对性能的损耗比较大。

```
# my-vue-webpack/build/webpack.dev.config.js    开发环境 plugins 选项配置示例
```

```
const env = module.exports = {
NODE_ENV: 'development'
};
plugins: [
    new webpack.EnvironmentPlugin(env),
    new FriendlyErrorsPlugin(),
    new HtmlWebPackPlugin({
       template: './public/index.html',
       chunksSortMode: 'dependency',
       templateParameters: {
          BASE_URL: '/core/static/' + 'static',
       },
    }),
  ],
```

这里引入了 Webpack 自带的插件 EnvironmentPlugin()，它允许创建可以在编译时配置的全局常量。这对于区分开发和生产构建的不同行为非常有用。

另外，插件 HtmlWebpackPlugin() 用来生成一个 HTML 5 文件，其中使用脚本标记在 <body/> 中会包含所有 Webpack 包。chunksSortMode 需要添加 dependency 选项，以控制在将块包含到 HTML 时，块应该如何排序。别忘了还需要设置 BASE_URL 来定义引用静态资源的地址。

```
# my-vue-webpack/build/webpack.dev.config.js    开发环境配置 devServer 示例
devServer: {
    compress: true,              # 开启 gzip 压缩
    historyApiFallback: true,    # 任意的 404 响应都会返回为 index.html
    hot: true,                   # 开启热加载
    open: true,                  # 运行开发服务器后，立即打开浏览器访问项目页面
    overlay: true,               # 编译出错的时候，在浏览器页面上显示错误
    port: 8000,                  # 为开发服务器自定义启动端口
    stats: {
        normal: true             # 设置标准格式输出的统计信息
    }
}
```

选项 devServer 用来配置 Webpack 的开发服务器。笔者在上面的例子中设置了一些常用参数，由于其配置丰富，读者很容易在官网查询到适合自己项目的有用信息。下面是完整的 webpack.dev.config.js 配置文件内容。

```
# my-vue-webpack/build/webpack.dev.config.js    开发环境配置完整示例
'use strict';
```

```
const webpack = require('webpack');
const merge = require('webpack-merge');
const HtmlWebPackPlugin = require('html-webpack-plugin')
const FriendlyErrorsPlugin = require('friendly-errors-webpack-plugin');
const commonConfig = require('./webpack.base.config');
const webpackConfig = merge(commonConfig, {
    mode: 'development',
    devtool: 'cheap-module-eval-source-map',
    plugins: [
        new webpack.EnvironmentPlugin('development'),
        new FriendlyErrorsPlugin(),
        new HtmlWebPackPlugin({
            template: './public/index.html',
            chunksSortMode: 'dependency',
            templateParameters: {
                BASE_URL: '/core/static/' + 'static',
            },
        }),
    ],
    devServer: {
        compress: true,
        historyApiFallback: true,
        hot: true,
        open: true,
        overlay: true,
        port: 8000,
        stats: {
            normal: true
        }
    }
});
module.exports = webpackConfig;
```

经过笔者的介绍，相信读者应该不会觉得这里有什么技巧，唯一值得注意的是，这个例子中还使用 webpack-merge，通过与“基础配置”对象进行合并，最终组成了完整的 Webpack 开发编译环境。

最后在 package.json 中新增一条用来运行“本地开发环境”的命令行。

```
# my-vue-webpack/package.json    开发环境配置 devServer 示例
  "scripts": {
  "serve": "cross-env NODE_ENV=development webpack-dev-server --config
```

```
    build/webpack.dev.config.js --progress"
}
```

至此，用户可以像先前在 vue-cli 提供的编译环境一样，运行 npm run serve 来编译 Vue.js 应用程序，并通过 webpack-dev-server 将其启动并自动打开浏览器呈现内容。

6.5 配置生产的编译构建环境

这部分内容主要介绍如何编译生产环境代码的配置定义。

```
# my-vue-webpack/build/webpack.prod.config.js    生产环境 output 选项配置示例
output: {
# 由于 Webpack 默认只处理 JavaScript，这里只能配置静态资源之一 JavaScript 文件的最终编
译的输出结果
    path: resolve('dist'),
    publicPath: '/',
    filename: 'js/[name].bundle.[chunkhash].js',
    chunkFilename: 'js/[id].chunk.[chunkhash].js'
}
```

选项 output 包含很多参数，用来指定 Webpack 应该在何处存放最终被编译后的静态资源。这个示例，除了定义编译结果输出到 dist 目录外，filename 参数还用来指定最终被编译的 JavaScript 文件名；如果项目涉及引用其他组件、模块或者第三方库，那么 Webpack 会通过自身的优化机制进行分块打包，而这些包名将被参数 chunkFilename 定义。

```
# my-vue-webpack/build/webpack.prod.config.js 生产环境 optimization 选项配置示例
optimization: {
    runtimeChunk: 'single',
    splitChunks: {
        chunks: 'all',
    }
},
```

选项 optimization 主要用来定义一些打包的策略。在讨论上面的示例前，读者首先需要理解块（chunk）和包（bundle）的概念。包是指编译后的最终静态文件，而块是指被编译的源代码。Webpack 打包编译的过程，其实就是针对块的各种组合和处理。

参数 splitChunks 的主要作用是查找在源代码之间共享或导入的模块，并将它们分割为单独的子模块，预防不必要的重复打包问题，而且能够将项目中的第三方模块与应用程序本身的模块进行分离。

参数配置 chunks:“all”会开启特别强大的特性，这意味着可以将同步模块和异步模块分开进行打包处理。这里参数 runtimeChunk 的定义主要告诉 Webpack 将项目中所有块之间依赖映射

关系的元信息单独剥离出来并编译为独立的包，否则这些与项目本身无关的映射关系将会与源代码编译在一个包中，从而影响页面加载的性能。

因此，配置为将运行时的映射关系拆分为单独的块，这对提高打包效率有很大的作用，也便于浏览器对它进行缓存处理。

```
# my-vue-webpack/build/webpack.prod.config.js 生产环境 optimization 选项配置示例
minimizer: [
    new OptimizeCSSAssetsPlugin({
        cssProcessorPluginOptions: {
            preset: ['default', {discardComments: {removeAll: true}}],
        }
    }),
    new TerserPlugin({
        cache: true,
        parallel: true,
        sourceMap: !isProd
    })
],
```

这里的 minimizer 选项主要针对编译后的包进行压缩化处理，笔者引入了两个第三方插件，其中 TerserPlugin() 使用 uglify-js 来压缩 JavaScript 文件，为了启用文件缓存和使用多进程并行运行，将 cacheand 并行属性设置为 true 以提高构建速度。

OptimizeCSSAssetsPlugin() 会对 Webpack 编译打包后的 CSS 文件进行压缩，并添加压缩策略，如删除代码注释、限制任何消息输出到控制台。需要注意的是，该插件仅限在生产构建中使用，而不是在加载器中被配置为样式加载器（就像 6.1.3 节中在 Webpack 基础配置中所做的那样）。

```
# my-vue-webpack/build/webpack.prod.config.js 生产环境 plugins 选项配置示例
plugins: [
    new webpack.EnvironmentPlugin(env),
    new MiniCSSExtractPlugin({
        filename: 'css/[name].[hash].css',
        chunkFilename: 'css/[id].[hash].css'
    }),
    new CompressionPlugin({
        filename: '[path].gz[query]',
        algorithm: 'gzip',
        test: new RegExp('\\.(js|css)$'),
        threshold: 10240,
        minRatio: 0.8
    }),
```

```
    new webpack.HashedModuleIdsPlugin(),
    new HtmlWebPackPlugin({
        template: './public/index.html',
        chunksSortMode: 'dependency',
        favicon:'./public/favicon.ico',
        templateParameters: {
            BASE_URL: '/core/static/' + 'static',
        },
        minify: {
            removeComments: true,
            collapseWhitespace: true,
            removeAttributeQuotes: true
        }
    }),
]
```

插件 MiniCSSExtractPlugin() 是必需的，作用是促使 Webpack 使用 MiniCSSExtractPlugin 在生产中加载 CSS 样式。CompressionPlugin() 设定了 gzip 压缩参数来提高打包效率，并为最终的静态资源提供内容编码。HashedModuleIdsPlugin() 负责将模块所在的相对路径生成散列值（其中由一个以序号字符串作为命名 id 和哈希值 chunkhash 构成。

应确保每次编译后得到带有不同的散列值文件，使浏览器能够获得最新的静态资源（详见选项 output 示例）。建议只在生产中使用这个插件。最后，插件 HtmlWebPackPlugin() 还提供了参数 miniify，用来对 HTML 内容进行压缩，这里笔者分别定义了删除注释、删除空格、去掉无关的属性引用等常规设置。下面是完整的 webpack.prod.config.js 配置文件内容。

```
# my-vue-webpack/build/webpack.prod.config.js  生产环境配置完整示例
'use strict';
const webpack = require('webpack');
const merge = require('webpack-merge');
const HtmlWebPackPlugin = require('html-webpack-plugin');
const commonConfig = require('./webpack.base.config');
const OptimizeCSSAssetsPlugin = require('optimize-css-assets-webpack-plugin');
const MiniCSSExtractPlugin = require('mini-css-extract-plugin');
const TerserPlugin = require('terser-webpack-plugin');
const CompressionPlugin = require('compression-webpack-plugin');
const path = require('path')
function resolve(dir) {
    return path.join(__dirname, '..', dir)
}
const env = module.exports = {
```

```
    NODE_ENV: 'production'
};
const webpackConfig = merge(commonConfig, {
    mode: 'production',
    devtool: false,
    output: {
        path: resolve('dist'),
        publicPath: '/',
        filename: 'js/[name].bundle.[chunkhash].js',
        chunkFilename: 'js/[id].chunk.[chunkhash].js'
    },
    optimization: {
        runtimeChunk: 'single',
        minimizer: [
            new OptimizeCSSAssetsPlugin({
                cssProcessorPluginOptions: {
                     preset: ['default', {discardComments: {removeAll: true}}],
                }
            }),
            new TerserPlugin({
                cache: true,
                parallel: true,
                sourceMap: false
            })
        ],
        splitChunks: {
            chunks: 'all',
        }
    },
    plugins: [
        new webpack.EnvironmentPlugin(env),
        new MiniCSSExtractPlugin({
            filename: 'css/[name].[hash].css',
            chunkFilename: 'css/[id].[hash].css'
        }),
        new CompressionPlugin({
            filename: '[path].gz[query]',
            algorithm: 'gzip',
            test: new RegExp('\\.(js|css)$'),
            threshold: 10240,
            minRatio: 0.8
```

```
        }),
        new webpack.HashedModuleIdsPlugin(),
        new HtmlWebPackPlugin({
            template: './public/index.html',
            chunksSortMode: 'dependency',
            favicon:'./public/favicon.ico',
            templateParameters: {
                BASE_URL: '/core/static/' + 'static',
            },
            minify: {
                removeComments: true,
                collapseWhitespace: true,
                removeAttributeQuotes: true
            }
        }),
    ]
});
module.exports = webpackConfig;
```

最后，在 package.json 中新增一条用来运行生产编译环境的命令行。

```
# my-vue-webpack/package.json    开发环境配置 devServer 示例
  "scripts": {
"serve": "cross-env NODE_ENV=development webpack-dev-server --config build/
       webpack.dev.config.js --progress",
"build": "cross-env NODE_ENV=production webpack --config build/webpack.
       prod.config.js"
}
```

现在，运行 npm run build 来编译 Vue.js 应用程序。Webpack 会创建一个 dist 目录，并把最终输出的编译文件存放于此。下面观察一下编译结果。

```
Hash: 5f6f6e87293208b49f87
Version: webpack 4.34.0
Time: 2570ms
Built at: 2019/06/22 下午 11:06:31
                         Asset       Size        Chunks        Chunk Names
  css/0.5f6f6e87293208b49f87.css    343 bytes     0 [emitted]   app
                     favicon.ico    4.19 KiB     [emitted]
                      index.html    771 bytes    [emitted]
js/0.chunk.4de463bf64c335ce16a5.js    16.9 KiB     0 [emitted]   app
```

```
    js/0.chunk.4de463bf64c335ce16a5.js.gz        9.77 KiB    [emitted]
    js/2.chunk.c7d59ee717cf7c38e1be.js           102 KiB      2 [emitted] vendors~app
    js/2.chunk.c7d59ee717cf7c38e1be.js.gz        34.7 KiB    emitted]
    js/runtime.bundle.810fcf720bbb0a8ad589.js 1.42 KiB     1    [emitted]    runtime
    Entrypoint app = js/runtime.bundle.810fcf720bbb0a8ad589.js js/2.
chunk.c7d59ee717cf7c38e1be.js css/0.5f6f6e87293208b49f87.css js/0.
chunk.4de463bf64c335ce16a5.js
```

由上可知，Webpack 聪明地将 Vue.js 的各个组件、样式以及脚本内容分别打包，其编译的输出结果与笔者在 Webpack 所配置的信息以及 output 选项中定义的输出是一致的。这里建议读者回到项目 my-vue，同样使用命令 npm run build，对比一下编译结果有何不同。

至此，通过手工配置 Webpack 完整实现了 vue-cli 相同的目标。尽管本小节并不是 Webpack 的全部，但相信读者已经完全具备看懂各种复杂 Webpack 配置的能力。在未来的时间里，读者只需要关注生产配置中各种提升构建性能的插件、参数以及根据项目的需要，不断地在测试中进行优化。

最后，作为经验之谈，如果不止一次访问网站，那么应该考虑让代码（块）分割许多小文件（包）。如果站点中存在大部分用户都很少访问的部分，那应该考虑使用动态加载代码。这部分内容与前端性能优化息息相关，笔者将在本书第 7 章为大家详细介绍。希望通过本章的学习，读者能够在不同的项目场景下创建强大的编译系统。

6.6　基于 HTTP 2 的 Nginx 部署

紧接 6.5 节内容，进入 dist 目录，理论上只需在浏览器中打开 index.html 文件，它就会像预期的那样工作。但根据我们的 Webpack 配置，代码中会发出 HTTP 请求来获取静态文件资源，那么当发出这些请求时就会遇到一些跨源错误。需要在服务器上运行才能让它工作，现实情况下，也应当这么做。

假定支持 HTTP 2 特性的 Nginx 已经正确被安装在操作系统，并且已经开启了相关模块。

```
    # Nginx 安装示例
    ./configure --prefix=/usr/local/nginx --with-stream --with-http_ssl_module
--with-http_v2_module -
    with-http_stub_status_module --with-http_realip_module --with-http_auth_
request_module
```

下面是具体的 Ngxin 配置方式。

```
    # 基于 HTTP2 的 Nginx 部署 Vue.js 项目配置示例
    server {
          listen 443 ssl http2;
```

```
        server_name  127.0.0.1;
        charset      utf-8;
        root    <项目路径>/my-vue-webpack/dist;
        index  index.html index.htm;
        expires off;
        ssl_certificate <证书路径>/your.crt;
        ssl_certificate_key <证书路径>/your.key;
        ssl_session_timeout  5m;
        ssl_protocols  TLSv1 TLSv1.1 TLSv1.2;
        ssl_ciphers AESGCM:ALL:!DH:!EXPORT:!RC4:+HIGH:!MEDIUM:!LOW:!aNULL:!eNULL;
        ssl_prefer_server_ciphers   on;
        location / {
            try_files $uri $uri/ @rewrites;
        }
        location @rewrites {
            rewrite ^(.+)$ /index.html last;
        }
        location /core/static/ {
            alias <项目路径>/my-vue-webpack/dist;
            autoindex on;
        }
    }
```

上面的示例主要介绍如何使用 Nginx 来部署 Vue.js 项目，相信读者应该已经对 Nginx 配置有所了解。需要注意的是，除了正确配置静态资源访问路径、资源访问 URL，笔者还将 http2 参数添加到 listen 指令中用以开启对 HTTP 2 的支持。

现在重启 Nginx 就能在浏览器中看到项目最终成功，如图 6.1 所示。

图 6.1　最终项目运行结果呈现

加速Vue.js项目

单页应用技术尽管相比传统架构来说天生就具备优异的性能秉性，但同样也面临着功能更复杂、交互及业务场景的问题。例如，以移动作为优先的用户交互方式，已经从过去的流行转变为现在的一种标准，而且不确定的网络条件是开发人员应该始终考虑的因素，它让应用程序快速加载变得越来越困难。

在本章中，笔者将在编译、资源优化、缓存、多线程、惰性加载等各个方面，通过具体案例带领大家深入剖析在 Vue.js 中如何使用前沿技术来提升性能的技巧和相关原理，读者可以在任何已有的前端项目中使用这些技术，使它们能够更快速、平滑地加载网页。

7.1　打包优化与异步 Vue.js

单页应用程序有时会因为初始加载速度较慢而受到一些吐槽。这是因为传统上，服务器将向客户机发送大量JavaScript，必须在屏幕上显示任何内容之前下载并解析这些JavaScript。可以想象，随着应用程序的增长，这可能会变得越来越有问题。

幸运的是，无论是使用 Vue CLI 自动构建的 Vue 应用程序（它在底层使用 Webpack），还是使用手工配置的 Webpack，均可以采取许多措施来解决这个问题。本节将专注于如何才能使被编译后的 JavaScript 包更小。要理解这一点，首先需要理解 Webpack 是如何开始打包项目中所有文件的。

7.1.1　Webpack 打包的工作机制

在最终编译静态资源时，Webpack 会创建一种依赖关系图。它是用于收集维护项目中导入链接所有文件相关节点信息的树状数据结构。之前笔者在 Webpack 配置中指定了一个名为 main.js 的文件作为入口点，它将是依赖关系图的根。现在，我们导入这个文件中的每个 JavaScript 模块都将成为树中的节点，导入这个节点中的每个模块都将成为它们的子节点。

Webpack 使用这个树状数据结构来检测输出包应该包含哪些文件。输出包只是一个（或多个）JavaScript 文件，包含依赖关系图中的所有模块。

图 7.1 是第 6 章通过手工配置 Webpack 来编译项目 my-vue 的结果。除 runtime.bundle.js 外，Webpack 自动识别项目源代码并打包成 0.chunk.js，另外项目所使用的第三方依赖库也被单独打包成 2.chunk.js。这样分割代码的结果并不是凑巧，而是由于最新版本的 Webpack 通过内置的打包机制为我们做了一些优化。

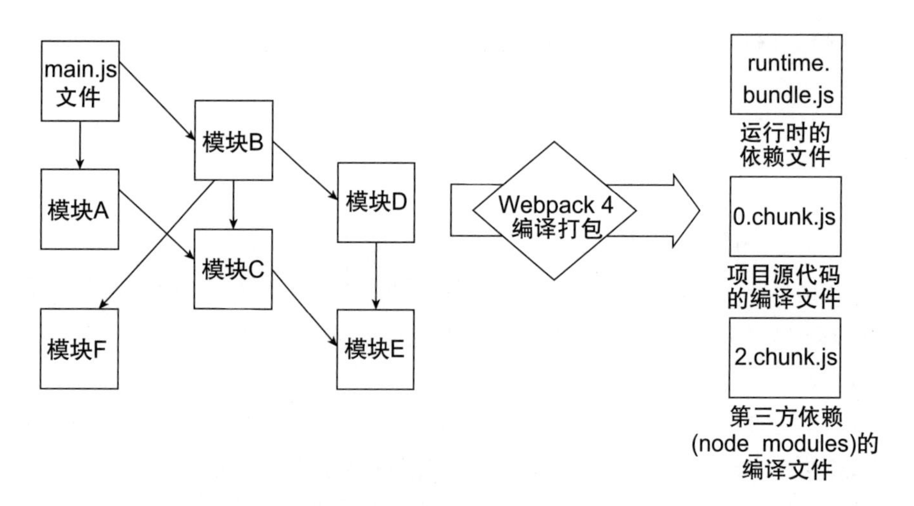

图 7.1　Webpack 4 打包机制

下面是默认打包分割的优化机制。

- 新代码块可以被共享引用，或者这些模块都来自node_modules文件夹；
- 新代码块大于30KB（min+gziped之前的体积）；
- 惰性加载的代码块，并行请求最大数量应该小于或等于5；
- 初始加载的代码块，并行请求最大数量应该小于或等于3。

项目 my-vue 本身代码量不多，否则将会根据以上这些规则进一步地分割并打包成更多的文件；另外，node_modules 中的依赖库被单独打包成另一个文件也是 Webpack 所推崇的最佳实践，更有利于对其进行缓存处理。

现在，大家已经对 Webpack 打包的工作机制有所了解，当用户通过浏览器进行访问时，编译后的静态资源将会被全部下载下来。当项目变得更为复杂时，单页应用程序在初始化阶段所加载的静态资源将越大，浏览器下载和解析它所花费的时间就越长，用户关闭网站的可能性也就越大。因此，仅仅依靠 Webpack 默认的优化机制远不及线性增长的功能复杂度。

7.1.2　惰性加载

当需要添加新特性或优化前端应用程序时，如何才能减小包的大小呢？笔者给出了答案——惰性加载和代码分割。

顾名思义，惰性加载就是延迟加载应用程序的某些部分。换句话说，只有在真正需要的时候才加载它们。代码分割就是将应用程序中需要被惰性加载的异步代码分割剥离成独立的块。

惰性加载使得打包工具能够区分同步模块和异步模块的差异，从而使打包分割变得更容易和精细化。只提供所需的部分，用户就不会浪费时间下载和解析不使用的代码。

7.1.3 动态导入

要想使用 Webpack 惰性加载应用程序的某些部分，先复习一下默认的导入 JavaScript 模块的标准方式。

```
# 标准静态导入 JavaScript 模块示例
// main.js
import ModuleA from './模块_a.js'
ModuleA.doSomething()
```

它将作为 main.js 的一个节点被添加到依赖关系图中，并与之绑定。但是，如果只在某些情况下需要模块_a.js，如对用户交互的响应，而这个模块已经与其他的 JavaScript 文件编译为一个包，就需要一种方法来告诉应用程序何时应该下载这段代码。

这就需要使用动态导入的语法来达到这个目的。现在看看下面的例子。

```
# 动态导入 JavaScript 模块示例
//main.js 项目入口
const ModuleA = () => import('./模块_a.js')
// 当用户在交互响应时会触发调用
ModuleA()
  .then({ doSomething } => doSomething())
```

上面的例子并没有直接导入模块_a.js，而是创建了一个返回 import() 的 promise 异步函数。现在 Webpack 将动态导入模块的内容捆绑到一个单独的文件中，除非函数被调用，否则不会触发导入及下载该模块。

值得一提的是，Webpack 是如何获悉动态导入的语法来转换为这样惰性加载的机制呢？答案是使用插件 @babel/plugin-syntax-dynamic-import。很荣幸在第 6 章中我们已经安装并使用了它。接下来，笔者将介绍在 Vue.js 中如何借助惰性加载来优化加载性能的方方面面。

7.1.4 异步组件

在开始创建异步组件之前，先回顾一下通常如何加载组件。

```
# my-vue-webpack/src/components/HelloWorld.vue
<template>
  .......
```

```
  <Form></Form>
  ......
</template>
<script>
import Form from '@/components/Form'
export default {
    name: 'HelloWorld',
    components: {Form},
    ......
}
```

Form 组件将在应用程序启动运行时就会被加载。

对于一个简单的应用程序来说，这听起来可能不是一个大问题，但是考虑一些更复杂的场景，如在天猫商城购物。假设用户将商品添加到购物车中，然后想要结账，因此单击“购买”按钮，此时页面将呈现一个包含所选项目的所有详细信息的对话框。使用上面的方法，这个对话框已经被包含在网站首页中，用户只在单击“购买”按钮时才需要该组件，在加载这个可能未使用的组件时浪费资源是没有意义的。

为了提高应用程序的效率，此时可以结合使用延迟加载和代码分割技术。延迟加载就是延迟组件的初始加载。读者可以在像天猫商城、汽车之家等主流网站上看到延迟加载的效果，在这些网站上，图片是在需要时才会被加载的。结合 Webpack 所提供的代码分割特性允许将代码分割成各种包，然后可以根据需要加载它们。

在 Vue.js 中，同样可以使用动态导入的技术来满足这类场景。它将返回一个包含所请求组件的 Promise。由于导入的是一个接收字符串函数，可以很容易地使用表达式加载模块。目前主流的浏览器均已支持动态导入。首先，通过实际的具体例子来了解静态导入与动态导入的区别。

```
# my-vue-webpack/src/components/HelloWorld.vue
<template>
  .......
  <Form></Form>
  ......
</template>
<script>
// import Form from '@/components/Form'    # 默认静态导入方式
const Form = () => import("@/components/Form")  # 动态导入方式
export default {
    name: 'HelloWorld',
    components: {Form},
    ......
}
```

通过一句表达式，很容易地将 Form 从静态组件转变为异步组件，甚至还能为异步组件加入一些判断逻辑，使得它有条件地进行异步加载。

```
# 包含条件的异步组件加载示例
    <Form v-if="true"><Form/>
```

在上面这段示例中，组件只有在符合条件的情况下才会被呈现在模板中，这时才会被调用，因为它并没有添加到 DOM 中（但是当值变为 true 时就会动态导入，这是一种有条件地延迟加载 Vue.js 组件的最佳实践）。

7.1.5　异步路由

先前笔者使用 vue-router 将项目 my-vue 自然地分割成单独的页面。每个页面都是与某个特定 URL 路径相关联的路由。正如聪明的读者所注意到的那样，根据项目的导航路径可以判断，用户访问项目的第一个页面通常是根路径“/”，然后才根据不同的习惯进行下一步的导航。

目前遗憾的是路径都被 Webpack 在编译的时候被构建在同一个包中。无论用户访问哪条路径，它们都会在初始化时被下载。可以想象假设这个应用程序会变得越来越大，任何新添加的功能都意味着在首次访问时下载更大的包。这是不可接受的。

我们完全可以像异步加载组件一样来针对路由加入延时加载的特性。只需要使用动态导入的语法为每个路由异步导入对应的组件即可。

```
# my-vue-webpack/src/router/modules/form.js      # 动态路由导入示例
// import Form from '@/components/Form'
const Form = () => import("@/components/Form")
# my-vue-webpack/src/router/modules/helloworld.js    # 动态路由导入示例
// import HelloWorld from '@/components/HelloWorld'
const HelloWorld = () => import("@/components/HelloWorld")
# my-vue-webpack/src/router/modules/helloworld.js    # 动态路由导入示例
// import OpenSource from '@/components/OpenSource'
const OpenSource = () => import("@/components/opensource")
```

只需要传递一个动态导入函数即可，而不是直接将组件导入 route 对象。只有在解析给定路由时，路由组件才会被下载。

按路由划分代码是减少及保持最初下载的包大小最好（也是最简单）的方法。接下来，我们将学习 Vuex 存储和单独组件的异步加载技术，这些功能都可以从主包中删除并延迟加载。

7.1.6　大型项目中异步 Vuex 解决方案

在前面，大家学习了功能强大到足以显著提高应用程序性能的模式——按路由拆分代码。虽然每个路由分割代码非常有用，但是在用户访问项目中的站点路径之后，仍然有很多代码是不需要的，如状态管理（Vuex 模块）。用户在访问当前页面时，同样不需要加载其他页面或组件的状态管理模块。

下面是在先前项目 my-vue 中静态导入 Vuex 的例子。

```
# my-vue-webpack/src/store/index.js    默认静态注册 Vuex 各个状态模块的示例
import form from './modules/form'
const store = new Vuex.Store({
    modules: {
        form
    },
})
```

尽管这个项目仅仅只维护了一个状态管理，对于整体包的大小可能显得微不足道，但试想在真实项目中，管理大量的数据状态也是稀疏平常，例如下面是笔者曾经开发过的电商订单管理平台例子。

```
# 真实项目的 Vuex 案例
const store = new Vuex.Store({
  modules: {
     login,              //  用户登录数据状态
     form,               //  表单数据状态
     permission,         //  用户权限相关数据状态
     tickets,            //  订单状态管理
         goods,          //  商品状态管理
     pays,               //  支付相关的数据状态
     ......
  },
})
```

可以想象这些模块的内容非常多。尽管最终可能只会被一小部分用户使用，而且由于静态 Vuex 模块都会在 Vue 的根实例中集中注册，它的所有内容连同项目源代码都将被编译成一个包。这显然不是大家所期望的结果，与静态模块相对的动态模块可以在 Vuex Store 创建后异步注册。这种简洁的功能意味着不需要在应用程序初始化时下载状态管理的代码，而是可以将其编译在不同的代码块中，并在需要时延迟加载。

不过异步状态管理的实现以及考虑的情况会更复杂一些，因为需要尽可能地确保在引入动态注册机制的同时不会造成管理 Vuex 时彻底失控。 在这里，笔者并不是分享一些最佳实践，而是通过一些经验讨论异步注册如何在大型项目中处理 Vuex 各个状态模块，跨组件复用以及如何重新实例化单个状态模块，以便更好地进行隔离。

接下来，继续改进 my-vue 项目，首先笔者需要去除原本静态加载注册的代码，如下所示。

```
# my-vue-webpack/src/store/index.js
import Vue from 'vue'
import Vuex from 'vuex'
// import form from './modules/form'    # 取消原先的默认注册 Vuex 模块
Vue.use(Vuex)
const store = new Vuex.Store({
    //modules: {    # 取消原先的默认注册 Vuex 模块
    //    form
    //  },
})
export default store
```

现在，笔者需要让状态管理模块form注册为动态的Vuex模块并支持命名管理的规则，如下所示。

```
# my-vue-webpack/src/store/modules/form.js
const namespaced = true;    # 支持命名空间的定义
const form = {
    namespaced,        # 支持命名空间的定义
    ......
}
export default form
```

为什么要在此时加入模块命名空间的支持？一方面，给模块定义独立命名规则可以防止 Vuex 模块之间发生冲突，并能更好地理解流程和数据在哪里被操作；另一方面，在使用动态注册时，需要告诉 Vue.js 哪些 Vuex 模块与其相对应的组件建立起关联。

Vue.js 提供了一种 registerModule() 函数来异步注册模块的方法。

```
// 用于模块注册的方法示例
store.registerModule('模块名', {    // ... })
// 用于模块注册卸载的方法示例
store.unregisterModule('模块名')
```

注册和卸载注册模块的方法本身并不复杂，但对于大量的 Vuex 模块还有一些问题需要考虑。例如，项目 my-vue 是一个页面很少的应用程序，其中每个页面都有相应的组件，其中 app.vue 以及 components/Form.vue 都会复用一个 Vuex 模块 form，但是要记住数据的隔离（因为不同的组件可能有不同的行为）。

由于组件不同，而我们要使用的状态管理模块是相同的，所以为了避免为每个组件注册一个支持异步的 Vuex 新实例（在拥有诸多 Vuex 模块的项目中，需要为 *m* 个组件注册 *n* 个模块），笔者需要定义一个公共的注册异步 Vuex 的模块，如下所示。

```
# my-vue-webpack/src/utils/register.js
```

```
import formModule from '../store/modules/form';
export default (name, store) => {
store.registerModule(name, formModule);
};
# my-vue-webpack/src/utils/componentWithDynamicVuexModule.js
import register from './register';
export default (name) => {
    return {
        created: function () {
            const store = this.$store;
            if (!(store && store.state && store.state[name])) {
// 在当前组件中 Vuex 模块如果不存在，就会进行动态注册
                register(name, store);
            } else {
                console.log('reusing module: ${name}');
            }
        },
    }
};
```

笔者在项目根目录中新建了utils目录用于存放动态注册Vuex的公共模块。在上面的代码示例中，笔者使用created钩子来注册新模块，并映射组件中的状态及操作。此外，还需要检测Vuex模块是否已经存在，如果已经存在，那么就可以完全复用它。如果深入观察代码，这里只有在Vuex模块不存在的情况下才会注册它，而当其模块存在时，并没有任何改变，组件将继续使用保存状态下的实例。

这种方法的主要优点是易于让许多组件依赖于相同的Vuex模块（每个组件都会被重新实例化），并确保数据的一致性。而且它基本上是一种让Vuex模块中各个状态处理拥有自行解决其原子性的能力，这对异步Vuex极为有用。

现在尝试着在相关组件中来动态注册状态管理模块form即可。

```
# my-vue-webpack/src/app.vue
<script>
import {mapState, mapgetters} from 'vuex'
    import dynamicVueModule from './utils/componentWithDynamicVuexModule'
    const name = 'form'  // 这里定义全局的 Vuex 模块名
    export default {
        extends: dynamicVueModule(name),
    // 这里的 extends 表示用来继承类 dynamicVueModule 的所有方法
        name: 'app',
        computed: {
            ...mapState(name,{
```

```
                formData: state => state.formData
            }),
            ...mapgetters(name, ['isMostFavour']),
            fromFormWithStore() {.
                return this.formData
// 这里不再指定 this.form.formData，而是使用更加简洁的表达方式
            },
            ......
        },
......
    }
</script>
<script>
import { mapMutations, mapActions } from 'vuex'
import dynamicVueModule from '../utils/componentWithDynamicVuexModule'
const name = 'form';
export default {
    name: 'Form',
    props: {
        selectOptions:Array   // 支持String、Number、Boolean、Array、Object、Function、Promise
    },
    extends: dynamicVueModule(name),
    data() {
      return {
        demoForm: {
          message: '',
          favour: ''
        },
      }
  },
   methods: {
     ...mapMutations(name, ['updateFormData']),
     ...mapActions(name,['postFormData']),
     ......
  },
}
</script>
```

笔者不仅通过公共注册模块实现了异步 Vuex，还对项目 my-vue 中所有能被惰性加载的代码进行了异步处理，现在将 npm run build 重新编译如下。

```
# 经过异步 Vue.js 处理的编译结果
Hash: b6bd2cc8194bf48b9b9c
Version: webpack 4.34.0
Time: 3223ms
Built at: 2019/06/25 下午 8:20:36
                           Asset          Size  Chunks             Chunk Names
css/1.b6bd2cc8194bf48b9b9c.css       168 bytes       1  [emitted]  app
css/4.b6bd2cc8194bf48b9b9c.css       175 bytes       4  [emitted]
favicon.ico                          4.19 KiB           [emitted]
index.html                           771 bytes          [emitted]
js/0.chunk.20bf48e3eb774198c246.js   1.99 KiB        0       [emitted]
js/1.chunk.7f33ca66ca91e5c126bb.js   11.6 KiB        1  [emitted]  app
js/1.chunk.7f33ca66ca91e5c126bb.js.gz  8.15 KiB         [emitted]
js/3.chunk.a61239220230b54ecc4f.js   102 KiB         3 [emitted] vendors~app
js/3.chunk.a61239220230b54ecc4f.js.gz  34.8 KiB         [emitted]
js/4.chunk.158b57ff49c96ea094c4.js   3.86 KiB        4  [emitted]
js/5.chunk.35e54d24c16b48153db8.js   408 bytes       5  [emitted]
js/runtime.bundle.7a8fbba30664d0cb8d47.js   3.06 KiB   2 [emitted] runtime
Entrypoint app = js/runtime.bundle.7a8fbba30664d0cb8d47.
    js js/3.chunk.a61239220230b54ecc4f.js css/1.b6bd2cc8194bf48b9b9c.css
    js/1.chunk.7f33ca66ca91e5c126bb.js
```

对照第 6 章未优化的编译结果，很明显最终编译出来的包尺寸减小了，而且包的数量也增加了，如图 7.2 所示。

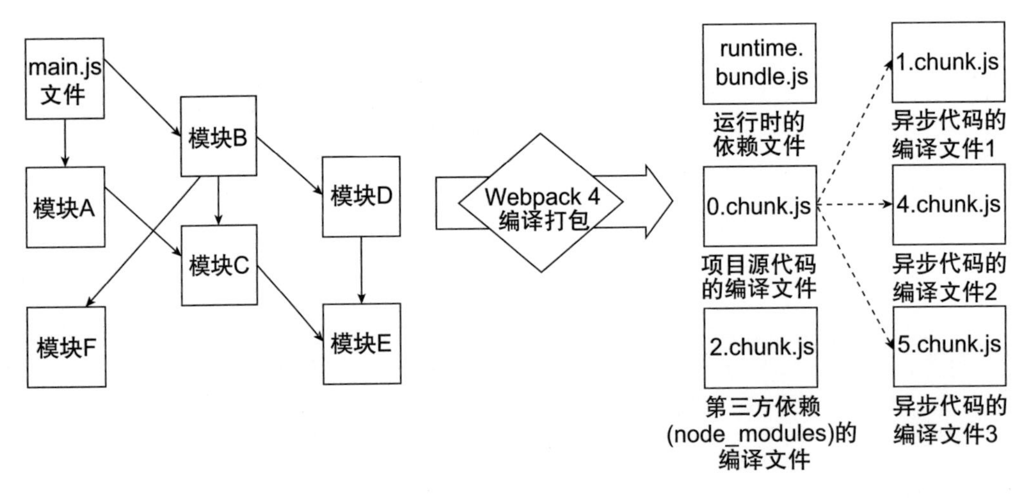

图 7.2　支持惰性加载的打包结果

得益于 Webpack 4 所提供的默认优化机制，每个异步代码都被单独分割为一个文件。大家可以试着从 Chrome 浏览器的开发工具 Network 中观察到，首次用户进行访问时，浏览器在初期只会加载当前页面所需要的静态资源，然后随着访问不同的导航路径，相应组件的代码也会随之下载下来。异步 Vuex 是一个非常强大、灵活的工具。在应用程序中处理与数据相关的操作越多，编译后的包尺寸也就节省得更多。

7.1.7　打包优化中的反模式

前面笔者演示了在 Vue.js 项目中使用惰性加载来进一步提升网页的加载速度，事实上它已经能帮助我们达到非常好的预期。但细心的读者很容易在 7.1.6 节的编译结果中发现，虽然项目源代码的包尺寸变小了，那么是否还需要进一步减小 5.chunk.js 包尺寸（通过 Chunk Name 得知该包是所有第三方依赖库 node_modules 的编译文件）？在多数情况下，用户无须关心这个问题，因为依靠缓存技术可以使用户避免在多次加载页面时重复下载该文件。

不过当项目一旦再次添加删除一个或多个新的依赖库时，用户将不得不重新下载整个 5.chunk.js 文件。久而久之，这个问题就会成为网站加载速度的瓶颈。如果能实现一种每次当开发过程中更新依赖库后，用户打开网页时，只需要下载相应所更新的依赖库，那该多好。

这就是笔者将要与大家分享的打包优化中的反模式。所谓反模式，就是指把存放所有依赖库（node_modules）的一个包，以“库”为单位进一步分单独割为多个小包，初期依然利用缓存机制将这些包统一缓存，而且这些依赖库通常情况下不会变，因此被编译后文件名的散列值也不会变，然后每次添加依赖库的时候，Webpack 会编译出一个新包，用户访问时自然而然只会下载新的依赖库代码。

为了达到这个目的，就得“打破”Webpack 本身的打包优化机制。Webpack 4 提供 cacheGroups 选项来覆盖默认的规则进行个性化配置，如下所示。

```
# my-vue-webpack/build/webpack.prod.config.js  cacheGroups 配置示例
splitChunks: {
chunks: 'all',
    maxInitialRequests: Infinity,  # 指定入口文件最大的并发请求数，这里定义为无限大
    minSize: 0,             # 定义新代码块的最小体积
    cacheGroups: {          # 定义代码分割的规则
        vendor: {           # 指定 chunkname，用来标识某个代码块的作用
# 定义代码块的匹配范围规则，这里会搜索目录 node_modules
            test: /[\\/]node_modules[\\/]/,
            name(module) {  # 寻找每个模块名，使得最终每个包都会生成相应的文件名
                const packageName = module.context.match
                        (/[\\/]node_modules[\\/](.*?)([\\/]|$)/)[1];
              return `npm.${packageName.replace('@', '')}`;
            },
        },
    },
},
```

缓存组(cacheGroups)用于为Webpack定义代码分割规则,块被分组后并编译输出为最终的文件。这个例子中有一个名为 vendor 的代码块,它将用于从 node_modules 加载的任何模块。接着使用一个 name() 函数,它将分别调用每个解析后的文件,然后从模块路径返回包的名称。因此,最后为每个依赖库生成一个文件(包)。下面笔者再次运行 npm run build 看一下编译结果有何不同。

```
# 依赖库反模式的编译结果
Hash: c7dc115af6ced0ba84e5
Version: webpack 4.34.0
Time: 4668ms
Built at: 2019/06/26 上午12:23:34
                    Asset          Size      Chunks       Chunk Names
   css/1.c7dc115af6ced0ba84e5.css    168 bytes    1  [emitted]  app
  css/11.c7dc115af6ced0ba84e5.css    175 bytes    11  [emitted]
                   favicon.ico    4.19 KiB     [emitted]
                    index.html    1.29 KiB     [emitted]
js/0.chunk.20bf48e3eb774198c246.js    1.99 KiB     0  [emitted]
js/1.chunk.3bdd87a7b2d2a9ab723a.js    11.6 KiB     1  [emitted]  app
js/1.chunk.3bdd87a7b2d2a9ab723a.js.gz   8.16 KiB     [emitted]
js/11.chunk.0af730af42ec2382eefc.js   3.86 KiB     11  [emitted]
js/12.chunk.6ee05c287cbb037e9a04.js   409 bytes    12  [emitted]
js/2.chunk.a8d6a8b3a845fdb85a69.js    1.7 KiB      2 [emitted]  npm.process
js/3.chunk.f7776caac4787f8ab097.js    1.7 KiB      3 [emitted] npm.setimmediate
js/4.chunk.a80af000484303943c18.js    1.11 KiB     4 [emitted]  npm.timers-
browserify
js/5.chunk.282a1976e1179a8000f3.js    63.1 KiB     5  [emitted]  npm.vue
js/5.chunk.282a1976e1179a8000f3.js.gz   22.7 KiB     [emitted]
js/6.chunk.9162d68711806f420c38.js    844 bytes    6  [emitted]  npm.vue-loader
js/7.chunk.c8a54b89effedca31ec3.js    24.2 KiB     7 [emitted]  npm.vue-router
js/7.chunk.c8a54b89effedca31ec3.js.gz   8.49 KiB     [emitted]
js/8.chunk.810076beea83d4400940.js    9.73 KiB     8  [emitted]  npm.vuex
js/9.chunk.91fc94323aa6779ee501.js    210 bytes    9  [emitted]  npm.webpack
js/runtime.bundle.422d3cea52254f12c149.js  3.06 KiB    10  [emitted]  runtime
Entrypoint app = js/runtime.bundle.422d3cea52254f12c149.js
    js/2.chunk.a8d6a8b3a845fdb85a69.js js/3.chunk.f7776caac4787f8ab097.js
    js/4.chunk.a80af000484303943c18.js js/6.chunk.9162d68711806f420c38.js
    js/7.chunk.c8a54b89effedca31ec3.js js/5.chunk.282a1976e1179a8000f3.js
    js/8.chunk.810076beea83d4400940.js js/9.chunk.91fc94323aa6779ee501.js
    css/1.c7dc115af6ced0ba84e5.css js/1.chunk.3bdd87a7b2d2a9ab723a.js
```

从上面的 Chunk Names 可知，笔者增加了代码分割的规则后，每个依赖库都被单独打包成了一个小文件。反模式不仅能够优化针对依赖库的加载速度，而且使得我们对包尺寸的优化又更进一步。那么为什么包的尺寸比包的数量更重要？首先当用户访问网页时，初始化加载本身并不慢。因为所有文件都是并行下载的，外加 HTTP 2 的助力，因此相比过去，浏览器的并发能力会大幅提高。

试想一下，假如这里并不做任何的代码切割，所有的源代码和依赖库都被编译成两个文件。包的数量变小了，而其尺寸却变得额外巨大。此时浏览器下载资源就会出现阻塞现象。

在本节中，笔者演示了如何使用异步组件和 Webpack 的代码分割技术在应用程序初始呈现后按需加载页面的部分内容。使其初始加载时间保持在最小，并给整个前端项目一个更流畅的用户体验提供了良好的开端。

7.2　图片惰性加载的实现原理

图片，作为目前所有网页必备及重要的媒体资源，随着高清显示屏的大量普及，其清晰度和尺寸也不断地占用人们大量时间和网络流量来加载。作为现代 Web 开发人员，除了诸如图片压缩、CDN 加速等常规优化手段之外，更具有意义的做法是用 7.1 节所提到的惰性加载机制来延迟加载它们。

什么时候延迟加载图片才有意义？如果一个图片在页面的顶部，它很可能从一开始就是可见的。在这种情况下，不需要延迟加载图片。但是，如果一个图片只有在滚动之后才可见，或者它是列表或网格的某一部分，那么延迟加载图片是有意义的。其实这与惰性加载的理念是相通的。

作为一种流行的解决方案，开源社区中已经存在不少知名的第三方库，如 vue-lazyload。下面笔者将向大家介绍图片惰性加载的实现原理以及如何在 Vue.js 中运用它。

7.2.1　IntersectionObserver API 介绍

过去，检测页面上元素的可见性是非常困难的。开发人员需要自己实现它，结果不仅性能上很糟糕，而且实现逻辑非常复杂，导致很容易出错。

谷歌公司在其自家浏览器引擎 Chromium 率先推出 IntersectionObserver API，它以一种非常简洁和高效的方式解决了这个问题。其中内置了一个生产者 / 消费者的订阅模型，使其可以观察到当一个元素进入某个“可视范围”（viewport）内，它会被自动通知进行处理，这里有一个简单的例子。

```
# IntersectionObserver API 使用示例
const observer = new IntersectionObserver(entries => {
  const targetDiv = entries[0];
  if (targetDiv.isIntersecting) {
    // Do something cool here
  }
```

```
});
const rainbowDiv = document.querySelector("#targetDiv");
observer.observe(rainbowDiv);
```

首先创建一个 IntersectionObserver 实例，将 entries 回调作为订阅通知进行传递。在这里，笔者用 isIntersecting 方法检查它是否与 targetDiv 相交，最后必须调用 observer 方法进行元素的监测观察，在该方法中可以传递一个或多个元素。可能读者已经注意到，entries 回调接收到一个以数组作为对象的条目，这意味着我们可以观察多个元素。

7.2.2 在 Vue.js 中如何实现

现在看看在 Vue.js 中如何实现，笔者在项目 my-vue 中加入了 LazyImage 组件。

```
# my-vue-webpack/src/components/LazyImage.vue
<template>
<img:src="srcImage"/>
</template>
<script>
    export default {
        name: "LazyImage",
        props: ['src'],
        data() {
            return {
                observer: null,
                intersected: false
            }
        },
        computed: {
            srcImage() {
                return this.intersected ? this.src : '';
            }
        },
        mounted() {
            this.observer = new IntersectionObserver(entries => {
                const image = entries[0];
                if (image.isIntersecting) {
                    this.intersected = true;
                }
            });
            this.observer.observe(this.$el);
        },
```

```
    }
</script>
```

笔者在 mounted 钩子中创建了 IntersectionObserver 的实例，this.$el 表示当前组件传递给 observe 方法用来作为观察者。确保当前组件已经被附加到 DOM 节点中后，在计算属性 srcImage 中定义 intersected 属性，使其作为特定的标识，这样当它与“可视区”相交时将返回动态属性 src 的实际值，若没有，则返回一个空字符串，浏览器将不会加载任何数据。

7.2.3 性能之谈

需要大家记住，观察元素的时候是有一些内存消耗和 CPU 计算，这就是为什么在不需要的时候应该停止观察它们。因此，在 IntersectionObserver 实例中有几个方法可以在不同的情况下使用。

- unobserve：停止观察某个元素。
- disconnect：停止观察所有元素。

因为在这个例子中只有一个元素，因此无论是 unobserve() 方法还是 disconnect() 方法，它们都能很好地工作。下面是更完整的例子。

```
# my-vue-webpack/src/components/LazyImage.vue
<template>
 <img :src="srcImage"/>
</template>
<script>
    export default {
        name: "LazyImage",
        props: ['src'],
        data() {
            return {
                observer: null,
                intersected: false
            }
        },
        computed: {
            srcImage() {
                return this.intersected ? this.src : '';
            }
        },
        mounted() {
            this.observer = new IntersectionObserver(entries => {
                const image = entries[0];
                if (image.isIntersecting) {
```

```
                    this.intersected = true;
                    this.observer.disconnect();
                }
            });
            this.observer.observe(this.$el);
        },
        destroyed() {
            this.observer.disconnect();
        }
    }
</script>
```

在上面的例子中，还需要说明的是在定义了 this.intersected = true 之后就会停止观察，因为图片已经加载到那个点，继续观察将没有意义。此外，如果一个组件被销毁，那么观察它同样是没有意义的，这就是为什么笔者还添加了 destroyed() 钩子，以便在这种情况发生时停止观察它。

如果读者想尝试使用 LazyImage 组件，可以在项目 my-vue 的 HelloWorld 组件中引用它，并指定一个 URL 图片地址，就像下面这样。

```
# my-vue-webpack/src/components/HelloWorld.vue
<template>
   <div>
        ......
        <lazy-image :src='lazyImage'></lazy-image>     // 在组件的末端处引用 LazyImage 组件
                                   </div>
   </template>
<script>
......
    const LazyImage = () => import("@/components/LazyImage")    // 导入 LazyImage 组件
    export default {
        ......,
        components: {Form, LazyImage},            // 注册 LazyImage 组件
        ......
        data() {
            return {
               LazyImage: ''  // 这里可以定义图片地址
               ......
            }
        ......
</script>
```

运行它，然后在浏览器的 DevTools 中打开 Network 选项卡，用户将看到图片在进入可视区

时被加载。

IntersectionObserver 作为较为底层的 API，虽然还没有完全被所有现代浏览器支持，但通过惰性加载图片确实可以提高页面性能。不单单是图片，IntersectionObserver 甚至还可以运用在用户希望达到惰性加载目的的任何元素中，如在 7.3 节中将介绍的笔者的开源项目 vue-lazyload-text。

7.3　大文本惰性加载实战

在某些场景下，服务器端会直接返回一些超大的文本数据，用于在浏览器中显示。面对突如其来的海量数据，JavaScript 的单线程机制很容易造成页面卡顿或浏览器因内存溢出而崩溃。此时可以考虑在 HTML 的文本输出区域引入“惰性加载”机制。

笔者基于 IntersectionObserver API 实现并开发了一款高性能的开源文本惰性加载的插件——vue-lazyload-text，或许该插件可以作为这类问题的解决方案之一。vue-lazyload-text 的实现机制如图 7.3 所示。

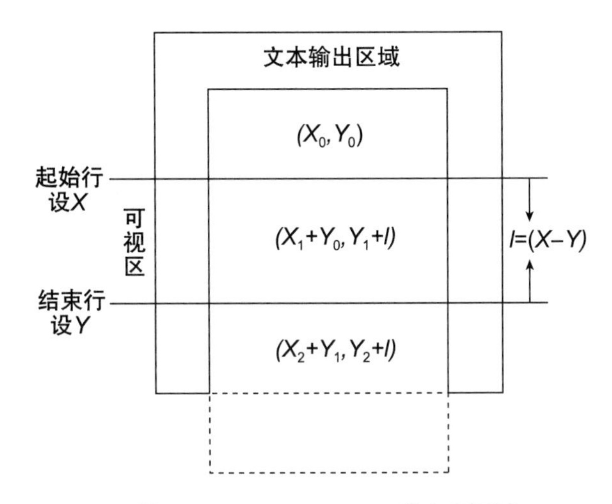

图 7.3　vue-lazyload-text 的实现机制

vue-loazyload-text 将大文本切割为以“行”作为间隔的文本块（段落），其中文本块分为“起始行”（设为 X）和“结束行”（设为 Y），当用户通过滚动条变换可视区时，插件会计算出两者之间的距离，即“行距”（设为 I），内部会将其作为“交叉比例”控制可视区的范围。

每次只要进入可视区，浏览器都会告知服务器端获取该文本块的数据，然后目标元素会立即触发“观察器”，并将数据显示在可视区内，同时再次根据交叉比例计算出下一段起始行和结束行的位置并将回调信息通知给浏览器以继续向服务器端接收下一段文本块的数据。

整个实现机制并不复杂，现在可以尝试下载安装它。

```
npm install --save-dev vue-lazyload-text
```

和其他 Vue .js 插件一样，vue-lazyload-text 需要在根实例中注册。

```
import Vue from 'vue'
import VueLazyloadText from 'vue-lazyload-text'
Vue.use(VueLazyloadText)
```

笔者在该插件中提供了两种在文本区域中引入惰性加载的方式，下面向大家分别介绍如何使用它们。

7.3.1 定制组件

插件 vue-loazyload-text 包含了一个已经被封装好的惰性加载文本组件。开发人员只需要像下面这样直接在项目中引用。

```
# 插件 vue-loazyload-text 提供的组件说明
<template>
<lazy-text :src="bigText" @getScope="textScope"></lazy-text>
</template>
<script>
import LazyText from 'vue-lazyload-text/src/components/lazy-text'
export default {
    components: {
      LazyText,
   },
</script>
```

在上面的代码中，组件 <lazy-text/> 对外提供了属性 src，用来每次接收文本块数据；还提供了 getScope() 事件，当观察者计算出下一个文本块的范围后将起始行和结束行回调至该事件中。除此之外，组件 <lazy-text/> 还提供了其他属性和方法，以便于开发人员进行个性化配置。表 7.1 和表 7.2 是完整的参数及方法说明。

表 7.1 属 性

参 数	说 明	类 型	默认值
src（必填）	接收文本数据	string	
separator	换行符	string	“\n”
intervalLine	行距	number	10
defer	延迟触发观察者	number	2 000（单位：毫秒）
bgColor	背景色		“rgba（0, 150, 0, 0.75）”

表 7.2 事 件

参 数	说 明	参 数
getScope	用来接收文本范围的起始行和结束行	startLine, endLine

7.3.2　指令：v-lazyload-text

用户还可以在诸如 HTML 的 <output/> 元素的外层直接使用指令 v-lazyload-text，使得文本输出在任何时候都可拥有惰性加载的能力。

```
# 插件 vue-loazyload-text 提供的指令说明
<template>
    <div class="styleClass" v-lazyload-text="{ src:bigText }" @getScope="textScope">
        <output></output>
    </div>
</template>
```

同样，指令 v-lazyload-text 提供了与组件一样的个性化属性和事件。

```
# v-lazyload-text 指令示例
<div class=" styleClass " v-lazyload-text="{ src: bigText, separator:separator,
     intervalLine:intervalLine }"
     @getScope="textScope">
         <output></output>
</div>
```

同样，指令 v-lazyload-text 提供了与组件一样的个性化属性和事件（见表 7.3 和表 7.4）。

表 7.3　属　　性

参　　数	说　　明	类　　型	默 认 值
src（必填）	接收文本数据	string	
separator	换行符	string	“\n”
intervalLine	行距	number	10

表 7.4　事　　件

参　　数	说　　明	参　　数
getScope	用来接收文本范围的起始行和结束行	startLine, endLine

7.3.3　与服务器端对接

读者可以直接从 https://github.com/boylegu/vue-lazyload-text 中下载该插件的源代码，其中在 example/demo 中会看到一些类似与服务器端交互的例子，在这里有几点需要注意。

- 每次服务器端在接收文本块的起始行和结束行时，需要自行在字符串中处理或截取其范围并返回给浏览器。
- 除了向服务器端获取数据之外，不应该向HTML的文本输出区域写入其他无关的数据。
- 由于网络原因，服务器端接口本身会出现响应不及时的情况，要确保插件在获取数据之后才会被触发，如可以设置组件提供的defer属性。

最后，可以在 https://boylegu.github.io/vue-lazyload-text/ 中查看该插件的实际效果。

7.4 优化资源优先级

先前笔者花了不少篇幅分享了关于打包分割及惰性加载的方方面面，但细心的读者可能会注意到，尽管每次访问新的组件或路径时，相应的代码才会被浏览器下载，但在这段代码块本身不小或者包分割的规则不合理的情况下，依然会存在页面不流畅导致用户体验不佳的隐患。那么有没有一种能够事先将包预下载至缓存中，而用户直接通过缓存来读取资源的方法呢？

HTML 5 提出了解决方案，即在获取前端资源的路径中打上一些特殊标记，从而通知浏览器在处理这些资源的时候应当按照优先级顺序进行下载，如下面的例子。

```
# 在 HTML 中包含资源优先级示例
<link rel="preload" href="1.js" as="script">
<link rel="prefetch" href="2.js" as="script">
```

正如示例所示，在 HTML 文档的头部获取两个请求资源时，分别标识两个声明性属性，即 preload 和 prefetch。

preload：它告诉浏览器尽快请求一个重要的资源。浏览器为资源分配了更高的优先级，并尝试在不延迟（通常在 window.onload 事件被触发之前）的情况下更快地下载。例如，对于一些与 CSS 有关的字体文件，用户通常希望在页面加载之前进行预加载。若有兴趣，读者可以查看目前各个浏览器关于资源优先级和调度的文档，了解对不同类型的资源进行优先级排序的信息。

prefetch：一旦浏览器完成对当前页面所需的所有资产的请求，带有该标识的资源就会以较低的优先级请求预取的资源。通常比较好的实践会选择在非首页外的页面导航中，使用 prefetch 请求不同路由所需的资源文件。

Webpack 4.6.0 及以上版本加入了对资源优先级的支持，为了简化配置，只需要安装插件 resource-hints-webpack-plugin 即可。

```
npm install --save-dev resource-hints-webpack-plugin
```

然后在 Webpack 生产配置中注册该插件。

```
# my-vue-webpack/build/webpack.prod.config.js        # 资源优先级配置
......
const ResourceHintWebpackPlugin = require('resource-hints-webpack-plugin');
......
plugins: [
  new HtmlWebpackPlugin(......),
```

```
  new ResourceHintWebpackPlugin()
]
```

上面的配置实际上包含了一些默认参数。

```
# resource-hints-webpack-plugin 使用示例一
plugins: [
  new HtmlWebpackPlugin({
    prefetch: ['**/*.*'],
    preload: ['**/*.*']
  }),
  new ResourceHintWebpackPlugin()
]
```

从中可以看出插件 resource-hints-webpack-plugin 其实是基于 HtmlWebpackPlugin 的扩展。这里使用的默认参数让全局的静态资源同时定义了 prefetch 和 preload。或许这并不合理，因此用户也可以针对部分文件进行个性化设置，像下面这样的例子。

```
# resource-hints-webpack-plugin 使用示例二
plugins: [
  new HtmlWebpackPlugin({
    prefetch: ['*.js', 'data.json'],
    preload: '*.*'
  }),
  new ResourceHintWebpackPlugin()
]
```

现在重新利用 npm run build 命令运行程序，运行后从浏览器的开发者工具选项卡 Elemennts 中观察到，资源优先级已经在正常工作，如图 7.4 所示。

图 7.4　资源优先级示例

这里需要注意的是，建议适量运用在资源中加入“优先级”的技术。因为过多地滥用这项技术很有可能适得其反，导致用户浪费了更多的流量去预加载不必要的静态资源。最后，使用预取（prefetch）还是预加载（preload），取决于资源和应用程序对用户体验的重要程度。

7.5 进击的性能 Web Workers

近年来，在浏览器中运行 JavaScript 应用程序的性能有了显著的提高，这主要得益于谷歌开发的 JavaScript 引擎（如 V8）。但是，随着这些 JavaScript 引擎速度越来越快，Web 应用程序的功能也变得越来越多。

例如，用户在客户端执行一些重要的计算任务（如在浏览器执行计算密集型任务）时，页面发生卡顿的情况并不少见。为了改善这种糟糕的用户体验，Web Workers 为开发人员提供了一种方法，使得浏览器在后台处理一些大型任务成为可能。

7.5.1 Web Workers 与线程

编写的 JavaScript 代码通常会在一个线程中执行。线程就像一个大的待办事项列表。用户编写的每个语句都作为一个任务添加到列表中，浏览器通过这个列表每次只会执行一个任务。单线程体系结构的问题是，如果一个特定的任务需要很长时间才能完成，那么其他所有任务都会被延迟到该任务完成之后，这就是“阻塞”。因此，使用单线程体系结构可能导致应用程序变慢，甚至完全没有响应。

Web Workers 提供了创建新线程的工具。通过有效地创建一个多线程架构，浏览器可以同时执行多个任务，尤其是在创建新的线程来处理大型任务时，可以确保应用程序保持响应。

7.5.2 在 Vue.js 中如何实现

当真正尝试亲自编写 Web Workers 代码时，恐怕其复杂程度足够让读者“从入门到放弃”，幸好 Vue.js 有一种更好、更便捷的实现方式——vue-worker，它是一个非常简单、易于理解的 API，封装了很多 Web Worker 本身的复杂性。下面笔者将分享在实际项目中如何运用它。

在项目 my-vue 根目录中安装它：

```
npm install vue-worker --dev-save
```

在根实例中注册它：

```
# my-vue-webpack/src/main.js
......
import VueWorker from 'vue-worker'
Vue.use(VueWorker);
......
```

现在各个组件都可以直接访问 this.$worker 对象。vue-worker 使用 .$worker.run（function，args[]）很容易创建额外的线程来处理任务。笔者在项目 my-vue 中新建 WebWorkers 组件。

```
# my-vue-webpack/src/components/WebWorkers.vue
<script>
export default {
  mounted() {
    this.$worker.run((arg) => {        // 创建新线程 1，并接收一个 arg 形参
      return 'Hello, ${arg}!'     // 返回 Hello, Vue
    }, ['Vue'])                   // 定义传入该线程的实参 'Vue'
    .then(result => {
      console.log(result)     // 输出 Hello, Vue
         // 任务处理
    })
    .catch(e => {
      console.error(e)
    })
// this.$worker.run(function, args[])      创建新线程 2
// this.$worker.run(function, args[])      创建新线程 3
......
  }
}
</script>
```

由上可知，使用 run 方法可以分别创建一个或多个线程，它的语法结构与 promise 非常相似。当然，学者为了便于开发人员创建及复用多个线程，还提供了一个工厂函数 Create()。

```
# my-vue-webpack/src/components/WebWorkers.vue
<script>
export default {
  data() {
    return {
      myWorker: null     // 用来指定获取 Web Workers 实例的属性
    }
  },
  mounted() {
     this.myWorker = this.$worker.create([     // 使用 create() 函数定义一个线
程池
          {message: 'message1', func: (arg) => `输出 1 ${arg}`},  // 创建线程 1
          {message: 'message2', func: () => 输出 2'}      // 创建线程 2
          // ......
```

```
    ])
    this.myWorker.postMessage('message1', ['Hello !'])
    // postMessage 用来指定哪些线程
    .then(result => {
      console.log(result)
    })
// this.myWorker.postAll() 指定线程池中所有的线程
  }
}
</script>
```

笔者在 mounted() 钩子中使用 .$worker.create() 方法来定义一个线程池，并且 .$worker.postMessage() 会触发相关线程来处理任务。另外，读者还提供了 postAll() 方法来触发线程池所有的线程处理任务。当该组件被挂载之后，线程池即会被创建运行。

7.5.3 Vue.js 多线程实战

7.5.2 节简单介绍了如何使用 vue-worker，本节会在此基础之上进行功能拓展，让 Web Workers 看起来更有用一些。假设有这样的需求：

- 通过单击按钮触发Web Workers创建“下载图片”的任务；
- 允许用户可自定义线程数进行并发处理；
- 计算每个任务处理时长。

首先，笔者先设计模板中的元素和所需要的相关属性，如下所示。

```
# my-vue-webpack/src/components/WebWorkers.vue
<template>
    <div>
      <img :src="pic"/>    // 定义显示图片区域
      <div>
      <span v-for="i in timeCosts">
         耗时 {{i}}ms ;       // 定义显示 " 下载时长 "
      </span>
          </div>
        <div>
            请选择线程数
            <select v-model="workerNum" @change="changeNum(workerNum)">
        // 定义用户可自定义线程数的下拉框
              <option v-for="value in options" :value ="value">{{value}}</option>
        </select>
            <button type="button" @click="Download">下载 !</button>  // 定义 " 下载 " 按钮
     </div>
```

```
    </div>
</template>
<script>
    export default {
        name: "WebWorkers",
        data() {
            return {
                pic: '',                    // 定义接收图片数据的属性
                timeCosts: [],              // 用来保存每次下载后的耗时时间
                myWorker: null,             // 用来指定获取 Web Workers 实例的属性
                options: [8,7,6,5,4],       // 定义下拉框的下拉选项
                workerNum: 4                // 定义下拉框默认值 4，即默认会创建 4 个线程
            }
        },
        methods: {
            changeNum(val){
            // 该方法记录当用户选择不同下拉选项时的值
            },
            Download() {
            // 该方法用于 Web Worker 的实际任务处理
            }
        }
    }
</script>
```

上面的例子是整个组件的骨架，包含了用户使用“下拉框”自定义线程数，单击“下载”按钮后，相关的图片会在特定的区域显示。用户可进行单次或多次下载，并且每次下载的耗时时间也会通过计算显示在页面中，下面是定义 Web Worker 线程池的例子。

```
# my-vue-webpack/src/components/WebWorkers.vue
<script>
let createWorkers = ((workerNum) => {      // 定义一个用来生成线程池的函数
// 将用户选择的线程数转换为数组
    let worksList = Array.apply(null, Array(workerNum)).map(function(x, y)
      { return y+1});
    let workers =worksList.map((x)=> {     // 预先定义好线程池数组以及图片下载地址
        return {message: 'message'+x, func: () => 'https://<图片地址>.png'}
    })
    return workers
})
export default {
```

```
        name: "WebWorkers",
        data() {
            return {
                pic: '',              // 定义接收图片数据的属性
                timeCosts: [],        // 用来保存每次下载后的耗时时间
                myWorker: null,       // 用来指定获取 Web Workers 实例的属性
                options: [8,7,6,5,4],  // 定义下拉框的下拉选项
                workerNum: 4          // 定义下拉框默认值 4，即默认会创建 4 个线程
            }
        },
mounted() {
// 在 DOM 被挂载后会预先创建一个默认的线程池
            let workers = createWorkers(this.workerNum)
            this.myWorker = this.$worker.create(workers)
},
......
}//export default end
</script>
```

在这个例子中，笔者将创建线程池的逻辑抽象为一个公共函数 createWorkers()，并接收参数 workerNum 作为用户自定义的线程数，该函数的主要作用是将线程数通过数组解析的形式转换为数组对象，然后以此使用 map 函数进一步解析。在这一过程中，我们将线程池的必要参数添加进去，最终将该函数的输出结果传递给 .$worker.create 方法。由于用户在加载页面后默认的线程数是 4，需要在 mounted 钩子函数中创建一个默认的线程池。

其后，在 Download() 方法中编写在线程中如何下载图片及计算耗时的任务逻辑。在此之前，先安装 axios 插件，它是目前 ES 2015 中非常流行的高性能 HTTP 客户端，它可以很容易地处理图片下载的需求，如下所示。

```
npm install axios --dev-save
```

考虑到 axios 并不是 Vue.js 框架下的第三方插件，所以需要将它作为 Vue.js 中的原型属性，如下所示。

```
# my-vue-webpack/src/main.js
import axios from 'axios'
......
Vue.prototype.$axios= axios
```

这样我们就可以在项目中使用 this.$axios 获取 axios 对象了，如下所示。

```
# my-vue-webpack/src/components/WebWorkers.vue
<script>
```

```
export default {
name: "WebWorkers",
        data() {
            return {
                pic: '',             // 定义接收图片数据的属性
                timeCosts: [],       // 用来保存每次下载后的耗时时间
                myWorker: null,      // 用来指定获取 Web Workers 实例的属性
                options: [8,7,6,5,4],  // 定义下拉框的下拉选项
                workerNum: 4         // 定义下拉框默认值 4，即默认会创建 4 个线程
            }
        },
methods: {
            Download() {
                this.myWorker.postAll()  // 通过 WebWorkers 实例触发线程池中所有线程
                    .then(result => {
                    let beginTime = +new Date();  // 一旦触发线程即计算开始时间
                    this.$axios.get(result, {       // 使用 axios 异步下载指定 URL 的图片
                        responseType: 'arraybuffer'
                        }).then((res) => {
                         // 将二进制数据流转为 Base64 并赋值给属性 pic
                                        this.pic = _imageEncode(res.data)
                                        let endTime = +new Date(); // 计算结束时间
                           // 附加至 timeCosts 数组中
                           this.timeCosts.push((endTime - beginTime))
                                        })
                    })
            }
}
......
}//export delault end
</script>
```

重点观察一下 Download() 方法都有哪些功能。和前面所介绍的一样，只不过这里笔者使用了 postAll() 方法触发线程池中所有线程，并计算了开始时间。随后使用 axios 将 URL 中的图片以二进制数据流的形式下载下来，为了避免下载后的图片再次向 URL 发起请求，这里使用 _imageEncode 方法将其转换为 Base64 编码，并传递给 pic 属性作为图片显示，如下所示。

```
# my-vue-webpack/src/components/WebWorkers.vue    二进制数据转换 Base64 示例
<script>
let _imageEncode = ((arrayBuffer) => {
    let b64encoded = btoa([].reduce.call(new Uint8Array(arrayBuffer),
```

```
      function (p, c) {
           return p + String.fromCharCode(c)
        }, ''))
        let mimetype = "image/jpeg"
        return "data:" + mimetype + ";base64," + b64encoded
    })
......
</script>
```

最后将计算好的结束时间附加至 timeCosts 数组中，在模板中，通过 v-for 指令把每次下载的耗时结果分别叠加显示在页面中。

现在任务处理的逻辑算是完成了，但当用户在下拉框中选择线程数后，系统并不会根据其选择而生成相应的线程池。所以，在下面的例子中还需要进一步完善代码。

```
# my-vue-webpack/src/components/WebWorkers.vue
<script>
export default {
        ......
    methods: {
          changeNum(val){
            this.myWorker = null   // 当用户每次选中新的线程数时，Web Workers 实例会被重置
            let workers = createWorkers(val)
            this.myWorker = this.$worker.create(workers)   // 重新生成新的线程池
          },
    ......
    }
}
......
</script>
```

用户在选择新的线程数后会触发 changeNum 事件，这里主要会根据新的线程数来生成新的线程池。

现在给该组件设置“路由器”，使其运行后，可以通过路径“/web-workers”进行访问，如图 7.5 所示。

当多次单击“下载”按钮后，用户在页面中会看到所对应的耗时时间也相继被显示。那么如何才能知道这些任务是否被 Web Workers 的线程池所处理？

Chrome 浏览器的开发者工具提供了一套完善的 Web Workers 调试技巧，如图 7.6 所示。

图 7.7 所示，在开发者工具的 source 选项卡中，笔者在右侧边栏的 Event Listener Breakpoints 选项卡针对 worker 进行事件断点的处理，随后在再次单击“下载”按钮后，一旦 Web Workers 创建新线程，就会触发断点。

从图 7.7 中可以看到，笔者刻意将线程数设置为 8，经断点后，右侧边栏的 Threads 会产生 8 条记录，分别代表不同线程的内存地址。

图 7.5　Vue.js 多线程示例

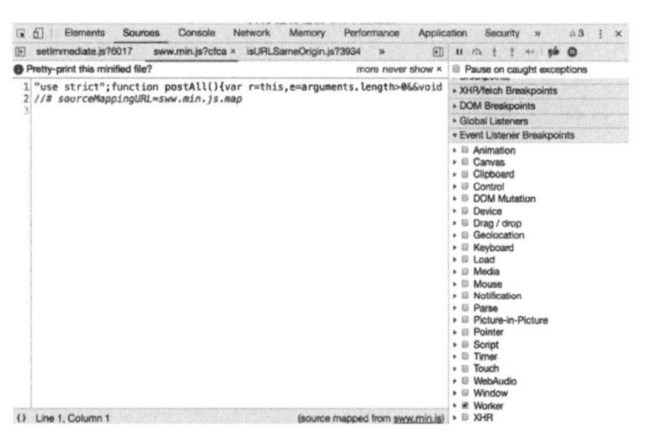

图 7.6　Web Workers 调试技巧

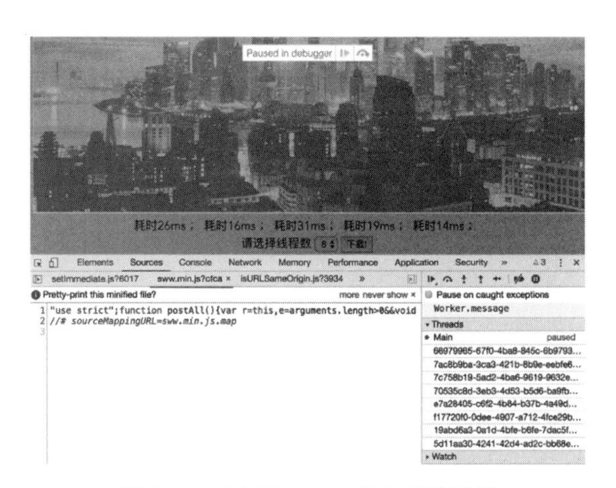

图 7.7　Web Workers 断点调试示例

尽管这个示例并不能说明 Web Workers 所带来的益处，但读者应该对使用多线程可能带来的性能影响有了一定的认识。真实情况是，越是计算密集型的任务，在多线程的方式中获益越多。

7.5.4　Web Workers 的限制

在享受 Web Workers 带来性能提升的同时，它们也有一些限制。

1. 同源策略

先前笔者使用较为简单的第三方依赖库 vue-worker 创建 Web Workers，或许不存在这类问题。但读者在使用诸如 worker-plugin 或 worker-loader 实现更底层的 Web Workers 代码时，需要注意项目程序必须与创建的 Web Workers 脚本来自同一个域。这一限制也适用于协议。例如，基于 HTTPS 的应用程序无法调用 HTTP 服务下的 Web Workers。

2. 调用限制

由于 Web Workers 运行在主应用程序线程之外，用户无法在新线程中直接获取或共享主线程中的资源，如无法访问 Vue.js 的 this 实例，除此之外，像以下对象都无法被访问：

- DOM节点；
- document对象；
- window对象；
- parent对象。

这里有一个小建议，如果 worker 包含需要更新数据至用户界面的任务，则可以考虑使用消息传递的方式在 worker 和主应用程序之间传递数据，然后主应用程序负责更新 UI。类似地，如果 worker 需要访问 document、window 或 parent 对象的数据，则需要通过 Web Worksers 中的 postMessage() 方法来发送数据。

3. 本地访问限制

Web Workers 无法在 file：// 下正常地工作，所以用户至少应该在本地搭建一个开发服务器，此时，Webpack 是一种很好的选择。

显然，上述这些限制并不会阻碍用户在前端项目中进行多线程开发，这为在程序中解决性能瓶颈的问题衍生出新的思路。借助多线程的力量，客户端拥有了边缘计算的能力，并构建出响应能力更强的应用程序。在此基础之上，一种新的前端技术革命开始崭露头角，即基于渐进式的网络应用——离线 Web。

7.6 离线优先 Service Worker

在开始之前，下面先向大家介绍一下什么是渐进式网络应用（PWA），简单地说，它试图将一个网站的可访问性、交互性与单机应用（没有连接互联网的单机软件）的功能及体验“去其糟粕，取其精华”地结合起来。这种现代 Web 技术的创新，极大地促进了互联网技术的发展，并有助于提高 Web 应用程序的质量。

Service Worker 是渐进式网络应用的核心（注意：Service Worker 需要通过 HTTPS 提供服务，否则浏览器将不会触发它们），也是最近几年在主流浏览器中引入的新型 API。通过它，用户可以在离线的情况下访问最新的网站内容，这在过去简直不可想象。

现在笔者将在项目 my-vue 中构建一个支持渐进式的“开源项目”列表，其中除了本书所涉及的知名开源项目之外，还包含笔者个人项目及相关描述。

首先新建一个组件 Projects.vue，如下所示。

```
# my-vue-webpack/src/components/Projects.vue
<template>
   <div class="project">
        <div class="projectsDetails">
            <img :src="list.imageUrl" :alt="list.title">
            <h4>{{ list.title }}</h4>
            <p>{{ list.description }}</p>
        </div>
   </div>
</template>
```

在上面的模板示例中，笔者希望未来的父组件可以向该组件传递一个 list 属性。因此，需要添加一个带有 props 属性的 Vue.js 对象，如下所示。

```
# my-vue-webpack/src/components/Projects.vue
<template>
 ......
</template>
<script>
     export default {
         name: "Projects",
         props: ['list'],
    }
</script>
```

为了使它看起来更像一个列表，需要为该组件添加一些基本的样式。

```
# my-vue-webpack/src/components/Projects.vue
<style scoped>
    .project {
         background: #F5F5F5;
         display: inline-block;
         margin: 0 0 1em;
         width: 100%;
         cursor: pointer;
         -webkit-perspective: 1000;
         -webkit-backface-visibility: hidden;
         transition: all 100ms ease-in-out;
    }
    .project:hover {
         transform: translateY(-0.5em);
```

```
            background: #EBEBEB;
        }
        img {
            display: block;
            width: 100%;
        }
</style>
```

由于这里没有连接到真实的后端服务器，需要为该示例创建一个 JSON 数据，其中包括这些开源项目的图片地址（建议这里指定支持 HTTPS 的图片链接）、标题及描述，如下所示。

```
# my-vue-webpack/src/db.json 示例
[
    {
        "imageUrl": "http://xxx.png",
        "title": "ECMAScript 2015",
        "description": "......."
    },
    {
        "imageUrl": "http://xxx.png",
        "title": "Vue.js",
        "description": "......."
    },
    {
        "imageUrl": "http://xxx.png",
        "title": "Webpack",
        "description": "......"
    },
    {
        "imageUrl": "http://xxx.png",
        "title": "javaScript",
        "description": "......"
    },
    {
        "imageUrl": "http://xxx.png",
        "title": "Python",
        "description": "......"
    },
......
]
```

接着，重写已有的 OpenSource 组件，并导入新创建的 db。

```
# my-vue-webpack/src/components/OpenSource.vue
<script>
     import data from '@/src/db.json';
    export default {
        name: 'OpenSource',
        data() {
            return {
                lists: []
            }
        },
        created() {
            this.lists = data;
        }
    }
</script>
```

在上面的示例中，添加了一个属性 lists，并在 created() 钩子中将其设置为 JSON 数据。为了在浏览器中可以显示这些项目列表，现在导入 Projects 组件，然后将其添加到 OpenSource 组件的模板中，如下所示。

```
# my-vue-webpack/src/components/OpenSource.vue
<template>
     <div class="projects">
        <project v-for="list in lists" :key="list.imageUrl" :list="list">
        </project>
     </div>
</template>
<script>
    import data from '@src/db.json';
    import Project from './Projects'
    export default {
        name: 'OpenSource',
        data() {
            return {
                lists: []
            }
        },
        created() {
            this.lists = data;
```

```
        },
        components: {
            Project
        }
    }
</script>
```

JSON 数据被赋值给了 lists 属性，然后在模板中遍历所有条目，并在 .projects 元素列出。假设读者使用 npm run serve 命令运行并访问“开源项目”，图片的宽度使得界面显得很夸张。为了让页面看起来美观和样式，下面需要添加一些 CSS 样式。

```
# my-vue-webpack/src/components/OpenSource.vue
<style scoped>
    @media screen and (-webkit-min-device-pixel-ratio:0)and (min-width:
500px){
        .projects {
            column-count: 1;
            column-gap: 1em;
        }
    }
    @media screen and (-webkit-min-device-pixel-ratio:0) and (min-width: 500px){
        .projects {
            column-count: 2;
            column-gap: 1em;
        }
    }
    @media screen and (-webkit-min-device-pixel-ratio:0) and (min-width: 500px){
        .projects {
            column-count: 3;
            column-gap: 1em;
        }
    }
</style>
```

在上面示例中，笔者对 .projects 元素中的条目设置了每行的列数、宽度以及两列的间距；此外，还使用了 Media Query 技术，使得样式更具有响应式布局的效果。

7.6.1 编写 Service Worker 注册脚本

终于到了本节最令人期待的部分，为了让网页具备离线的特性，首先需要编写一个注册 Service Worker 的脚本，它的主要作用是通知浏览器对其进行注册及加载，并随时检查浏览器是否支持及跟踪 Service Worker。

一个比较推荐的方式是在浏览器的 navigator 对象中判断是否支持 Service Worker 的运行环境。另外，由于一些安全问题的考虑，Service Worker 只能在 HTTPS 下才能够正常运行，因此还需要加上对 HTTPS 协议的检查机制，如下所示。

```
# my-vue-webpack/build/registerServiceWorker.js    Service Worker 注册脚本示例一
if ('serviceWorker' in navigator && (window.location.protocol === 'https:')) {
      //  判断 Service Worker 是否存在及当前网页是否开启了 HTTPS
}
```

当 Service Worker 可用时，必须指定一个包含实际任务的 Worker 脚本进行注册挂载。在这里，笔者先假定该脚本存放在 dist 目录的 service-worker.js 中。

```
# my-vue-webpack/build/registerServiceWorker.js    Service Worker 注册脚本示例二
window.addEventListener('load', function() {
     // 监听页面是否被加载
     if ('serviceWorker' in navigator && (window.location.protocol === 'https:')) {
          navigator.serviceWorker.register('service-worker.js')
               // 注册 service-worker.js 作为 service worker
               .then(function(registration) {}).catch(function(e) {
                  console.error('service worker 注册失败：', e);
               });
     }
});
```

正如所见，当用户首次访问网站时，Service Worker 将会被注册，否则会捕获错误消息。一旦成功会触发 onupdatefound 方法创建一个新的线程。

```
# my-vue-webpack/build/registerServiceWorker.js    Service Worker 注册脚本示例三
......
registration.onupdatefound = function() {
      if (navigator.serviceWorker.controller) {
      // 判断当前页面是否已被 Service Worker 介入控制
      // 对 Service Worker 进行初始化
          var installingWorker = registration.installing;
          installingWorker.onstatechange = function() {
               switch (installingWorker.state) {
                    case 'installed':
                    // onstatechange 会监听 Service Worker 状态
                    // 它会根据不同的策略将旧数据清除，将新数据存入缓存信息中
                         break;
```

```
                    case 'redundant':
                        // 一旦发生异常或失效，状态会出现 redundant 并抛出异常
                        throw new Error('service worker 已失效 .');
                    default:
                }
            };
        }
    };
    ......
```

上面代码示例聚焦于当 Service Worker 被注册后会发生什么。笔者会检查当前页面是否在 Service Worker 所处理的范围之内，若是，则会对其初始化。Service Worker 会在新线程中开始正常工作。

onstatechange 方法会监听工作状态，根据用户在 Service Worker 中所定义的策略（Service Worker 内容将在稍后与大家分享）将旧数据清除，将新数据存入缓存信息中。值得一提的是，在用户访问站点的第二个页面或刷新当前页面之前，Service Worker 内部的任何内容（它附带的任何功能）都不会启用。这是有意而为之。

下面是 registerServiceWorker.js 的完整代码示例。

```
# my-vue-webpack/build/registerServiceWorker.js    Service Worker 注册脚本完整示例
(function () {
'use strict';
    window.addEventListener('load', function () {
        if ('serviceWorker' in navigator &&
            (window.location.protocol === 'https:')) {
            navigator.serviceWorker.register('service-worker.js')
                .then(function (registration) {
                    registration.onupdatefound = function () {
                        if (navigator.serviceWorker.controller) {
                            // 判断当前页面是否已被 Service Worker 介入控制
                            // 对 Service Worker 进行初始化
                          var installingWorker = registration.installing;
                            installingWorker.onstatechange = function () {
                                switch (installingWorker.state) {
                                    case 'installed':
                                    // onstatechange 会监听 Service Worker 状态
                                    // 它会根据不同的策略将旧数据清除，将新数据存入
                                    缓存信息中 break;
                                    case 'redundant':
                                    // 一旦发生异常或失效，状态会出现 redundant 并抛
                                    出异常 throw new Error('service worker 已失效 .');
```

```
                                default:
                            }
                        };
                    }
                };
            }).catch(function (e) {
            console.error('service worker 注册失败 :', e);
        });
    }
  });
})();
```

7.6.2 构建 Service Worker

这里笔者使用 sw-precache-webpack-plugin 插件构建 Service Worker。它的主要作用是提供一些简单的参数，使其根据配置自动生成 Service Worker 脚本，大大降低了开发人员实现的复杂度及与编译工具兼容性相关的处理。

下面在项目根目录使用 NPM 安装它。

```
npm install --save-dev sw-precache-webpack-plugin
```

配置它并不复杂，现在打开 build/webpack.prod.config.js 文件。

```
# my-vue-webpack/build/webpack.prod.config.js
......
const SWPrecacheWebpackPlugin = require('sw-precache-webpack-plugin')
......
plugins: [
    ......
new SWPrecacheWebpackPlugin({
        cacheId: 'my-vue-webpack',
        filename: 'service-worker.js',
        staticFileGlobs: ['dist/**/*.{js,html,css}'],
        minify: true,
        stripPrefix: 'dist/',
        runtimeCaching: [{
            handler: 'cacheFirst',
            urlPattern: /[.]png$/,
        }],
    })
]
```

通过上述配置，当运行 build 命令时，插件会压缩及创建一个 service-worker.js 文件至 dist 目录。其中所生成的 Service Worker 会缓存所有 staticFileGlobs 配置中所匹配的文件。另外，由于这里的图片并不属于本地资源而是从远程服务器所获得的，还需要使用另一个名为 runtimeCaching 的属性。

该属性接受一个对象，其中包含了被缓存的 URL 模式和缓存策略。这里参数 cacheFirst 表示先获取缓存中的数据，若没有，才会向远程服务器发出请求。

由于 Service Worker 是独立于项目之外的 JavaScript 应用程序，需要告诉 Webpack 如何编译并将注册脚本注入浏览器中。下面的流程是笔者期望达到的：Webpack 打包编译→浏览器读取 registerServiceWorker.js →注册启动 service-worker.js。

现在先新建一个 load-minified.js 的脚本文件。

```
# my-vue-webpack/build/load-minified.js
'use strict'
const fs = require('fs')
const Terser = require("terser");
module.exports = function (filePath) {
    const code = fs.readFileSync(filePath, 'utf-8')
    const result = Terser.minify(code)
    if (result.error) return ''
    return result.code
}
```

这里定义了 load-minified 的函数，并接收一个脚本文件的目标路径。这里使用 Terser 库对脚本源码进行最小化压缩。

```
# my-vue-webpack/build/webpack.prod.config.js
const loadMinified = require('./load-minified')
......
plugins: [
  ......,
  new HtmlWebPackPlugin({
    ......
  inject: true,
    serviceWorkerLoader: '<script>${loadMinified(path.join(__dirname,
        './registerServiceWorker.js'))}</script>'
  }),
]
```

为了使插件 HtmlWebPackPlugin 将 Service Worker 注入浏览器，这里需要加入 inject 选项，并定义 serviceWorkerLoader 参数，便于开发人员在 index.html 指定将 Service Worker 注入浏览器：

```
# my-vue-webpack/public/index.html
<html>
  <body>
    <div id="app"></div>
    <!-- built files will be auto injected -->
    <%= htmlWebpackPlugin.options.serviceWorkerLoader %>
  </body>
</html>
```

现在完成了 Service Worker 所有部署和构建的工作。好在项目 my-vue 的运行环境已经是 HTTPS，因此只需要重新输入 build 命令即可运行。

7.6.3 运行和调试

如何知道 Service Worker 已经正常工作了？打开谷歌浏览器的开发工具，单击 Application 选项卡可以看到整个 Service Worker 的运行状态。

注意，假设读者的 HTTPS 证书是由本地创建的，那么当运行本示例时，浏览器将抛出下面的异常错误。

```
# 启动 Service Worker 抛出异常错误
An SSL certificate error occurred when fetching the script.
(index):1 service worker 注册失败 : DOMException
```

这是由证书不合法导致的失败，因此需要在启动 Chrome 浏览器的时候加上“忽略证书安全”的参数。

```
# Mac 用户
/Applications/Google\ Chrome.app/Contents/MacOS/Google\ Chrome --user-data-dir=./tmp --
ignore-certificate-errors --unsafely-treat-insecure-origin-as-secure=https://127.0.0.1
# Windows 用户
Chrome 浏览器图标上右击，选择 " 属性 " 命令，在目标后面加入如下内容：
--unsafely-treat-insecure-origin-as-secure="https://127.0.0.1" --user-data-dir=C:\tmp
```

再次运行后，用户可以在开发者工具的 Network 选项卡中看到 service-worker.js 已经启动、下面笔者尝试着断开网络，重新刷新页面后是否还能继续访问，如图 7.8 所示。

图 7.8　Service Worker 效果图

从图 7.8 可知，Service Worker 通过 Application 选项卡的 offline 选项，使浏览器以离线的方式运行。现在多次刷新页面，图片和内容能够在脱机工作的情况下很好地工作。

7.6.4　Service Workers 与 Web Workers 的区别

Service Workers 可以理解为一种特殊的 Web Workers。对于初次接触的开发者来说，Service Workers 与 Web Workers 的使用场景非常相似，但其实有很多本质的区别，简单地概括如下。

Service Workers（特定类型的 Web Workers）：专用于处理网络请求的后台服务，很好地支持任何离线场景（通常广泛应用于移动端）、后台同步或推送通知，但同样不能直接与 DOM 交互。数据通信必须通过 Service Workers 提供的 postMessage 方法处理。

Web Workers：利用多线程技术，允许在后台运行密集型操作，保证了网页 UI 的流畅性之外，也非常适合密集型的 CPU 计算。其不能直接与 DOM 交互，但可以借助 IPC（进程间通信）在 Web Workers 提供的 postMessage 方法处理。

7.7　新一代图片格式 WebP

WebP 是由谷歌开发的一种 Web 图像格式，它可以提供与现有图像格式相似的像素质量，并且所占的存储空间更小。在本章中，笔者会与大家讨论什么是 WebP 及其优缺点，以及如何在已存在的 Vue.js 项目中使用 WebP 图像。

7.7.1　WebP 及其优缺点

当谈到将图像保存到 Web 上使用时，用户可以使用许多文件类型。常见的三种格式是

PNG、JPEG（或 JPG）和 GIF。这些格式虽然很受欢迎，但都各自包含一些优缺点。

- JPEG可以显示非常详细的图像和许多颜色。与此同时，文件通常非常大，即便压缩之后，图片的质量也会大打折扣。
- PNG由于有无损压缩的特性，相较于JPEG更适合被用于Web图像，如徽标或界面截图。它们在压缩时很好地保持了质量，并支持透明度，但不适用于照片。
- GIF对于动画来说非常棒，但是对于保存静态图像来说就不太好了。

WebP 图像是一种来自谷歌的图像格式，旨在让用户在 Web 上以与现有图像格式类似的质量级别显示图像，并且文件更小。

为了实现这一点，WebP 提供了“有损”和“无损”压缩选项。后者保存更多的数据，而前者使生成的文件更小。根据谷歌的数据，WebP 图像平均比 JPEG 图像小 25%~34%，比 PNG 图像小 26%。

相信读者已经对 WebP 图像有所了解，下面笔者从它的优缺点方面进一步讨论为什么它很重要。

1. 优点

正如先前已经提到的，WebP 格式的主要目标是为网页提供一种更优于 PNG 和 JPEG 的图像解决方案。不管图像如何获取保存，向网页添加诸如图片等其他媒体资源越多，性能延迟的可能性就越大。因此，保持页面快速加载是非常重要的。

尽管目前主要采用压缩图像文件的方式使文件变得更小、更有效，但通常会以降低像素质量作为代价。一般来说，压缩的图像越多，它看起来就越糟糕。以 WebP 格式保存的图像可以在相同质量下比 JPEG 和 PNG 小得多。假设将无损的 WebP 图像作为 PNG 的替代品，文件即刻小了 26%；而有损的 WebP 图像也要比 JPEG 小 25%~34%。

同样值得注意的是，有损和无损的 WebP 图像都支持透明度，这在有些时候非常有用，如可以用来做一些商标或背景色等；但 JPEG 不提供图像透明度这一特性。

2. 缺点

既然 WebP 提供了这么多好处，那为什么没有更多的人使用它呢？尽管越来越多的浏览器加入了对 WebP 图像的支持，但直到笔者撰写本书时仍有类似 IE、Safari 以及部分移动端的浏览器并不兼容。当然用户可以采用一些冗余 PNG、JPEG 的方案来让那些无法兼容的用户访问，其中或许会增加一些工作量。但从提高性能、节省流量的角度考虑，使用 WebP 图像格式还是非常值得的。

7.7.2　在 Vue.js 中如何实现

幸运的是，从 PNG、JPEG 升级至 WebP 不需要变动任何代码，只需在打包编译的过程中进行转换即可。这里笔者使用 Webpack4 的第三方插件 imagemin-webp-webpack-plugin 可以很容易实现。

在项目根目录中使用 NPM 进行安装。

```
npm install imagemin-webp-webpack-plugin--save-dev
```

在生产环境的 Webpack 配置中导入及定义：

```
# my-vue-webpack/build/webpack.prod.config.js   WebP 配置示例
const ImageminWebpWebpackPlugin=require("imagemin-webp-webpack-plugin");
module.exports={
    plugins:[
    ......
    New ImageminWebpWebpackPlugin()
   ]
};
```

在配置 plugins 时，插件的顺序很重要，所以建议将它放在最后。在上面的例子中，插件 ImageminWebpWebpackPlugin 的使用方法很简单，这是因为其本身的默认配置已经满足多数需求，如下所示。

```
# 插件 ImageminWebpWebpackPlugin 默认配置
{
  config: [{
    test: /\.(jpe?g|png)/,    # 匹配被转换的目标图像格式
    options: {
      quality:  75            # 质量百分比
    }
  }],
  overrideExtension: true,   # 转换目标图像文件的格式扩展
  detailedLogs: false,       # 是否需要在控制台输出详细日志
  silent: false,             # 是否开启安静模式
  strict: true               # 是否开启 JavaScript" 严格模式 "
}
```

7.8 Web 性能监测利器：Lighthouse

笔者曾经与一些 Web 开发人员进行交流时，发现不少人没有听说过 Lighthouse。作为 Web 性能监测利器，Lighthouse 用来分析及收集 Web 应用程序中较为重要的性能指标，并且为开发人员提供一些最佳实践的建议。

可以把 Lighthouse 想象成汽车上的仪表盘，当启动车辆的同时，汽车的各项自检状态指示灯、转速表、里程等重要信息都会详细显示。经过它的审计检查后，Lighthouse 根据 Web 标准和很多优秀开发人员的最佳实践生成一个测试报告。报告的每个部分还附有文档，详细解释了每一项测试指标的缘由、改进的好处及如何修复优化它们。

Lighthouse 提供了三种工作方式：

- Chrome开发者工具（DevTools）；
- 命令行；
- Chrome扩展程序。

7.8.1　在开发者工具中运行

可以先访问需要被测试的网站，然后使用下面快捷键在 Chrome 浏览器中打开开发者工具：

```
Command+Option+C (Mac)
Control+Shift+C (Windows, Linux, Chrome OS).
```

然后单击 Audits，如图 7.9 所示。

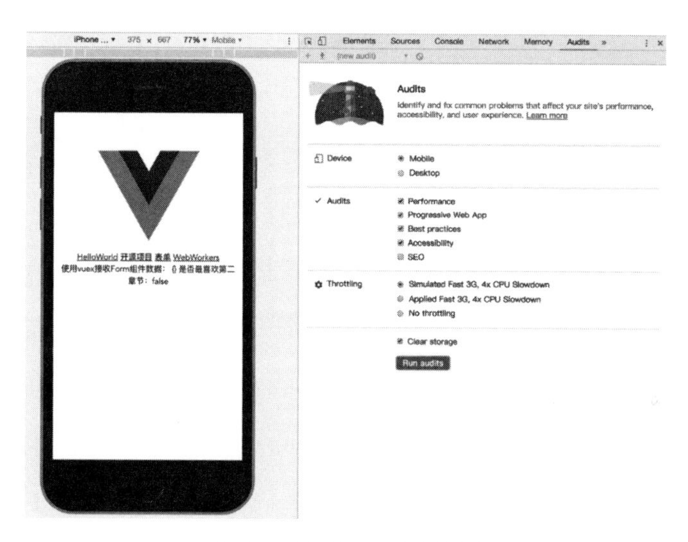

图 7.9　LightHouse 测试用例

左边是要被测试的网页，这里是本书的示例项目 my-vue。右边是 Chrome 开发者工具的审核面板，现在可以看到 Lighthouse 所提供的选项界面。

Lighthouse 提供了审计类别的列表。用户完全可以通过这些类别选项进行自定义设置。现在单击 Run audits 即开始进行审计。数十秒后，根据所处的网络环境，Lighthouse 会在页面显示一份报告。另外，网速和预先安装的 Chrome 扩展程序并不会影响 Lighthouse 审计。

7.8.2　在命令行中运行

在命令行中使用 node 进行安装：

```
npm install -g lighthouse    #  -g  表示全局安装
```

然后可以像下面这样直接审核目标 URL：

```
lighthouse <url>
```

在默认情况下，Lighthouse 将报告写入 HTML 文件。可以通过参数来控制输出格式，如 HTML 或 JSON 格式。下面是一些常见的参数使用方法。

```
# '默认保存为 ./<HOST>_<DATE>.report.html' 文件
lighthouse
# 参数 --output 指定输出为 JSON 格式
lighthouse --output json
# 参数 --output-path 指定输出文件的路径 './report.html'
lighthouse --output html --output-path ./report.html
# 当指定文件路径时，如果还指定了多个输出格式，那么 lighthouse 将忽略 output-path
# 下面这个例子，将输出 './myfile.report.json' and './myfile.report.html'
lighthouse --output json --output html --output-path ./myfile.json
# 保存 './<HOST>_<DATE>.report.json' 和 './<HOST>_<DATE>.report.html' 文件
lighthouse --output json --output html
```

也可以运行 Lighthouse → help 查看更多的帮助信息。

7.8.3 在 Chrome 扩展程序中运行

要使用这种方法，就需要以 Chrome 扩展的方式进行安装，尽管笔者并不推荐。可以从 Chrome 网络商店中安装 Lighthouse Chrome 扩展程序。然后只要在当前被审计的页面中单击浏览器工具栏上的 Lighthouse 图标即可。

第三篇

Django篇

第8章 认识Django

Django是Python Web领域中较为流行的技术框架之一，但凡使用它编写过项目的开发者无不为它所提供的开箱即用功能带来的开发效率所惊叹。例如：

- 后台管理的利器Django Admin；
- 一种极为人性化的数据持久化ORM解决方案；
- 强大的中间件支持；
- 内置完整的单元测试框架；
- 高度安全性（安全补丁的更新频率比其他框架更快、更及时）；
- 完整的社区生态以及包括“武装到牙齿”的第三方插件群。

Django最初是为报纸出版商Lawrence Journal-World提供基于新闻发布管理的Web应用程序，随后渐渐用于构建电子商务、医疗保健和金融应用程序，用于交通和预订、社交媒体网站。我们可以在很多国内外知名产品中看到它的身影，如Pinterest、Mozilla、Instagram等。

Django带来了很多开发优势之余，也逐步暴露出一些弊端，尤其1.11版本之前，“框架太重、性能较差”的劣势直到现在依然被很多人诟病。然而事实上情况已大不一样，本书基于全新一代Django，除了介绍其核心功能外，还将讨论Django性能的方方面面以及一些高级技巧。

8.1 解读Django架构

Django已不再支持Python 2，并且简化了URL路由语法，支持移动端的Django Admin，具有全新的实时解决方案Django Channels等新特性。同时，许多的功能也被优化及改进。

就在笔者撰写本书时，Django于2019年4月正式发布2.2版本，所以现在正是升级及评估新版本的好时机。在本节中，笔者将会介绍Django 2的架构和核心知识，使读者能尽快地在应用程序中受益。

8.1.1 全新视角的松耦合设计

刚开始接触Django时，最常听见的抱怨是太难理解或太复杂，尤其是面对大型Django项目时更为如此。在这里，我们需要先摒弃所谓的MVC、MTV等一些难记的专业名词，厘清Django

的基本逻辑，以及了解其本质。它的诞生是为了解决一个复杂的内容信息管理类问题，而这一问题的核心是以下 3 个完全不同的需求。

- 数据人员需要一个公共接口，以便能够处理不同的数据源、格式和数据库软件。
- 设计团队需要能够使用已有的工具（HTML、CSS、JavaScript等）管理用户体验。
- 核心程序员需要一个框架，使他们能够快速地在系统中部署让每个人都满意的更改。

破解这三大需求的关键是确保这些核心组件——数据、设计和业务逻辑都可以分而治之，套用更专业的计算机术语叫“松耦合”架构。

Django 的“松耦合”架构由以下 3 个主要部分组成。

- 一套容易处理数据和数据库的工具集。
- 一个可供非开发人员使用的纯文本模板系统。
- 一个框架，它负责处理用户和数据库之间的通信，并自动化管理复杂网站的必要功能。

下面笔者将从最后的框架开始说起。

8.1.2 Django“视图”的正确理解

图 8.1 是用 MVC 解释 Django 架构的一种常见示例，将其描述为模型—模板—视图（Model-Template-View，MTV）。

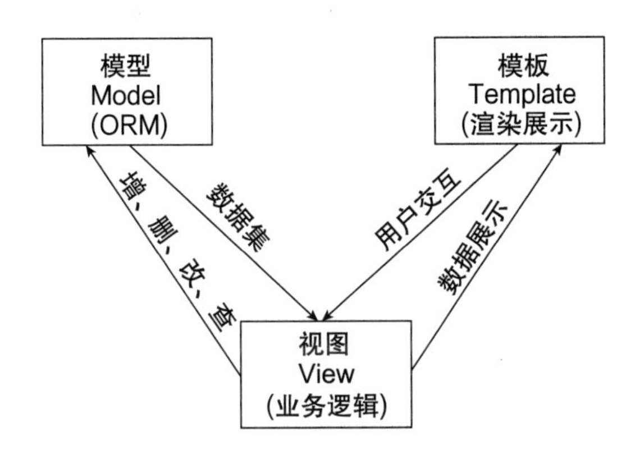

图 8.1　MVC 架构的示意图

由于 Django 本身已经内置了“控制器”，但大家很容易在传统 MVC 的影响下将大量的业务逻辑编写在 Django 的视图模块中，下面的图 8.2 用来进一步说明。

注意，笔者在客户机和服务器端之间画了一条线加以区分。与所有客户机 / 服务器体系结构一样，Django 使用请求和响应对象在两者之间进行通信。因此，在这一过程中，视图通过模型从数据库检索数据，格式化数据，将数据捆绑到 HTTP 响应对象，并将其发送到客户机（浏览器）。换句话说，视图将模型作为 HTTP 响应呈现给客户机。这恰好也是 MVC 中视图的确切定义——视图即模型以特定格式表示。

因此，好的最佳实践是不应该在“视图”中编写任何与最终数据呈现无关的代码，否则将会导致项目代码最终变得难以阅读和维护。那么作为目前比较主流的前、后端分离模式，本书将会更关注“模型”与“视图”。图 8.3 是更为流行的 Django 架构示例。

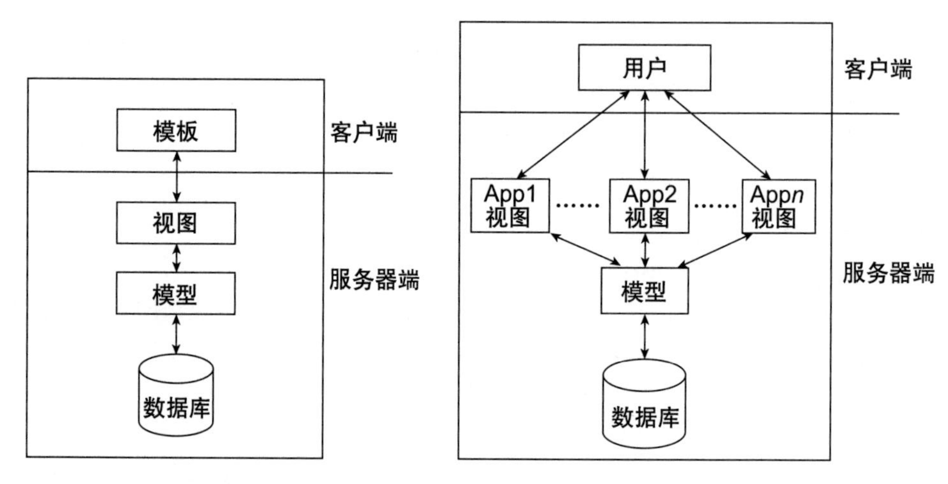

图 8.2　Django MTV 架构示意图　　　　图 8.3　推荐的 Django 架构示例

在图 8.3 中，各个业务逻辑按模块划分为不同的应用程序，每个应用的“视图”只负责处理最终呈现给客户端的数据集，而和该应用相关的逻辑代码应该放置在其他地方。所以 Django 框架很容易封装自己的模型、视图和业务逻辑。除此之外，Django 框架内置的“控制器”并不是简单地响应用户输入、与数据交互，还能在响应发送到浏览器之前执行关键的安全和身份验证检查，这种额外的能力主要归功于 Django 强大的“中间件”机制。

8.1.3　Django 项目结构实践

Django 并不会要求以任何特定的方式构建 Web 应用程序。事实上，根据不同的项目场景以及各个开发人员的习惯，涌现了很多构建 Django 项目的好方式。然而，笔者更希望大家了解 Django 本身默认的运作机制，因为掌握这些底层逻辑，开发人员可以更好地从 Django 中提炼出更高的生产力价值。

Django 项目可以由一个或多个应用程序组成，像下面这个例子：

```
# Django 项目结构示例
——Django 项目
      |
      |———APP1
      |———APP2
      |———........
```

```
    |————APPn
    |————Django APP
```

Django 应用程序可以是一个完全独立的包，并且应该只做一件事，如博客、用户认证程序或支付等。在上面示例的底部有一个名为 Django App 的额外包（通常以真实的项目名称为其命名）。该应用程序内置了 Django 框架本身的个性化设置。读者可以在 settings.py 文件中看到如下一些配置：

```
# dj_proj\dj_proj\settings.py
......
INSTALLED_APPS = [
    'django.contrib.admin',              # Django Admin 管理工具
    'django.contrib.auth',               # Django 权限系统
    'django.contrib.contenttypes',       # Django ORM 模型关联工具
    'django.contrib.sessions',           # Django 内置的会话处理器
    'django.contrib.messages',           # Django 内置的消息推送框架
    'django.contrib.staticfiles',        # Django 内置的静态文件处理工具
]
......
```

默认情况下，Django 会自动向用户的项目添加许多应用程序。用户也可以将自己的应用程序添加到 INSTALLED_APPS 列表中。

假定读者已经使用 Python 3.6 安装了最新版本 Django（本书采用 Django 2.2.3 版本），现在只需运行 django-admin startproject dj_proj 即可创建一个名为 dj_proj 的项目。进入该目录，其结构应该像下面这样。

```
# dj_proj 目录结构
\dj_proj        #  创建的 Django 项目
    \dj_proj    #  Django App
    manage.py     # Django 内置的管理工具
```

默认创建后项目结构很简洁，最外层的 dj_proj 目录作为根目录存放整个该 Django 项目的所有内容。这里无须在乎目录名称，所以用户可以根据需要将其重命名。另外，根目录包含了一个 manage.py 文件，它是 Django 自带的命令行程序，便于从项目中执行相关命令（如内置的开发服务器，提供更便捷的开发调试工具）。

根目录中还有一个 dj_proj 子目录。这是 Django 自动创建的第一个应用程序。它主要充当管理及配置 Django 框架的各类属性和机制。值得一提的是，这里存在两个名称相同的目录。刚开始接触 Django 的开发人员会感到不解。当然，用户可以完全打破常规将其重命名，例如：

更改前：

```
# dj_proj 目录结构
\dj_proj
\dj_proj
  …..
```

重命名为 dj_root 后：

```
# dj_proj 目录结构
\dj_proj
    \dj_root
        ......
```

注意，由于这里的默认 Django 应用程序被重命名了，还需要更改 dj_proj/manage.py、dj_proj/dj_root/settings.py 以及 dj_proj/dj_root/wsgi.py 中相关配置路径，如下所示。

```
# dj_proj/manage.py    # 重命名 Django 应用程序的 manage.py 更改示例
# 指向重命名后的新模块名的路径
os.environ.setdefault('DJANGO_SETTINGS_MODULE', 'dj_root.settings')
# dj_proj/dj_root/wsgi.py    # 重命名 Django 应用程序的 wsgi.py 更改示例
# 指向重命名后的新模块名的路径
os.environ.setdefault('DJANGO_SETTINGS_MODULE', 'dj_root.settings')
# dj_proj/dj_root/settings.py    # 重命名 Django 应用程序的 settings.py 更改示例
# 指向重命名后的新模块名的路径
......
ROOT_URLCONF = 'dj_root.urls'
WSGI_APPLICATION = 'dj_root.wsgi.application'
......
```

接下来，看一下 Django 应用程序包含了哪些内容。

```
# dj_proj/dj_root/
    __init.py__
    settings.py
    urls.py
    wsgi.py
```

__init.py__：表示该目录（Django 应用程序）是一个 Python 包。

settings.py：包含 Django 项目的配置。每个 Django 项目都必须有一个配置文件。

urls.py：包含整个项目中 URL 全局路由配置。在默认情况下，框架预先配置了一条访问 Django Admin 的路由路径。关于 Django URL 的内容，笔者会在稍后详细介绍。

wsgi.py：用于生产环境部署，使与 WSGI 协议兼容的 Web 服务器能够更好地为 Django 项目服务。关于这部分内容，笔者将在第 10 章详细讨论。

大家应该已经对 Django 项目的基本结构有所了解，是时候添加我们自己的 Django 应用程序了。

8.1.4 创建自己的 Django 应用程序

到目前为止，笔者在项目中没有写过一行程序代码，仅仅包含了一个带有配置信息的设置文件 settings.py、一个几乎为空的 urls.py 文件和一个命令行管理程序 manage.py。笔者在项目根目录中运行 python manage.py runserver，会启动一个 Django 默认的网页信息。当然它本身没有任何实际意义，只是告诉开发人员 Django 已经在正常运作。

要创建一个具有实际功能的 Django 网站，需要创建自己的 Django 应用程序。应用程序的设计理念正好也是 Django 的杀手级功能之一。通过按功能模块将应用程序分割为一个个小的应用程序，不仅允许多个开发人员在不干扰网站其他部分的情况下将功能添加到 Django 项目中，而且其本身具有便携式特性，甚至可以在多个项目中使用一个应用程序。

在 Django 中创建一个可定制的 Django 应用程序是非常简单的。假设笔者计划开发一款社交类型的网站，其中需要有一个活动列表来显示该网站即将举行的一些活动，于是这里会创建一个名为 events 的 Django 应用程序。

在项目根目录中运行下面的命令：

```
django-admin startapp events
```

注意：也可以使用 python manage.py startapp events。

一旦创建了应用程序，必须告诉 Django 将它安装到当前项目中。settings.py 文件中有一个名为 install_apps 的列表。此列表包含所有安装在 Django 项目中的应用程序。只需要将应用程序 events 添加到列表中：

```
# dj_proj/dj_root/settings.py
......
INSTALLED_APPS = [
    'events.apps.EventsConfig',
    'django.contrib.admin',
    ......
]
......
```

在每个应用程序中，Django 会生成一个 apps.py 文件，其中包含以应用程序命名的配置类。在这种情况下，类被定义为 EventsConfig。要向 Django 注册该应用程序，就需要指向 EventsConfig 类，就像上面这个代码示例。

跟随笔者进入 events 目录，看看 events 应用程序创建了哪些内容。

```
# dj_proj/events
\events
    \migrations
    __init__.py
    admin.py
    apps.py
    models.py
    tests.py
    views.py
```

migrations 是 Django 用来存储迁移或变更数据库结构的指针，并且在每次记录时都会加入版本号。

__init__.py：该应用程序作为一个 Python 包。

admin.py：用于将该应用程序的模型向 Django Admin 注册为管理类插件的地方。

apps.py：作为应用程序配置文件。

model.py：定义应用程序的模型。

test.py：用于编写单元测试代码。

view.py：应用程序的视图。

这里笔者还想多分享一些小经验。当编写与视图无关的业务代码时，用户应该在该应用程序中创建一个新的 Python 模块（.py 文件），并在其中定义相关的函数和类。例如，对于很多提供数据库管理的函数，用户应该把它们都放在一个文件中。对于与数据库管理无关的函数和类，用户应该将它们放在另一个文件。这些文件所命名的模块应该遵循可读性，如命名为 db_utils.py。

在创建新模块时，用户需要考虑其应用的范围。虽然将自定义模块添加到相关应用程序中更常见，并且更便携，但当该模块属于应用项目级别，最好与 settings.py 文件位于同一目录层级中。

读者需要明白，尽管 Django 确实有它结构的默认逻辑，但是没有什么是一成不变的。 如今 Django 框架已经被设计得非常灵活，允许更方便地扩展和变更项目结构，以适应不同 Web 应用程序架构的需要。毕竟构建高性能 Web 应用程序的前提是具有良好的可读性、可维护性，最后才是丢给机器去运行。

既然读者已经了解 Django 的项目和应用程序是如何构建的，接下来进入最后一部分——Django URL。

8.1.5 URLconfs——Django 路由

Django 的 urls.path 包提供了数十个函数和类，用于处理不同的 URL 格式、名称解析、异常处理和其他与导航相关的实用工具。它的核心是将 URL 映射到 Django 项目中的各个指定的函数或类。

Django URL 配置（又称 URLconf）只需将一个唯一的 URL 与项目资源相匹配，它就像将某个人的名字与其家庭地址相匹配一样，区别仅仅在这里只需匹配 Python 路径（使用 Python 的“.”dot 运算符）。

dot 运算符是面向对象编程中常见的运算符。在 Python 的情况下，dot 运算符指向对象链中的下一个对象。

在类中，对象链是下面这样的：

```
package.module.class.method
```

在函数的情况下是下面这样的：

```
package.module.function.attribute
```

再举一些更实际的例子：

forms.Form 指向 forms 包中的 Form 类。

events.apps.EventsConfig 指向 events.apps 包中的 EventsConfig 类。

urls 指向 Django 中的 urls 包，Django 本身也是一个 Python 包。

那么，使用 URLconf 的时候，路径就是指向相关模块（.py 文件）中的函数或类。现在看看以下这个示例。

```
# Django URL 示例
——Django 项目
      |
      |———APP1      # URL 示例： path('app1/', app1.views.some_view())
      |———APP2
      |———........
      |———APPn
      |———Django APP
```

要创建 URLconf，需要使用 path() 函数。函数的第一部分是 URL 路径，所以在上面的示例中，路径是 app1/。然后 path() 函数将此路径映射到 app1.views.some_view()。假设网站地址是 http://www.django.com，那么当有人导航到 http://www.django.com/app1/ 时，在 app1 的 views.py 文件中会运行 some_view() 函数并显示其内容。

Django 快速且强大的导航系统，可以简单地理解为将 URL 与资源对应匹配。下面笔者将在此基础之上使用 Django 开发一个简单的 HTTP 接口。

8.1.6 快速开发 HTTP 接口

本书前面已经创建了应用程序 events，下面笔者将在视图中编写一个 HTTP 接口来获取近期“活动列表”。

```
# dj_proj/events/views.py
import json
from django.http import HttpResponse
```

```
    from events import models
    def eventsListView(request):
        """ 获取活动列表 """
        result = {"status": 200, "data": models.dataJSON}
        return HttpResponse(
            # json.dumps 将 Python 数据结构转换为 JSON 格式
                json.dumps(result, ensure_ascii=False),
                content_type="application/json,charset=utf-8"
    )
```

这里通过 request 对象来告诉 Django，eventsListView 是一个视图函数。然后使用 HttpResponse 方法将最终的结果输出为 JSON 数据。由于本书还没讲到 Django 模型，暂时手动在该应用程序的模型中模拟一段 JSON 数据用于展示。

```
# dj_proj/events/models
dataJSON = [
{
        "name": " 西城男孩 Westlife20 周年世界巡回演唱会 ",
        "address": " 国家会展中心虹馆 EH",
        "date": "2019.08.16"
    },
    {
        "name": " 音乐剧《芝加哥》",
        "address": " 美琪大戏院 ",
        "date": "2019.12.15"
    },
    {
        "name": " 法国音乐剧《放牛班的春天》中文版 ",
        "address": " 上海大剧院 - 大剧场 ",
        "date": "2019.08.25"
    }
]
```

最后，配置一条路由路径，使得该视图函数能被正确访问。

```
# dj_proj/dj_root/urls.py
from django.contrib import admin
from django.urls import path
from events.views import eventsListView
# 导入 events 应用程序的视图函数 eventsListView
urlpatterns = [
```

```
    path('admin/', admin.site.urls),
    path('events/api/list', eventsListView)    # 配置访问该视图的URL
]
```

现在启动Django内置的开发服务器python manage.py runserver，并尝试在浏览器访问http://127.0.0.1:8000/events/api/list，该接口会返回一段JSON数据集，通过该数据集可以很容易地与前端技术框架进行前、后端分离式的开发和交互。

8.2　正确入手：Django ORM

ORM（Object Relational Mappin，对象关系映射），作为一种计算机科学领域中较具有代表性的面向对象编程技术之一，提供了通过使用对象来操作并执行诸如SQL语句等常用数据库查询语言的方法，很大程度上规避了操作数据库的复杂度和学习曲线。

Django ORM更是一个极其强大的工具，同时这也是Django较吸引人的地方之一。它使得与数据库交互变得非常简单，并且在抽象数据库层方面做了大量工作。只需要在模型中定义几个类、名称、类型字段及属性，即可在关系型数据库中实现复杂的数据库表结构设计。因此，使用Django ORM不仅可以提高代码的可读性，而且可以使代码更易于维护。

然而在提供便利的同时，Django ORM也由于它带来的性能问题颇具争议，在寻找性能和易用之间获得平衡之前，希望读者能通过本节对Django ORM有所了解。

8.2.1　从社交应用程序中掌握ORM

假设笔者希望在8.1节的示例中创建一个名为consumer的应用程序，并使用Django ORM定义其模型对象绑定数据库，图8.4是该数据库表结构的E-R图。

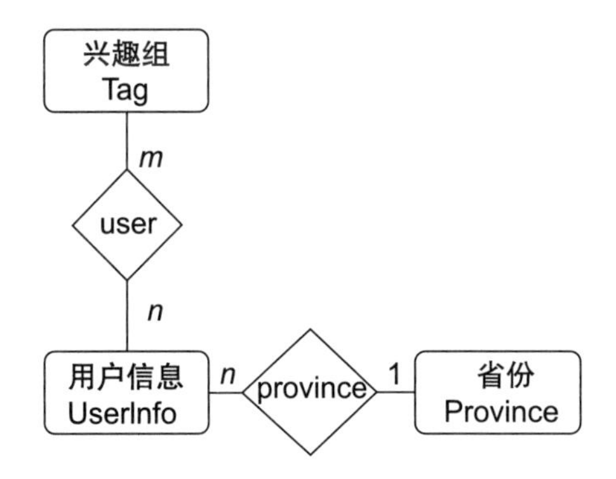

图8.4　应用程序cunsumer的数据库表E-R图

应用程序consumer主要负责用户信息的展示及数据存储，从图8.4可知，这里有3张表。其中，兴趣组表与用户信息表建立多对多关系；而每个用户都只会存在一个所在省份，因此通过字段 province 与省份表建立一对多关系。下面先用 Django ORM 定义第一个模型。

```
# dj_proj/consumer/models.py
from django.db import models
class Province(models.Model):
    """ 省份 """
    name = models.CharField(max_length=10, unique=True)
```

这里创建了一个名为 Province 的类作为数据库的省份表。此时当添加表字段时，必须告诉 Django 每种字段包含哪种数据类型，它可以是字符串、数字或布尔值等。

在本例中，省份的名称（字段 name）是一个字符串，相对应的是 Django 模型中的 CharField() 方法，并加上了“唯一性约束”限制。另外，不要忘记为该字段设置最大长度（如同在关系型数据库中，与定义表结构的方式一致）。需要注意的是，每个模型 Django 都会自动生成一个自增长 id 字段。

最后，把这一次变更同步到数据库中。为此，需要使用 python management.py makmigration 和 python management.py migration。每次更改模型中的任何内容时都必须这么做。

同步之后，项目的根目录会出现一个名为 db.sqlite3 的数据库文件，这是 Django 默认采用的轻量级数据库 SQLite，可以通过 settings.py 查看该配置项，如下所示。

```
# dj_proj\dj_proj\settings.py
......
DATABASES = {
    'default': {
        'ENGINE': 'django.db.backends.sqlite3',
        'NAME': os.path.join(BASE_DIR, 'db.sqlite3'),
    }
}
......
```

现在继续创建剩余两张表，并且为其建立相互关系。

```
# dj_proj\dj_proj\settings.py
......
class UserInfo(models.Model):
    """ 用户信息 """
    SEX_CHOICES = (
        ('male', ' 男 '),
        ('female', ' 女 '),
    )
    nickname = models.CharField(max_length=30, verbose_name=' 昵称 ')
```

```
    sex = models.CharField(choices=SEX_CHOICES, max_length=10, verbose_name='性别')
    age = models.IntegerField(verbose_name='年龄')
    adasd = models.TextField(max_length=500, null=True, verbose_name='个性签名')
    province=models.ForeignKey('Province',related_name='provinces',on_delete=models.CASCADE)

    class Tag(models.Model):
    """兴趣组"""
        name = models.CharField(max_length=10, verbose_name='标签')
        user = models.ManyToManyField('UserInfo', related_name='userinfo')
......
```

结合图 8.4，我们很容易使用 Django ORM 的 ManyToManyField 和 ForeignKey 分别建立多对多关系和一对多关系，并且好的习惯是为每个外键设置 related_name 使得当获取外键的反向关系时，代码变得更可读。

值得注意的是，在 Django 2 的版本中，当建立一对多关系时，必须显式定义 on_delete=models.CASCADE，确保当前表数据被删除时，另外被关联的表数据也能随之删除，增强了数据一致的安全性。属性 null 可以让相应的字段从默认的必填项变更为可填项。例如，这里个性签名并不属于必填项，因此字段 adasd 中 null 属性被标记为 True。

还记得每次变更模型后需要做什么吗？如下所示。

```
python management.py makmigration
python management.py migration
```

这些模型会被 Django 转义为实际的 SQL 语句并创建同步至数据库中，3 张数据库表类似图 8.5 所示的关系图。

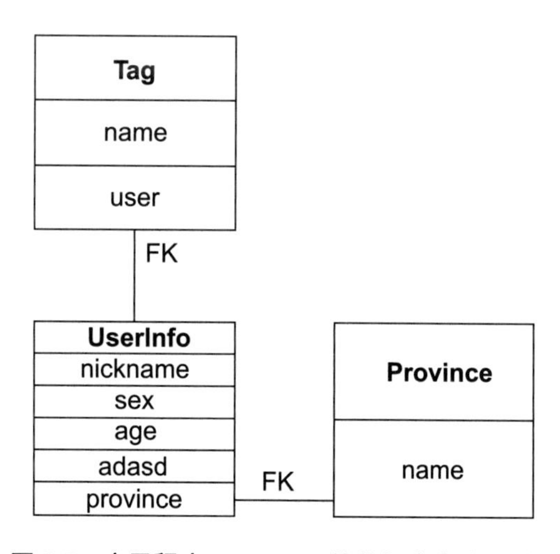

图 8.5　应用程序 cunsumer 的数据库实体关系图

模型定义完了之后，下面需要通过 create() 方法添加一些数据使应用程序看起来更有用。

create()：创建一条数据，只需要将该模型的相关字段通过参数的方式定义即可。

```
Province.objects.create(name='上海')
```

bulk_create()：批量创建多条数据，相比 create()，使用该方法创建大量数据时，不仅能减少数据库连接，还能节省很多内存资源。

```
Province.objects.bulk_create([
    Province(name='北京'),
    Province(name='深圳')
])
```

关联多对多、一对多数据，模型 UserInfo 通过字段 province 与模型 Province 建立一对多关系，那么在创建该模型数据时，可以采用下面的方式。

```
UserInfo.objects.create(
    nickname = 'Boyle',
    sex='male',
    age=30,
    province=Province.objects.get(name='上海')
)
```

每位用户对应一个省份，而多个兴趣组或许会对应多位用户。因此，可以像下面这样关联模型 Tag 和 UserInfo 数据。

```
user1 = UserInfo.objects.get(name='Boyle')
user2 = UserInfo.objects.create(
    nickname = 'Lisa',
    sex='female',
    age=18,
    province=Province.objects.get(name='北京')
)
tagObj = Tag.objects.create(name='网球')
tagObj.user.add(user1)
tagObj.user.add(user2)
tagObj.save()
```

在关联数据多对多关系时，与一对多关系不同，必须确保两个模型之间关联与被关联的数据必须存在，并使用 add() 方法添加被关联数据的对象。

8.2.2　模型定义的最佳实践

Django ORM 目前支持绝大多数主流的关系型数据库。当定义模型时，应当遵循关系型数据库表设计的最佳实践。作为项目的“根基”，如何定义模型与 QuerySets 查询优化策略息息相关，下面笔者列举一些在定义模型时较为常用而又容易被忽视的技巧。

1. 给“模型”定义恰当的类名

一般建议在模型命名时使用符合英语习惯的单数名词，如 User、Post、Article。

2. 关系字段设置合适的 related_name

为了便于在多对多关系和一对多关系之间进行反向关系查询，通常会设置 relate_name 属性。一种好的习惯是将它定义为复数形式的名称。例如：

```
class UserInfo(models.Model):
province=models.ForeignKey('Province',related_name='provinces',......)
```

3. 不要在 ForeignKey 中使用 unique=True

在外键字段中定义 unique=True 没有任何意义，而且还会增加一定的系统开销。

4. choices 属性的用途

在很多时候，我们总希望在某个字段中只允许输入限定范围内的值，以保证数据库中不会存在脏数据，如状态、性别等。Django 为常用的模型字段提供了 choices 属性，该属性支持以元祖形式（如 [（A, B），（A, B）……]）的迭代对象组成。使用 choices 属性还能解耦字面量值和原值。就像下面的代码示例：

```
class UserInfo(models.Model):
    SEX_CHOICES = (
        ('male', '男'),
        ('female', '女'),
)
         ......
sex = models.CharField(choices=SEX_CHOICES, max_length=10, verbose_name='性别', )
......
```

5. 变更模型

一旦用了 Django 模型与关系型数据库交互，用户不得不在每次变更模型的任何内容时使用 Django migration 工具，而不是直接操作数据库。

6. 关系型数据库的反模式

当使用关系型数据库时，可能因字段经常发生变更使得标准化的范式很难满足要求。因此，大家会使用如 NoSQL 等非关系型数据库，反之应该使用 PostgreSQL 或 MySQL 5.7+，它们自带的 JsonField 以空间换时间的方式可以很好地解决这类问题。但不推荐使用非 JSON 标准字符串存储如 Textarea 类型的字段。

7. BooleanField

不要对 BooleanField() 方法使用 null=True 或 blank=True，而是为这些字段定义一个默认值，不然应该使用 NullBooleanField。

8. 不要在模型中使用过多的标识字段

假设定义了一个与任务相关的模型，如下面的代码示例。

```
class Task(models.Model):
    is_verified = models.BooleanField(default=True)    # 是否校验
    is_run = models.BooleanField(default=False)        # 是否运行
    ...
```

假设应用程序中的某个任务需要包含校验和运行两种状态，那么任务会经过校验并将字段 is_verified 标记为 True；然后任务会触发运行。读者可以注意到，任务不能在没有校验的情况下运行，所以总共有 3 个条件。多个布尔字段会使我们需要更多的逻辑来应对多种条件组合。这就是为什么应该使用一个存储“状态”的字段而不是使用多个布尔字段。

```
class Task(models.Model):
    STATUSES = Choices('verified', 'run', 'finished')
    status = models.IntegerField(choices=STATUSES, default=STATUSES.draft)
    ...
```

9. 避免字段名冗余

如果没有必要，请不要在模型中定义字段时还包括表名信息。例如，表 User 有一个字段 user_status，此时应该将该字段重命名为 status，只要该模型中没有其他状态。

10. 和“钱”有关的信息存储

避免使用 FloatField 来存储关于货币金额的信息，而应该使用 DecimalField。

11. 使用 help_text 进行字段描述

在字段中使用 help_text 属性作为描述说明的一部分，帮助自己和其他用户更好地理解整个模型用途。

12. 定义 __str__

在前面的例子中，笔者并没有在模型中添加 __str__，如“Province”。当获取该模型中的对象时，它默认会如下面的示例所示返回对象信息。

```
Province.objects.get(name='上海')      # get() 方法用于获取模型中单个对象
<Province: Province object (3)>
```

现在试着加上 __str__，再次获取该模型对象。

```
class Province(models.Model):
    ......
    def __str__(self):
    return self.name
Province.objects.get(name='上海')
<Province: 上海>
```

8.2.3　QuerySets 基础

相信接触过 Django ORM 的读者一定对 QuerySets 印象深刻，假设定义模型是“前菜”，那么使用 QuerySets 查询各种条件的数据作为“主菜”一定非他莫属。Django 为了尽可能地减少数据库连接数，在 QuerySets 中加入了惰性和缓存机制。不可否认，这对直接“冲击”数据库起到了很好的屏障作用，然而增加了服务器本身的内存资源。

尤其是错误地使用 QuerySets 会导致“内存泄漏”的严重问题。因此，用户在享受 QuerySets 操作数据库便利的同时也要格外小心。本小节主要介绍 QuerySets 核心方法的使用方法以及部分常用的最佳实践。本书的后面章节将会更深入地讲解 QuerySets 的优化技巧。

1. 查询单个对象

示例如下：

```
Province.objects.get(name='上海')
```

先前在部分示例中已经看到部分 get() 的用法，只需指定该模型中的字段作为相应参数，当找到与参数匹配的条件时，只会返回一个数据对象。需要注意的是，无论 get() 匹配出多个对象还是一个不存在的对象，都会抛出异常。其中当对象不存在时，通常会使用 ObjectDoesNotExist 捕获异常。更好的方式是使用 ModelName.DoesNotExist，这在同时操作多个模型时非常有用，能更细粒化地控制异常的调试。

2. 查询所有对象

```
Province.objects.all()
```

还可以使用 all() 函数从数据库访问所有的“省份”。

3. 过滤

QuerySets 内部实现了一套灵活的调用链机制，并提供了足够丰富的 API 可在各种复杂条件下支持嵌套组合的过滤。下面根据应用程序 consumer 的模型，笔者将通过一些查询示例来介绍比较常用的 QuerySets 过滤方法。

获取某个兴趣小组包含了哪些用户，并显示这些用户的全部信息：

```
tagUsers =Tag.objects.get(name='网球'). user.all()
# 获取“网球”小组中所有的用户对象
```

```
输出：
<QuerySet [<UserInfo: Jack>, <UserInfo: Lisa>]>

tagUsers.values()     # values() 方法返回最终对象的具体信息（字典结构）列表
输出：
<QuerySet [{'id': 1, 'nickname': 'Jack', 'sex': 'male', 'age': 28, 'adasd':
 None, 'province_id': 1}, {'id': 2, 'nickname': 'Lisa', 'sex': 'female',
 'age': 18, 'adasd': None, 'province_id': 1}]>
统计某个兴趣小组所在“北京”的用户数量：
```

```
Tag.objects.get(name='网球').user.filter(province__name='北京').count()
输出：
2
```

获取所有“北京”的用户信息，并只返回这些用户的性别：

```
areaObj = Province.objects.get(name='北京')
filterUser = areaObj.provinces.all()
输出：
<QuerySet [<UserInfo: Jack>, <UserInfo: Lisa>]>

filterUser.values_list('sex', flat=True)
# values_list() 方法返回最终对象的具体信息（元祖结构）列表
输出：
<QuerySet ['male', 'female']>
```

模型 UserInfo 使用字段 provinces 与模型 Province 建立一对多关系。在上面的示例中，笔者使用反向查询的方式获取指定省份下的所有用户对象。provinces 属性正是先前反向引用描述符 related_name 中所定义的值。在 values_list() 方法里定义参数 flat，能直接获取指定参数的值信息。

获取年龄大于等于 18 岁的用户信息，并按升序排列：

```
UserInfo.objects.filter(age__gte = 18).order_by('age')
输出：
<QuerySet [<UserInfo: Lisa>, <UserInfo: Jack>]>
```

4. 更新

```
user = UserInfo.objects.get(nickname='Lisa')
user.adasd = 'Hello handsome boy'
user.save()
```

获取昵称为 Lisa 的对象，然后更改其对应的个性签名。完成更改时，必须调用 save() 方法。

5. 删除

```
# 删除单个对象
user = UserInfo.objects.get(nickname='Lisa')
user.delete()
# 删除所有对象
user = UserInfo.objects.all()
user.delete()
# 删除符合相关条件的对象
user = UserInfo.objects.(age__gt = 18)
user.delete()
```

需要注意的是，经 delete() 方法删除的数据将无法恢复。

8.2.4 教你手写 Active Record 设计模式

DjangoORM之所以创建、操作数据库如此方便，其本质是采用了Active Record（活动记录）模式。在 Web 开发领域中，基于活动记录模式的框架，都使绝大多数开发人员印象深刻并被誉为神器，如极具代表性的 Ruby 的 Ruby on Rails、PHP 的 Laravel 和 Yii。

活动记录模式的基本概念主要是以对象的方式将数据库各个实体记录在内存中进行处理，这意味着如果用户正在创建5个UserInfo（如之前示例中的表userinfo）对象，并将其保存至数据库中，它们分别会在 userinfo 表中建立 5 条记录。

另外，UserInfo 对象包含了 age 和 sex 属性，那么它所对应的就是数据库 userinfo 表的列名。这种所见即所得的方式大大降低了开发人员直接操作数据库的复杂性。

手写一段活动记录模式并不复杂，读者可以从下面简单的示例中体会到范式设计的益处。

```
class Manager:
    # 定义manager抽象类
        def create(self):
            """
            用法 :UserInfo.objects.create()
            """
            return "django orm create function"
        def all(self):
            """
            用法 : UserInfo.objects.all()
            """
            return "django orm all function"
```

```
    class ModelBase(type):
        def __new__(cls, name, bases, attrs):
            if name == "Model":
                attrs["objects"] = Manager()
            return type.__new__(cls, name, bases, attrs)
# Model 类
class Model(object, metaclass=ModelBase):
    pass
# 实现 Django 中的 objects 覆盖写法
class UserInfoManager(Manager):
    def create(self):
        return "完全可以使用 Manage 类覆盖 Django 中原来的 orm 方法"
# 普通的 Django ORM 用法
class UserInfo(Model):
    """下面是一般 model 字段定义，可忽略"""
    objects = UserInfoManager()
```

通过元编程定义基类 ModelBase，继承 Model 类的所有子类都能在 objects 属性的基础上拥有抽象类 Manager 的所有 ORM 方法，如 create() 和 all()。这对于用户来说完全屏蔽了 create() 本身内部与数据库交互的复杂性，并且该设计范式也能非常灵活地重写、新增 ORM 方法。最终我们可以获得像真实调用 Django ORM 一样的体验。

```
UserInfo.objects.create()
```

理解Django REST Framework

尽管目前市面上已经涌现出诸如 gRPC-web、GraphQL 等一些宣称替换 RESTful 接口设计的新方案，但无论大家是否认同，这门古老的技术依然是目前 Web 领域中前、后端交互的主流接口设计方案。本章前半部分将会介绍如何使用 Django REST Framework 和 Django 结合快速开发 RESTful API，而后半部分将深入研究更高级的技巧和特性。

9.1 为什么使用 DRF

REST API 可以向任何应用程序提供标准化数据输出。有时，API 还需要提供更改数据方法。REST API 请求有几个关键选项。

- GET：最常见的选项，根据访问的端点和提供的任何参数从API返回一些数据。
- POST：创建一个添加到数据库中的新记录PUT，即在提供的给定URI中查找记录。如果存在，则更新现有记录；如果没有，则创建一个新记录。
- DELETE：删除给定URI上的记录。
- PATCH：更新记录的各个字段。

通常，API 好比进入数据库的一把钥匙，然后服务器端会处理查询数据库和格式化响应。前端接收服务器端任何资源的响应，一般都是 JSON 格式的数据集。REST API 在前、后端开发中非常常见，对于使用 Django 的开发者来说，了解它们如何工作以及在 Django 中简化构建 REST API 是一项必备技能。

在日常 Web 开发中，许多应用程序依赖于 REST API 在前端与后端之间的通信。例如，如果这里有一个 Django 项目作为 Vue.js 前端应用程序的后端服务，那么就需要通过 API 接口来允许 Vue.js 访问数据库中的信息，如图 9.1 所示。

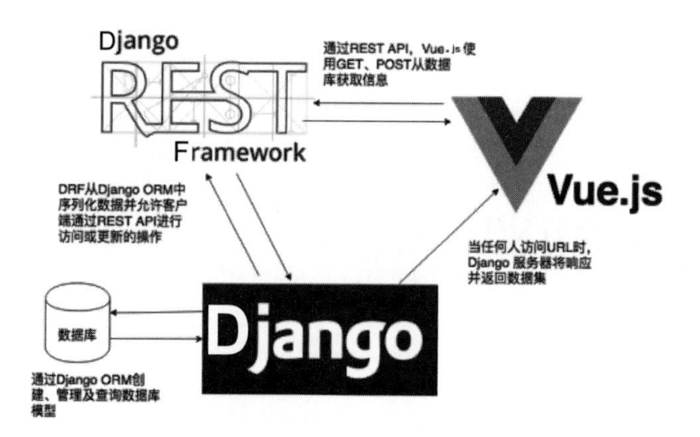

图 9.1 Vue.js 与 Django 的 REST API 数据通信

查询数据库相关表的数据并将其转换为 JSON 或其他格式的过程称为“序列化”。在创建 API 时，正确的数据序列化是各种语言所面对的主要挑战。

DRF（Django REST Framework，Django REST 框架）已经是 Django Web 接口开发模式中的事实标准。使用 DRF 的最大原因是它使序列化变得非常容易。DRF 与 Django ORM 配合得“天衣无缝”，后者已经完成了查询数据库的所有繁重工作，用户只需使 DRF 编写几行代码，就可以将数据库模型序列化为 REST 格式。

构建 REST API 的步骤大致可分为以下几步。

步骤 1：设置 Django。

步骤 2：在 Django ORM 将管理的数据库中创建一个模型。

步骤 3：配置 Django REST Framework。

步骤 4：序列化步骤 2 中的模型。

步骤 5：定义接口 URI 来查看序列化的数据。

安装 DRF 很简单，相信读者已经对 pip（Python 包管理工具）很熟悉，只需要运行下面的命令即可。

```
pip install djangorestframework
```

别忘了在 settings.py 中将它作为“应用程序”添加至 IINSTALLED_APPS 中。

9.2 核心速学手册

下面笔者将在第 8 章的社交小程序的基础上，向大家介绍如何快速掌握使用 DRF 构建 REST API 的技巧。

先回顾一下第 8 章 dj_proj 项目的模型，如下所示。

```
from django.db import models
```

```
class UserInfo(models.Model):
    SEX_CHOICES = (
        ('male', '男'),
        ('female', '女'),
    )
    nickname = models.CharField(max_length=30, verbose_name='昵称')
    sex = models.CharField(choices=SEX_CHOICES, max_length=10, verbose_name='性别', )
    age = models.IntegerField(verbose_name='年龄')
    adasd = models.TextField(max_length=500, null=True, verbose_name='个性签名')
    province = models.ForeignKey('Province', related_name='provinces', on_
    delete=models.CASCADE)
    def __str__(self):
        return self.nickname
class Tag(models.Model):
    name = models.CharField(max_length=10, verbose_name='标签')
    user = models.ManyToManyField(UserInfo, related_name='userinfo')
    def __str__(self):
        return self.name
        class Province(models.Model):
            """省份"""
            name = models.CharField(max_length=10, unique=True)
def  __str__(self):
    return self.name
```

在本节中，笔者将围绕该项目的模型，构建用于前端交互的 REST API。在此过程中，读者会了解如何使用 DRF 快速序列化各种实际场景的模型数据、API 的过滤筛选及用户认证等。

9.2.1 序列化

作为例子，笔者希望构建一个“获取所有兴趣组及该组成员列表”的 REST API。在开始之前，用户需要明白，使用 DRF 内置的序列化工具可以将复杂的 Python 对象转换成 JSON，也可以反过来将 JSON 保存到 Python 对象中。其中最为常用的是 ModelSerializer 类，它可以直接将模型对象和 JSON 一一对应。在下面的代码示例中，笔者基于 ModelSerializer 类扩展出一个“兴趣组”序列化器。

```
# dj_proj/consumer/serializers.py
from rest_framework import serializers
from .models import Tag
class TagSerializer(serializers.ModelSerializer):
    user = serializers.StringRelatedField(many=True)
    class Meta:
        model = Tag
        fields = ('name', 'user')
```

这里特地公开声明了 user 的属性，考虑到场景需要，它与我们所要的信息存在着某种联系。

方法 StringRelatedField() 能够很方便地返回与其建立关系的模型对象（其值取自 __str__ 方法所返回的具体数据）。由于存在多对多关系，必须加上 many=True 参数。此外，还可以指定被序列化的模型及所显示的具体字段。读者也可以像下面这样公开显示所有的字段（尽管并不推荐，因为显示过多的无关字段会造成 JSON 臃肿而影响性能）。

```
# dj_proj/consumer/models.py
class TagSerializer(serializers.ModelSerializer):
    user = serializers.StringRelatedField(many=True)
        class Meta:
            model = Tag
            fields = "__all__"        # 该做法并不推荐
```

9.2.2 DRF 的视图与路由

有了序列化和模型，现在就可以创建 Django REST 视图了。使用 DRF，可以很容易地将视图编写为普通函数，如下所示。

```
# dj_proj/consumer/views.py
from rest_framework.decorators import api_view
from rest_framework.response import Response
from consumer import serializers, models
@api_view(['GET'])
def UserInfoTag_list(request):
    quertyset = models.Tag.objects.all()
    serializer = serializers.TagSerializer(quertyset, many=True)
    return Response(serializer.data)
```

使用 api_view 装饰器并指定视图应该接受哪些 HTTP 方法，还可以同时在一个视图中接受多个请求（如 POST 和 GET），使得一个 API 拥有创建和获取这两种方法的逻辑。在视图中，需要指定要传递给序列化器的 QuerySet（因为数据需要通过模型来获取），它提供了一个返回给客户端的数据对象。最后使用 Response() 方法将其格式化为 JSON 的数据输出。

在 DRF 中创建视图还有另一种更简洁的方法——使用通用视图，如下所示。

```
# dj_proj/consumer/views.py
from rest_framework.views import APIView
from rest_framework.response import Response
class UserInfoFromTagListAPIView(APIView):
    def get(self, request):
            quertyset = models.Tag.objects.all()
            serializer = serializers.TagSerializer(quertyset, many=True)
            return Response(serializer.data)
```

```
    def post(self, request, *args, **kwargs):pass
    def put(self, request, *args, **kwargs):pass
    def patch(self, request, *args, **kwargs):pass
    def delete(self, request, *args, **kwargs):pass
```

一旦继承了 DRF 提供的类 APIView，视图即获得了一个标准 REST API 的核心能力，即参数解析、认证权限和标准的 HTTP 方法。更面向对象的通用视图能使代码更具有可读性及复用性。DRF 内部是基于 Mixins 设计模式的，因此其本身也提供了基于 APIView 更多常用的扩展类以便于进一步减少构建 API 的代码量，如下所示。

```
# dj_proj/consumer/views.py
from rest_framework import generics
from consumer import serializers, models
class UserInfoFromTagListView(generics.ListAPIView):
    serializer_class = serializers.TagSerializer
    queryset = models.Tag.objects.all()
```

除了本身继承了父类 APIView 所有方法外，顾名思义，扩展类 ListAPIView 还用来获取某个数据集列表。扩展类 ListAPIView 作为通用视图至少接受两个属性：serializer_class 和 queryset。与函数视图相比，笔者更喜欢这种样式。当然，两者都有各自的目的。一般情况下，当需要进行大量定制时，函数视图或者类 APIView 可以满足特定的需求。

DRF 中的 generics 库还提供了很多类似的扩展类，表 9.1 是笔者的一些总结。

表 9.1　DRF 常用视图类的介绍

扩 展 类	封装的 HTTP 方法	作　　用
CreateAPIView	POST	用于创建数据的 API
ListAPIView	GET	获取数据集列表的 API
RetrieveAPIView	GET	获取某条数据详情的 API
DestroyAPIView	DELETE	用于删除某条数据的 API
UpdateAPIView	PUT、PATCH	全局或局部更新数据的 API
ListCreateAPIView	GET、POST	同时获取数据集列表与创建数据的 API
RetrieveUpdateAPIView	GET、PUT、PATCH	同时获取某条数据详情及支持全局 / 局部更新数据的 API
RetrieveUpdateDestroyAPIView	GET、PUT、PATCH、DELETE	同时获取某条数据详情并支持删除、全局 / 局部更新数据的 API

在创建序列化和视图之后，为相应的视图定义其 API 路由，如下所示。

```
# dj_proj/dj_root/urls.py
......
from consumer import views
```

```
PREFIX = 'api'
urlpatterns = [
    ......
    path(f'consumer/{PREFIX}/tag-users', views.UserInfoFromTagListView.as_view())
]
```

当使用 GET 方法访问“/consumer/api/tag-users”API 时，会得到以下返回。

```
# GET 方法访问 "/consumer/api/tag-users" 的 API 示例
HTTP 200 OK
Allow: GET, HEAD, OPTIONS
Content-Type: application/json
Vary: Accept
 [
    {
        "name": " 网球 ",
        "user": [
            "Jack",
            "Lisa"
        ]
    }
]
```

作为简单的例子，这里以最快的方式介绍了如何使用 DRF 构建出看似比较像样的 REST API。当然，关于序列化的介绍还仅仅只是开始，下一节将分享更多实用的 REST 构建示例。

9.2.3 ModelSerializer 源码揭秘与更多实例

1. 嵌套序列化

在上节例子中，我们构建了“获取所有兴趣组及该组成员列表”的 REST API，或许在某些时候希望该数据集中的成员信息还可以更丰富一些，如显示其具体的性别。用户在此完全不必额外再开发一套 API，只需稍微修改一下序列化类 TagSerializer 即可，如下所示。

```
# dj_proj/consumer/serializers.py
from rest_framework import serializers
from .models import Tag, UserInfo
class UserInfoListSerializer(serializers.ModelSerializer):
    class Meta:
        model = UserInfo
        fields = ('nickname', 'sex')
class TagSerializer(serializers.ModelSerializer):
    # user = serializers.StringRelatedField(many=True)
    user = UserInfoListSerializer(many=True)
    class Meta:
```

```
        model = Tag
        fields = ('name', 'user')
```

方法 StringRelatedField 已经无法满足显示更多该模型其余字段的需求，用户需要定义一个新的序列化类 UserInfoSerializer，并指定显示相关字段和模型。正如读者在以上示例中所看到的，序列化类 UserInfoSerializer 可以随意嵌套在任何其他序列化类，并将其所属的字段作为序列化整体的一部分。这里将该序列化类和 TagSerializer 的 user 字段绑定，因为模型 Tag 的 user 字段与模型 UserInfo 建立了多对多关系，如下所示。

```
HTTP 200 OK
Allow: GET, HEAD, OPTIONS
Content-Type: application/json
Vary: Accept
 [
    {
        "name": "网球",
        "user": [
            {
                "nickname": "Jack",
                "sex": "male"
            },
            {
                "nickname": "Lisa",
                "sex": "female"
            }
        ]
    }
]
```

DRF 可以很聪明地将模型对象根据序列化定制最终输出 JSON，用户也可以采用重写 ModelSerializer 的 to_representation() 方法来改变默认的输出结果。

2. 支持“创建并获取用户列表”REST 接口

假设这里需要为“新用户注册加入”功能提供后端接口，在“用户信息”入库前，势必进行序列化及数据校验，如下所示。

```
# dj_proj/consumer/serializers.py
......
class ProvinceSerializer(serializers.ModelSerializer):
    class Meta:
        model = Province
        fields = "__all__"
class CreateUserInfoListSerializer(UserInfoListSerializer):
    province = ProvinceSerializer()
    class Meta(UserInfoListSerializer.Meta):
```

```
        fields = (
            'nickname',
            'sex',
            'age',
            'province'
        )
    def create(self, validated_data):
        province = validated_data.pop('province')
        validated_data['province'] = Province.objects.create(**province)
        userinfo = UserInfo.objects.create(**validated_data)
        return userinfo
```

围绕着模型 UserInfo 支持用户的创建及列表展示，这里为了便于节省代码，序列化类 CreateUserInfoListSerializer 继承了原先序列化类 UserInfoListSerializer 及它的元类方法。模型 UserInfo 中的 province 字段与模型 Province 建立了一对多的关系，因此正如读者所看到的，字段 province 与序列化类 ProvinceSerializer 进行了关联绑定。由于这里创建用户数据还需要考虑外键的情况，笔者重写了 ModelSerializer 内置的 create() 方法来满足这类复杂的需求。

正如读者看到的，create() 方法默认会接收形参 validated_data，我们可以从该参数获得任何合法范围内的 HTTP 接口参数值。当客户端通过 POST 请求该接口时，序列化类 CreateUserInfoListSerializer 会从视图中获取请求中的 Body 参数的内容，并将 JSON 数据转换为 Python 对象与模型绑定，最终写入数据库。

相较于 REST API 读（GET 方法）请求的序列化，写（PUT/POST/PATCH 方法）请求更复杂一些。因此，读者需要了解这种“反序列化”过程背后 ModelSerializer 运作的生命周期，如图 9.2 所示。

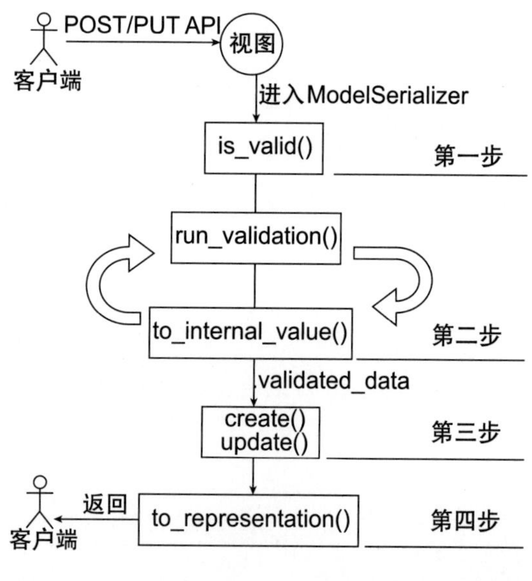

图 9.2　ModelSerializer 中“反序列化”生命周期

（1）is_valid()。is_valid() 用来校验请求中 Body 数据的内容是否合法，若不合法则会抛出异常。

（2）run_validation() 与 to_internal_value()。DRF 在进行数据校验时，会涉及两种验证器方法，有意思的是它们都叫 run_validation()，只不过在不同的上下文中，它们各自的作用有所不同。

is_valid() 在验证数据时会触发全局验证器 run_validation()，它内部会先将 Body 数据传递给 to_internal_value() 方法，该方法会迭代初始数据将“键 - 值”字典对象与模型中的数据对象一一绑定，确保匹配之后会调用局部验证器 run_validation()，它将针对这些具体的值是否符合模型字段类型的合法性进行校验。

（3）create() 与 update()。ModelSerializer 可以自行判断调用者的意图，根据不同的 HTTP 请求来触发内部 create() 方法或 update() 方法，使得合法数据（这里指 .validated_data）写入模型数据库。一般来说，默认的处理机制相对比较简单，因此通常用户都会重写它们并返回一个该模型实例对象。

（4）to_representation()。to_representation() 根据不同的序列化方案将模型实例对象转换为 Python 对象，通常只有获取数据集列表时，这里才会是 List 对象；否则将以 Dict 对象输出。

现在回到本小节的例子中，继续定义剩下的视图及 URL 部分。

```
# dj_proj/consumer/views.py
......
class CreateListUserInfoView(generics.ListCreateAPIView):
    serializer_class = serializers.CreateUserInfoListSerializer
        queryset = models.UserInfo.objects.all()
# dj_proj/dj_root/urls.py
......
urlpatterns = [
    ......
    path(f'consumer/{PREFIX}/users', views.CreateListUserInfoView.as_view())
]
```

现在可以采用下面的方式直接向该接口发送 POST 和 GET 请求。

```
# 请求创建用户信息的 REST API 示例
POST  http://127.0.0.1:8000/consumer/api/users
request body:
  {
    nickname: 'Boyle',
    age: 18,
    sex: 'male',
    province:  {
       name: '广州'
   }
  }
```

```
# 请求用户列表信息的REST API示例
GET /consumer/api/users
HTTP 200 OK
Allow: GET, POST, HEAD, OPTIONS
Content-Type: application/json
Vary: Accept
 [
    {
        "nickname": "Jack",
        "sex": "male",
        "age": 28,
        "province": {
            "id": 1,
            "name": "北京"
        }
    },
    {
        "nickname": "Lisa",
        "sex": "female",
        "age": 18,
        "province": {
            "id": 1,
            "name": "北京"
        }
    },
    {
        "nickname": "Boyle",
        "sex": "male",
        "age": 18,
        "province": {
            "id": 4,
            "name": "广州"
        }
    },
```

通过以上示例，相信读者已经能感受到DRF所带来开发接口的极高效率。不过笔者在结束这一例子之前，还希望再优化一下这里的POST请求中Body参数的内容。读者如果也崇尚极简主义，一定希望Body对象里的province字段以简单的键值对的方式传递，如下所示。

```
request body:
  {
```

```
  ......
      province:  '广州'
  }
```

只需要在序列化类 ProvinceSerializer 中重写默认 to_internal_value() 方法。

```
# dj_proj/consumer/serializers.py
class ProvinceSerializer(serializers.ModelSerializer):
    class Meta:
            model = Province
            fields = "__all__"
        def to_internal_value(self, data):
            data_ ={'name': data}
            ret = super(ProvinceSerializer, self).to_internal_value(data_)
            return ret
```

现在请求中的 Body 参数变得更简洁了，如下所示。

```
# 请求创建用户信息的 REST API 示例
POST  http://127.0.0.1:8000/consumer/api/users
request body:
  {
    nickname: 'Baoer',
    age: 17,
    sex: 'male',
    province: '杭州'
  }
```

3. "更新获取某条用户数据详情" REST 接口

修改及查询某条数据通常是 REST API 较常见的需求之一。作为例子，创建一个可支持更新获取某条用户数据详情的接口，要求仅支持修改年龄并可以查询该用户的部分详情信息（昵称、年龄、省份、性别）。既然基于模型 UserInfo，这里可以在类 CreateUserInfoListSerializer 基础上定义新的序列化类 UpdateRetrieveUserSerializer，如下所示。

```
# dj_proj/consumer/serializers.py
......
class UpdateRetrieveUserSerializer(CreateUserInfoListSerializer):
    class Meta(CreateUserInfoListSerializer.Meta):
        fields = (
        'age',
        )
# dj_proj/consumer/views.py
```

```
class UpdateRetrieveUserInfoView(generics.RetrieveUpdateAPIView):
    lookup_field = 'nickname'
        serializer_class = serializers.UpdateRetrieveUserSerializer
        queryset = models.UserInfo.objects.all()
# dj_proj/dj_root/urls.py
......
urlpatterns = [
    ......
    path(f'consumer/{PREFIX}/users/<str:nickname>',
    views.UpdateRetrieveUserInfoView.as_view()),
]
```

可以像下面这样发起 PUT 和 GET 的请求。

```
# 请求更新用户 Lisa'年龄'的 REST API 示例
PUT  http://127.0.0.1:8000/consumer/api/users/Lisa
request body:
{
age: 29,
·}
# 请求查询用户 Lisa 详情信息的 REST API 示例
GET  http://127.0.0.1:8000/consumer/api/users/Lisa
HTTP 200 OK
Allow: GET, POST, HEAD, OPTIONS
Content-Type: application/json
Vary: Accept
  {
    age: 29,
}
```

显然这里的 GET 并未返回该用户的详细信息（昵称、年龄、省份、性别），这是由于先前定义的序列化类 UpdateRetrieveUserSerializer 中的属性 fields 限定了该 API 同时读和写的范围，如果执意在属性 fields 仅仅使用扩充其他字段，就违背了接口只允许修改年龄的限制。这里可以使用显式字段声明的方式来解决该问题，如下所示。

```
# dj_proj/consumer/serializers.py
......
class UpdateRetrieveUserSerializer(CreateUserInfoListSerializer):
    nickname = serializers.CharField(read_only=True)
        sex = serializers.CharField(read_only=True)
        province = serializers.StringRelatedField()
        class Meta(CreateUserInfoListSerializer.Meta):
```

```
            fields = (
                'age',
                'nickname',
                'sex',
                'province'
            )
```

由上可知，属性 fields 增加定义了所有相关字段，并对应地将这些字段显式地声明为只读。这样就能兼容该 API 可以满足读和写的不同需求，试着重新调用该 API 的 GET 请求。

```
# 修复后的用户 Lisa 详情信息 REST API 示例
GET  http://127.0.0.1:8000/consumer/api/users/Lisa
HTTP 200 OK
Allow: GET, POST, HEAD, OPTIONS
Content-Type: application/json
Vary: Accept
{
    "age": 29,
    "nickname": "Lisa",
    "province": " 北京 ",
    "sex": "female"
}
```

9.2.4　认证与权限

REST API 的安全及用户认证已经有多种比较成熟、稳定的方案，而 DRF 丰富的扩展和灵活度足以满足开发者针对各种方案的实现。本章并不会讨论关于 REST API 安全的课题，但对于 DRF 最基本的认证和权限的机制是读者必须要掌握的。

例如，笔者希望 /consumer/api/users 接口只能经授权才可访问，下面先看一下 CreateListUserInfoView 的视图。

```
# dj_proj/consumer/views.py
......
from rest_framework.authentication import BasicAuthentication
from rest_framework.permissions import IsAuthenticated
class CreateListUserInfoView(generics.ListCreateAPIView):
    authentication_classes = (BasicAuthentication,)
        permission_classes = (IsAuthenticated,)
        serializer_class = serializers.CreateUserInfoListSerializer
        queryset = models.UserInfo.objects.all()
```

BasicAuthentication 是 DRF 提供的 HTTP 基本身份验证，根据用户的用户名和密码进行验证。

这种认证方式尽管只适合于测试，但可以让用户了解整个 DRF 认证机制是如何工作的。用户需要了解两个基本属性。

request.user：该属性一般默认会被绑定为 Django 内置的 User 模型实例。

request.auth：该属性用于任何第三方身份验证信息，例如，它可以用于表示请求已签名的身份验证令牌。

IsAuthenticated 是 DRF 默认提供的权限控制器之一，它的主要作用是简单判断当前访问该接口的用户是否是 Django 的 User 模型中已存在的合法对象，若不是将会返回验证失败的 HTTP 错误信息。显然，在没有任何认证机制的情况下访问该接口，会返回下面的信息。

```
GET  http://127.0.0.1:8000/consumer/api/users
HTTP/1.1 401 Unauthorized
Allow: GET, POST, HEAD, OPTIONS
Content-Length: 58
Content-Type: application/json
Date: Sat, 27 Jul 2019 16:06:15 GMT
Server: WSGIServer/0.2 CPython/3.6.8
Vary: Accept
WWW-Authenticate: Basic realm="api"
X-Frame-Options: SAMEORIGIN
{
    "detail": "Authentication credentials were not provided."
}
```

因此，需要构建一个用于用户登录的 REST API（/consumer/api/auth），用户一旦登录成功即可授权访问相关资源。在模型 User 中创建一个用户对象作为合法用户，如下所示。

```
# 在 Django 中创建用户对象
from django.contrib.auth.models import User
User.objects.create(username='gubaoer', password='123456')
```

定义一个具有 POST 方法的视图 AuthUserView，如下所示。

```
# dj_proj/consumer/views.py
from consumer import serializers, models, auth
......
class AuthUserView(APIView):
   # 接口 /consumer/api/auth 的视图类
def post(self, request):
    username = self.request.data.get('username')
    password = self.request.data.get('password')
    resp = auth.check_valid(username, password)
```

```
    if resp:
        return resp
    else:
        return Response({
            'msg': 'failed',
            'data': {}
        })
```

视图从请求里的Body中获取用户名和密码，并使用check_valid函数进行认证校验，如下所示。

```
# dj_proj/consumer/auth.py
import hmac
from django.contrib.auth.models import User
from django.conf import settings
from rest_framework.views import Response
def generate_token(username, password):
    user = username.encode()
    passwd = password.encode()
    key = settings.SECRET_KEY.encode()
    h = hmac.new(key, user + passwd)
    return h.hexdigest()
def check_valid(username, password):
    try:
        user = User.objects.get(
            username=username,
            password = password
        )
        resp = Response({
            'msg': 'success',
            'data': {
                "username": user.username,
                "uid": generate_token(username, password),
            }
        })
        return resp
    except User.DoesNotExist:
        return False
```

为了模拟大致的认证机制，函数 check_valid 的主要工作是在模型 User 对象中匹配是否存在该用户数据，若匹配，则会使用 generate_token() 函数进行 HMAC 哈希加密处理。正如上面代码所示，这里使用settings.py的SECRET_KEY作为键（key），用户名和密码作为实体消息（message）。一旦校验通过即会生成一串哈希值返回给客户端，如下所示。

```
# 发起用户登录认证 REST API 示例
POST  http://127.0.0.1:8000/consumer/api/auth
request body:
{
    username: gubaoer,
    password: 123456
}
Response:
{
    "data": {
        "uid": "6038a50714b5463a9fcfee93a9082c6a",
        "username": "gubaoer"
    },
    "msg": "success"
}
```

我们也可以尝试输入错误的用户名或者密码。

```
# 发起错误的用户登录认证 REST API 示例
POST  http://127.0.0.1:8000/consumer/api/auth
request body:
{
    username: gubaoer,
    password: 12345
}
Response:
{
    "data": {},
    "msg": "failed"
}
```

一旦用户登录并验证通过后，接口会返回一个 uid。此时可以将它作为该用户的唯一 token 并附加在访问目标接口中，例如：

```
http://127.0.0.1:8000/consumer/api/users?uid=6038a50714b5463a9fcfee93a9082c6a
```

作为例子，这里的 uid 使用 QueryString 作为参数传入 API，更推荐的做法可以考虑在 HTTP 请求中传入。由于需要被授权访问的接口并不清楚如何处理 uid，需要重写其对应视图的默认验证机制，如下所示。

```
# dj_proj/consumer/auth.py
```

```
from rest_framework.authentication import BaseAuthentication
def validate_token(token):
    tagetToken = generate_token('gubaoer', '123456')
    return token == tagetToken
class UserAuthentication(BaseAuthentication):
    def authenticate(self, request):
            uid = request.query_params.get('uid')
            if uid:
                  token = validate_token(uid)
                  if not token:
                        return
                  user = User.objects.filter(username='gubaoer').first()
                  if not user:
                        return
                  else:
                        return (user, uid)
            else:
                return
```

上面的示例扩展了 DRF 默认的验证基类，并重写了 authenticate 方法。这里只做了两步验证机制。

（1）需要判断当前请求中的 uid 是否与合法用户的哈希值相等。

（2）若 uid 校验通过，则进一步判断数据库中是否存在该合法用户。

最终验证通过后，会以元祖的形式返回并作为 request.auth 的属性；否则返回 None。接下来，只需要在相关授权接口的视图中加入该“验证器”即可。

```
# dj_proj/consumer/views.py
......
class CreateListUserInfoView(generics.ListCreateAPIView):
    authentication_classes = (auth.UserAuthentication,)
        permission_classes = (IsAuthenticated,)
        serializer_class = serializers.CreateUserInfoListSerializer
        queryset = models.UserInfo.objects.all()
```

9.2.5　DRF 动态绘制表单的设计模式

前、后端分离后，后端将不再负责渲染 HTML 页面而使用 REST API 的形式向客户端提供数据。在某些场景下，当页面需要创建多个具有相同样式且依赖于后端服务器数据的表单页面时，枯燥而重复构建多个不同类型表单的工作往往会加剧前端工程师的工作量，这个时候可以考虑让服务器端以接口的形式动态生成，使得前端可自动绘制表单，无须人工干预。

假如服务器端能够生成图 9.3 所示的 JSON 格式用来生成表单。

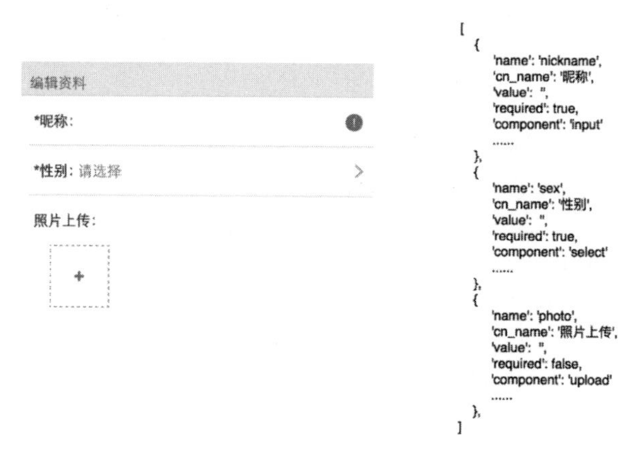
编辑资料
*昵称：
*性别：请选择
照片上传：
[
{
'name': 'nickname',
'cn_name': '昵称',
'value': '',
'required': true,
'component': 'input'
......
},
{
'name': 'sex',
'cn_name': '性别',
'value': '',
'required': true,
'component': 'select'
......
},
{
'name': 'photo',
'cn_name': '照片上传',
'value': '',
'required': false,
'component': 'upload'
......
},
]

图 9.3　后端 JSON 生成表单页面

由图 9.3 可知，JSON 中每个对象对应表单中的各个字段，并通过一定的顺序显示。其中，对象也包含了一些前端构建表单所需的必要信息，如是否必填（required）、组件（component）、控件标签名（cn_name）等。需求本身并不复杂，但在实现过程中不应该加重后端开发负担，因此需要秉持以下两点。

（1）灵活、可扩展，代码结构简洁、清晰。字段可能是不同的前端控件（组件），在确保整体格式统一的前提下，可以方便地各自扩展及附加 HTML 事件，并且代码结构支持高度可复用，能够快速构建出任何场景下表单的 JSON 结构。

（2）字段可按序排列。表单中字段需要支持有序排列，而不是无序的。

现在看一下笔者如何利用 DRF 强大的序列化特性快速实现该需求。首先可以像下面这样定义序列化。

```
# dj_proj/consumer/serializers.py
.......
class EditUserFormTemplateSerializer (TemplateGeneratorSerializer):
    nickname = InputField(cn_name=' 昵称 ', is_required=True)
        sex = SelectField(cn_name=' 性别 ', is_required=True)
        photo = UploadField(cn_name=' 照片上传 ', type='file')
        class Meta:
            form_name = " 编辑资料 "
```

在上述示例中，该表单生成的序列化类 EditUserFormTemplateSerializer 会为每个字段定义在页面中呈现的方式，因此这里就有了 InputField、SelectField 及 UploadField 的字段构造器，如下所示。

```
# dj_proj/consumer/serializers.py
from rest_framework import serializers
from rest_framework.fields import get_attribute
from rest_framework.utils.serializer_helpers import ReturnDict
```

```
.......
class DynamicField(serializers.Field):
    def __init__(self, **kwargs):
              self.subFields = {
                  'cn_name': kwargs.pop('cn_name', None),
                  'component': kwargs.pop('component', None),
                  'type': kwargs.pop('type', 'text'),
                  'required': kwargs.pop('is_required', False),
                  'placeholder': kwargs.pop('placeholder', None),
                  'validator': kwargs.pop('validator', None),
                  'cn_description': kwargs.pop('cn_description', None)
              }
              super(DynamicField, self).__init__(**kwargs)
        def get_attribute(self, instance):
            return get_attribute(
                {
                    key: True for key in self.source_attrs
                },
                self.source_attrs)
        def to_representation(self, value):
            return self.subFields
    class InputField(DynamicField):
        def __init__(self, **kwargs):
            super(InputField, self).__init__(**kwargs)
            self.component = kwargs.pop('component', 'input')
    class SelectField(DynamicField):
        def __init__(self, **kwargs):
            super(SelectField, self).__init__(**kwargs)
            self.component = kwargs.pop('component', 'select')
    class UploadField(DynamicField):
        def __init__(self, **kwargs)
            super(UploadField, self).__init__(**kwargs)
            self.component = kwargs.pop('component', 'upload')
```

每个字段构造器都会定义各自的 component 属性以便告知前端如何渲染，剩下的公共属性会继承父类 DynamicField，并通过 DRF 内置的 serializers.Field 类使得这些字段能够以字段属性的方式定义字段构造器。其中，笔者为了让 DRF 能够识别公共属性 subFields 使其作为派生字段，重写了方法 get_attribute。

当表单的字段被定义后，接下来需要确保各个字段最终按照既定的 JSON 格式序列化输出，让其拥有序列化的能力，下面看一下类 TemplateGeneratorSerializer。

```
class BaseGeneratorSerializer(serializers.Serializer):
    def convert_result(self, list_):
            result = []
            for dict_ in list_:
                for k, v in dict_.items():
                    v['name']=k
                    result.append(dict(**v))
            return result
        @property
        def data(self):
            if not hasattr(self, '_data'):
                if not getattr(self, '_errors', None):
                    self._data = self.to_representation(self.instance)
            return self.convert_result([ReturnDict(self._data, serializer=self)])
    class TemplateGeneratorSerializer(BaseGeneratorSerializer):pass
```

TemplateGeneratorSerializer 继承了 serializers.Serializer 基类，定义 conver_result 方法是为了转换格式化输出，并且重写了默认的 data 属性，目的是保证各个字段排列有序，而不会由于字典对象转换为 JSON 后导致字段无序输出，其中笔者用了 DRF 提供的小工具 ReturnDict，它本身也是基于 OrderedDict 进行扩展的一种有序数据结构。

下面可以直接序列化该类，看一下效果。

```
from consumer.serializers import EditUserFormTemplateSerializer
userform = EditUserFormTemplateSerializer()
userform.data
输出：
[{'cn_name': '昵称',
  'component': None,
  'type': 'text',
  'required': True,
  'placeholder': None,
  'validator': None,
  'cn_description': None,
  'name': 'nickname'},
 {'cn_name': '性别',
  'component': None,
  'type': 'text',
  'required': True,
  'placeholder': None,
  'validator': None,
  'cn_description': None,
```

```
  'name': 'sex'},
 {'cn_name': '照片上传',
  'component': None,
  'type': 'file',
  'required': False,
  'placeholder': None,
  'validator': None,
  'cn_description': None,
  'name': 'photo'}]
```

本章着重介绍了 DRF 的核心用法、用户认证及序列化的技巧，读者可以在其官网查看更多 DRF 的高级主题。下一节作为实战，笔者会结合实际开发中的真实场景继续探讨 DRF 更多实战技巧。

9.3　实战：用于 SPA 的无状态 RESTful 服务器端接口

在 Web 程序中，通常的做法是将 Django 与 REST 结合起来。Django 社区中有大量的可复用的应用，其中最为知名的就是 Django-REST-Framework（DRF），其不仅能够支持包括 JSON、XML、YAML 以及 HTML 在内的多种序列化方法，而且其可插拔式编程思想可以创造出符合 REST 规范的 API。

本节将探讨如何在 Django 中利用 RESTful 架构的威力。

9.3.1　介绍

单页 Web 应用让互联网公司收益颇多，于是前后端分离成为开发主流，纯浏览器端的响应式已经不能满足用户的高要求，开发人员需要针对不同的终端开发定制版本。因此，所有用到的展现数据都是后端通过异步接口的方式提供的，而前端只负责表现。

用于 SPA 的后端接口 REST API 已经成为事实上的标准。作为企业标准，该接口应该具备的能力如下：

- 安全认证；
- 快速响应；
- 无状态；
- 统一的输出标准。

基于这 4 点，本节实战将带领大家一起构建安全、规范、无状态的服务器端接口。

一个 Web 项目最常见的功能就是列表展示，服务器端通过 API 把数据提供给前端页面进行渲染，下面就从这个 API 开始。

HTTP 请求头：

```
① GET /tickets/v1/tasks?page=1 HTTP/1.1
② Accept: */*
```

```
③ Accept-Encoding: gzip, deflate
④ Authorization: xxxx.xxxxxx.xxxx
⑤ Connection: keep-alive
⑥ Host: 127.0.0.1:8000
⑦ User-Agent: HTTPie/0.9.3
```

这段代码是通过 GET 请求该 API 的 http request 头部信息，下面重点观察图 9.4。

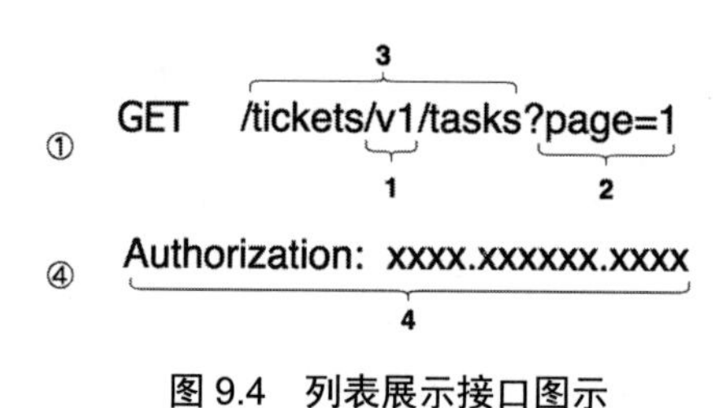

图 9.4 列表展示接口图示

v1：表示该接口的版本号。

page：API 的参数（Query String），用于指定数据页码数。

/tickets/v1/tasks：操作版本 v1 的应用 tickets 下 tasks 的资源 URL。

Authorization：在 http 请求头定义的用于存放用户认证 token 信息。

HTTP 接口返回信息：

```
{
  "count": 10,     # 当前页的数目
  "page": 1,       # 当前页面数
  "results": [     # 数据结果
        {
            "create_datetime": "2019-01-19T03:11:10.216388Z",
            "employer": "",
            "id": 1,
            "owner": "baoer.gu",
            "status": "未开始"
        },
        ……
  ]
  "status": 200,    # HTTP 状态
}
```

接口调用机制如图 9.5 所示。

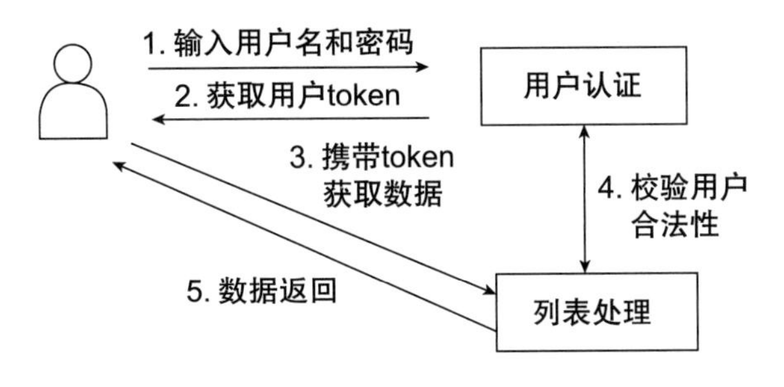

图 9.5　接口调用机制图示

本实战案例利用 DRF 来实现这套符合企业标准的 RESTful 后端接口。在开始之前，需要准备一份 requirements.txt 来预先定义项目的开发环境，如下所示。

```
# requirements.txt
Django==2.1.5
djangorestframework==3.9.1
PyJWT==1.7.1
ipython==7.2.0
```

然后，使用 pip 安装即可，如下所示。

```
pip install -r requirements.txt
```

接着，需要初始化 Django，创建一个名为 openjob 的开发项目。

```
django-admin startproject openjob
```

创建成功之后，先进入 openjob 目录，简单看一下 Django 的项目骨架，如下所示。

```
openjob -----
        manage.py  |                # 用于管理或运行 Django 的内置命令行
        openjob   -------- | settings.py  # 用于定义
                           | urls.py      # 路由配置文件
                           | wsgi.py      # WSGI 兼容的 Web 服务器，通常用于生产部署
```

运行 python manage.py runserver，访问 http://127.0.0.1:8000 确保 Django 安装成功。

由于项目会涉及简单的数据存储及用户验证，需要 Django 来初始化数据库和默认实例，在项目根目录中通过 manage.py 运行 Django 的内置命令。

```
python manage.py migrate
```

初始化之后，即可着手开发项目，仔细分析一下接口提供的功能。

- 处理用户验证（account）：该模块主要提供用户登录和认证校验的功能，并根据所生成的认证Token验证其合法性。

■ 列表展示逻辑（tickets）：用于处理数据的返回，并定义接口统一的输出格式。

遵循功能即模块的原则，当划分好模块后，就可以通过 manage.py 把想法付诸实践，如下所示。

```
python manage.py startapp tickets
python manage.py startapp account
```

把这两个模块注册到 Django 中，打开 settings.py 文件，直接配置 INSTALLED_APPS。

```
# settings.py
......
INSTALLED_APPS = [    # 该属性包括 Django 中注册的所有 App
......,
'account',
'tickets',
]
```

项目骨架就此搭建完成，然后就开始开发的第一步：设计数据库。由于该接口的目的是展示列表数据，需要在先前划分好的 tickets 模块的 models.py 设计好表结构，如下所示。

```
# tickets/models.py
from django.db import models
class TaskTicket(models.Model):    # 继承 Django 自带的 Model 类，可以方便地定义表结构
    STATUS_OPEN = 1                 # 定义状态值的内部标示作为常量
    STATUS_CHOICES = (
       (STATUS_OPEN, "未开始"),    # 状态的内部标示值和字面量表达值
    )
    create_datetime = models.DateTimeField(verbose_name = '创建时间')
    status = models.SmallIntegerField(
        choices = STATUS_CHOICES,    # 字段 status 中解耦状态定义的表示方式
        default = STATUS_OPEN,
        verbose_name = '状态'
    )
    owner = models.CharField(max_length = 30, verbose_name = '发起人')
    employer = models.CharField(max_length = 30, blank = True verbose_name =
    '处理人')
```

通过 models.py 建立了表 TaskTicket，并简单丰富了列表所涵盖的基本信息，其中对于状态的定义，通常基本 Web 设计的基本原则，使用数字或者简易通用字母的常量作为系统内部标示，而用可读性更高的单词或者中文作为常量，以表示该状态值的真正含义。

表定义好之后，需要告诉 Django 来创建实体表结构，如下所示。

```
python manage.py makemigrations    # 每次数据库有一些变动，都需要运行该命令
python manage.py migrate           # 通知 Django 写入数据库
```

表创建好之后，在项目根目录的 tickets 模块中，目录 migrations 会生成每次表结构所变动的元数据，Django 会根据元数据中的版本号和变更数据信息自动进行差异性分析，对比版本控制，此时不需要任何改动。但这里有一个最佳实践 Tips，一旦项目加入 Git 的代码版本控制，不要遗漏每个应用模块的 migrations 目录，这样生产和测试环境的数据库表结构才能真正保持一致。

对于 account 模块，项目用 Django 内置的 User 表就已经足够了，那么用户信息的数据源从哪里来？这里为了便于演示，通过 manage.py 来创建用户信息，如下所示。

```
python manage.py createsuperuser
Username: gubaoer
Email address:
Password: Vuedjango
Password(again): Vuedjango
```

用户数据有了，但还少一份为了展示列表的数据，因此在项目根目录中，运行 Python manage.py shell 进入自带集成 Django 环境的交互式命令行，为了方便演示，插入一些基础数据，如下所示。

```
In [1]: from tickets.models import TaskTicket  # 导入 TaskTicket 模型
In [2]: from django.utils import timezone      # 导入 Django 内置的时间处理库
In [3]: TaskTicket.objects.bulk_create([
   ...: TaskTicket(create_datetime=timezone.now(), owner='baoer.gu'),
   ...: TaskTicket(create_datetime=timezone.now(), owner='baoer.gu'),
   ...: TaskTicket(create_datetime=timezone.now(), owner='baoer.gu'),
   ...: TaskTicket(create_datetime=timezone.now(), owner='baoer.gu'),
   ...: TaskTicket(create_datetime=timezone.now(), owner='baoer.gu'),
   ...: TaskTicket(create_datetime=timezone.now(), owner='baoer.gu'),
   ...: TaskTicket(create_datetime=timezone.now(), owner='baoer.gu'),
   ...: TaskTicket(create_datetime=timezone.now(), owner='baoer.gu'),
   ...: TaskTicket(create_datetime=timezone.now(), owner='baoer.gu'),
   ...: TaskTicket(create_datetime=timezone.now(), owner='baoer.gu'),
   ...: TaskTicket(create_datetime=timezone.now(), owner='baoer.gu'),
   ...: ])
Out[3]:      # 输出结果返回的是创建之后的 QuerySet 对象
[<TaskTicket: TaskTicket object (None)>,
 <TaskTicket: TaskTicket object (None)>,
 <TaskTicket: TaskTicket object (None)>,
 <TaskTicket: TaskTicket object (None)>,
 <TaskTicket: TaskTicket object (None)>,
 <TaskTicket: TaskTicket object (None)>,
```

```
<TaskTicket: TaskTicket object (None)>,
<TaskTicket: TaskTicket object (None)>,
<TaskTicket: TaskTicket object (None)>,
<TaskTicket: TaskTicket object (None)>,
<TaskTicket: TaskTicket object (None)>]
```

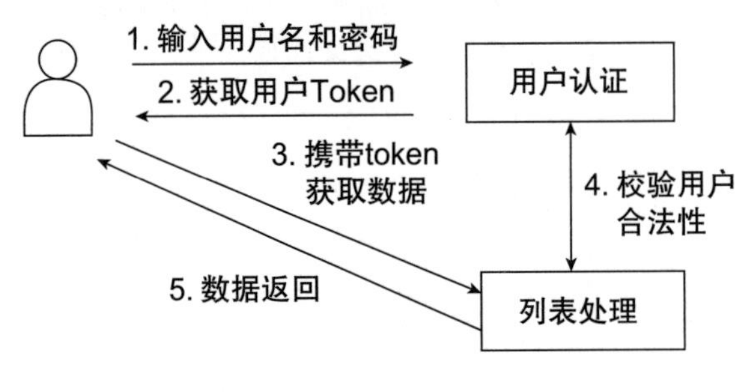

图 9.6 接口调用机制图示

现在，围绕图 9.6 中从 0 到 1 完整地呈现这套接口，在获得最终返回的数据之前，需要拿到 token，那么就要先有一个用户登录接口来验证用户的合法性，如下所示。

```
POST /account/v1/login
request body:
{
  username: 'gubaoer',
  password: 'Vuedjango'
}
```

9.3.2 JWT 用户认证

作为POST请求，将之前创建的用户信息作为API参数，以body的形式向服务器端获取token信息。

先为 account 模块定义好"用户认证"接口的路由，分别在 openjob/urls.py 和 account/urls.py 中进行定义。

openjob/urls.py 代码如下所示。

```
# openjob/urls.py
from django.conf.urls import url, include
# 在主项目的 urls 中声明模块 account 的路由，并指向该模块的路由路径
urlpatterns = [
    url(r'^account/v1/', include('account.urls', namespace = 'account')),
]
```

account/urls.py 代码如下所示。

```
# account/urls.py    该文件需要你自己建立
from django.conf.urls import url
from account import views
app_name = '[account]'
# 模块 account 中定义用户认证的接口路由与其对应的视图类
urlpatterns = [
    url(r'^login', views.ObtainAuthTokenView.as_view(), name='login') ,
]
```

在这里，通过/account/v1/login路由到视图模块ObtainAuthTokenView，来看一下该模块的代码。

```
# account/views.py
from rest_framework.views import APIView, Response
from account.auth import jwt_login
class ObtainAuthTokenView(APIView):
    " " "
    用户进行登录验证的视图类
    " " "
     def post(self, request):
         username = request.data.get('username')
         password = request.data.get('password')
         resp = jwt_login(username, password)  # 用户信息进行 JWT 认证校验，
         if resp:   # 若合法，则返回 token；否则会返回状态为 401 的认证失败信息
             return resp
         else:
             return Response(
                data={
                "results": '认证失败',
                "status": status.HTTP_401_UNAUTHORIZED
                 }, status=status.HTTP_401_UNAUTHORIZED)
```

这个视图类提供POST方法，当用户输入用户名和密码之后，通过jwt_login函数来验证其合法性，如果符合，就会返回JWT生成的token，反之，则返回状态为401的错误信息。在讲解jwt_login函数之前，先创建一个用于JWT的加、解密模块encrypt.py，如下所示。

```
# account/encrypt.py
import jwt
from django.conf import settings
def generate_token(json_, secret=settings.SECRET_KEY):
    ' ' '
      通过 Django 的 SECRET_KEY 进行 JWT 的 HS512 加密
```

```
    '''
    return jwt.encode(json_, secret, algorithm = 'HS512').decode()
def validate_token(token, secret=settins.SECRET_KEY):
    '''
      JWT 解密
    '''
    return jwt.decode(token, secret, verify=True)
```

当定义好 JWT 的加、解密方法之后，就可以创建专用于用户验证处理的 auth 模块，在该模块中定义 jwt_login 函数。

```
# account/auth.py
from django.contrib.auth import authenticate
from rest_framework.response import Response
from account.encrypt import *
def jwt_login(username, password, resp = None):
    '''进行认证加密后生成 JWT token '''
    # 通过 Django 内置的 authenticate 方法，验证该用户是否存在
    user = authenticate(username=username, password = password)
    if user is not None and user.is_active:
        # 在 JWT 的 Playload 中添加用户及会话过期时间，并进行加密处理
        token = generate_token({ 'username': user.username, 'exp': 1448333419})
        # 若合法，则返回 token 及用户信息
        resp = resp or Response(data = {
                        'msg': 'success',
                        'data': {
                            "username": user.username,
                            "uid": token,
                        }
        }, headers = {'Authorization': token})
return resp
```

现在可以试一下用户认证的接口是不是符合预期，如下所示 。

```
    http POST  http://127.0.0.1:8000/account/v1/login username=gubaoer
password=Vuedjango
    HTTP/1.1 200 OK
    Allow: POST, OPTIONS
    Authorization: eyJ0eXAiOiJKV1QiLCJhbGciOiJIUzUxMiJ9.eyJ1c2VybmFtZSI6Imd1Ym
FvZXIifQ.21N-uH8rW0VvwgFWH0bxuTqrYdFZ49TLe815xQs_xYkfFDNrJ9mwOfRp0QbsmIlWwSinQ
LCvFC5iRo34vMlPVg
    Content-Length: 210
```

```
Content-Type: application/json
Date: Sun, 20 Jan 2019 15:59:13 GMT
Server: WSGIServer/0.2 CPython/3.6.1
Vary: Accept, Cookie
X-Frame-Options: SAMEORIGIN
{
    "data": {
        "uid": "eyJ0eXAiOiJKV1QiLCJhbGciOiJIUzUxMiJ9
              .eyJ1c2VybmFtZSI6Imd1YmFvZXIifQ.21N-uH8rW0VvwgFWH0bxuTqrYdFZ49T
              Le815xQs _xYkfFDNrJ9mwOfRp0QbsmIlWwSinQLCvFC5iRo34vMlPVg",
        "username": "gubaoer"
    },
    "msg": "success"
}
```

9.3.3 分页

接口返回的uid就是JWT生成的token，使用该token调用“列表展示接口”，即可返回列表数据。回到项目根目录的 openjob 模块中，开始编写列表展示接口代码的第一步，定义路由。

```
# openjob/urls.py
# 在主项目的 urls 中声明模块 tickets 的路由，并指向该模块的路由路径
urlpatterns = [
    ......
    url(r'^tickets/v1/', include('tickets.urls', namespace = 'tickets')),
]
```

tickets/urls.py 代码如下所示。

```
# tickets/urls.py    该文件需要你自己建立
from django.conf.urls import url
from tickets import views
app_name = '[tickets]'
# 模块 tickets 定义列表展示的接口路由与其对应的视图类
urlpatterns = [
    url(r'^tasks, views.TicketsListView.as_view(), name='tasks) ,
]
```

由于列表展示接口需要支持用户认证、分页、数据序列化，那么来看一下基于 DRF 的视图 TicketsListView 类如何一步步实现，首先需要把数据序列化展示出来，如下所示。

```
# tickets/views.py
from rest_framework import generics
from tickets.models import TaskTicket
from tickets import serializers
class TicketsListView(generics.ListAPIView):
"""
该视图类用于返回列表数据的信息
"""
queryset = TaskTicket.objects.all()
# 通过 serializer_class，用于把 ORM 对象直接序列化成 JSON 格式的数据
    serializer_class = serializers.TicketsListSerializer
```

通过继承 DRF 提供的 ListAPIView 类，视图类 TicketListView 自然而然地拥有一个标准 RESTful GET 方式的所有属性，这样只需定义内置的 queryset 和 serializer_class 属性就能清晰地告诉 DRF 数据从数据库表 TaskTicket 中来，并由序列化类 TicketsListSerializer 进行数据抽取后返回序列化数据，如下所示。

```
# tickets/serializers.py
from rest_framework import serializers
from tickets.models import TaskTicket
class TicketsListSerializer(
    serializers.ModelSerializer
):
"""
用于数据序列化的类，继承 ModelSerializer 类，只需要定义 Meta 中的 model 字段
"""
    class Meta:
        model = TaskTicket
        fields = '__all__'    # fields 返回该 model 中的所有字段
```

同样，定义类 TicketsListSerializer，继承 DRF 自带的 ModelSerializer 类作为父类，只需要简单地在子类 Meta 中指定 model 及返回的字段 fields，就能方便地从数据库中抽取数据进行序列化处理，尝试调用列表展示接口，如下所示。

```
http  GET  http://127.0.0.1:8000/tickets/v1/tasks
HTTP/1.1 200 OK
Allow: GET, HEAD, OPTIONS
Content-Length: 1114
Content-Type: application/json
Date: Mon, 21 Jan 2019 03:44:45 GMT
Server: WSGIServer/0.2 CPython/3.6.1
Vary: Accept, Cookie
```

```
X-Frame-Options: SAMEORIGIN
[
    {
        "create_datetime": "2019-01-21T03:32:47.101181Z",
        "employer": "",
        "id": 1,
        "owner": "baoer.gu",
        "status": 1
    },
    ……
]
```

9.3.4 正确返回及错误输出

已经能返回列表了，尽管这个 API 离预期效果还有些距离，但至少雏形初现。接着，给这个 API 加上用户校验，让其更安全，如下所示。

```
# account/auth.py
……
from rest_framework.authentication import BaseAuthentication, get_
authorization_header
……
class UserAuthentication(BaseAuthentication):
    def authenticate(self, request):
        """
        用户认证接口，通过获取 uid 来进行 JWT 算法解密
        """
        # uid = request.query_params.get('uid')
        uid = get_authorization_header(request).split()[0]  # 从 http 请求头获取 token
        if uid:
            try:
                token = validate_token(uid)        # 验证其 token 的合法性及解密 token 信息
            except:
                return
            else:
                username = token.get('username')
            if not username:
                return None
            # 若合法，则获取数据库中对应的用户信息，否则返回 None
            user = User.objects.get(username=username)
            if not user:
                return
```

```
            else:
                return (user, uid)
        else:
            return None
```

9.3.5 单元测试

由于authenticate方法只是验证用户token的合法性，而用户验证之后还需要进行登录（login），需要再定义login_required的装饰器，以完成这个动作，为了上下兼容Django的环境，使用Django的装饰器工具进行绑定，这样就能通过切入式编程的方式，为每个需要用户认证的视图类进行安全校验，如下所示。

```
from functools import wraps
from django.contrib.auth import REDIRECT_FIELD_NAME    # 用于访问被请求的url绝对路径
from django.utils.decorators import available_attrs
# 该库兼容py2和py3的Django环境变量
from rest_framework import status
from rest_framework.response import Response
def login_required(func=None,redirect_field_name=REDIRECT_FIELD_NAME):
"""
用于在视图中用户校验的装饰器
"""
def decorator(func):
    # wraps方法的作用是保留包装函数原有的属性，也是编写Python装饰器标准方法
        @wraps(func, assigned=available_attrs(func))
        def wrapper(request, *args, **kw):
            # request.auth的属性包含了authenticate方法返回的用户信息
            if not request.auth:
                return Response(data={
                    "results": '认证失败',
                    "status": status.HTTP_401_UNAUTHORIZED
                }, status=status.HTTP_401_UNAUTHORIZED)
            else:
                return func(request, *args, **kw)
        return wrapper
    if func:
        return decorator(func)
    else:
        return decorator
```

然后，在视图类TicketsListView引入接口认证模块，如下所示。

```
# tickets/views.py
......
# method_decorator 方法，使自定义装饰器能够兼容 Django 上下文请求环境
from django.utils.decorators import method_decorator
from account.auth import UserAuthentication

# 每个需要用户登录的视图类，定义好 http 方法后，添加该 login_required 装饰器即可
@method_decorator(login_required, name='get')
class TicketsListView(generics.ListAPIView):
......
# 还必须添加用户验证的 UserAuthentication 方法
    authentication_classes = (UserAuthentication,)
```

最后加上分页机制，为了让它更接近完美，重写默认 DRF 提供的 PageNumberPagination 类，通过 url 参数 page_size=max，让它额外支持分页关闭因此在 tickets 模块中，新建 pagination.py 模块用于编写和分页相关的代码，如下所示。

```
# tickets/pagination.py
from rest_framework import status
# 利用 drf 自带的 status 属性定义 http 状态，避免自己硬编码
from rest_framework.pagination import PageNumberPagination
from rest_framework.views import Response
class LargeResultsSetPagination(PageNumberPagination):
'''
重写 DRF 默认的 PageNumberPagination 类方法，使分页返回信息更符合需要
'''
    page_size = 10                          # 定义当前页的数据返回个数
    page_size_query_param = 'page_size'    # 定义分页参数名
    max_page_size = 30                        # 定义当前页面的数据返回个数的最大数
def get_paginated_response(self, data):
    """
      重写默认的分页返回格式，可以让输出更符合自定义的规范
    """
        return Response({
             'page': self.page.number,
             'count': self.page_size,
             'total': self.page.paginator.count,
             'results': data,
             'status': status.HTTP_200_OK
        })
```

```
def get_page_size(self, request):
    """
    该方法主要为了定义分页参数的逻辑，为了让API支持全量返回，重载此方法并新增返回全量数据的。
    """
        if request.query_params.get(self.page_size_query_param) == 'max':
            self.max_page_size = 50000
            return self.max_page_size
        return super(LargeResultsSetPagination, self).get_page_size(request)
```

同样，把编写完的 pagination.py 模块引入视图类 TicketsListView，如下所示。

```
# tickets/views.py
......
from tickets import serializers, pagination   # 导入自定义的分页模块
......
@method_decorator(login_required, name='get')
class TicketsListView(generics.ListAPIView):
......
# 通过pagination_class属性定义分页的方法
    pagination_class = pagination.LargeResultsSetPagination
    ......
```

9.3.6 性能检测

通过这个练习，会发现只需要几步，就能使用 Django 下的 DRF（Django REST Framework，Django REST 框架）快速创建一套符合标准的无状态服务器端接口和完整的开发流程。这为设计师和开发者并行工作创造一款成功的产品提供了一个高效、有用的方法。除此之外，利用 DRF 强大的扩展能力，还可以组装各种接口常用的组件、序列化的抽象以及使用 JWT 提升接口安全性能等。

至此，本节以构建其独有的可浏览界面 RESTFUL-API 服务器作为开始，在接下来的章节中，将更进一步地完善和拓展 Vue.js 和 Django 在企业级开发过程中的功能。

Django生产部署的艺术

与大多数 Python Web 框架一样，Django 本身并不提供专业的 Web 服务器。在生产环境下，势必会使用一些性能更优的 Web 服务器实现 CGI（Common Gateway Interface，通用网关接口）网关反向代理启动 Django Web 应用程序。尽管常规部署这些基础工作很容易按部就班地完成，但当源源不断的“请求连接数”如洪水猛兽般涌来时，倘若没有做好足够的准备和预判，Web 应用程序会变得不堪一击。

因此，读者不应该小觑“部署”的重要性，它是高级应用程序与系统底层模块的一次重要“对话”。本章除了介绍实用的 Django 部署最佳实践外，还将分享更多 WSGI 服务器调优的技巧，以寻找 Django 与性能之间的平衡点。

10.1 准　备

在发布生产之前，通常需要做一些前置性工作，如配置日志、隔离开发环境等。尤其对于 Django，应通过不同的组合和精简其加载方式来满足当前项目的业务场景要求。

10.1.1 剪裁 Django

在项目发布上线之前，应该审视是否需要用到 Django 所有的内置功能，应尽量保持项目最小化。用户需要做的事情很简单，只需要关注如下 settiings.py 文件。

```
# dj_proj/dj_root/settings.py
......
INSTALLED_APPS = [
        'events.apps.EventsConfig',
        'consumer.apps.ConsumerConfig',
        # 'django.contrib.admin',
        'django.contrib.auth',
        'django.contrib.contenttypes',
```

```
        # 'django.contrib.sessions',
        # 'django.contrib.messages',
        # 'django.contrib.staticfiles',
        'rest_framework',
    ]
    ......
# STATIC_URL = '/static/'
```

对于只依赖于 REST API 的 Django 项目来说，用户应该更了解应用程序所要提供的核心功能有哪些。在 INSTALLED_APPS 中，笔者删除了 Admin 管理工具、内置的 Session 管理器和消息推送相关内容。另外，除非有额外的需要，前、后端分离也使得 Django 无须帮助管理静态资源以及配置相关模板，如下所示。

```
# dj_proj/dj_root/settings.py
......
# TEMPLATES = [
#     {
#         'BACKEND': 'django.template.backends.django.DjangoTemplates',
#         'DIRS': [],
#         'APP_DIRS': True,
#         'OPTIONS': {
#             'context_processors': [
#                 'django.template.context_processors.deBug',
#                 'django.template.context_processors.request',
#                 'django.contrib.auth.context_processors.auth',
#                 'django.contrib.messages.context_processors.messages',
#             ],
#         },
#     },
# ]
......
```

尽管 Django 在用户认证安全方面下足了功夫（如密码复杂度策略），但在很多时候，用户仍然会按照企业的需求灵活定制相应功能。这里笔者将删除其策略，如下所示。

```
# dj_proj/dj_root/settings.py
......
# AUTH_PASSWORD_VALIDATORS = [
#     {
#         'NAME': 'django.contrib.auth.password_validation.UserAttributeSim
              ilarityValidator',
```

```
#     },
#     {
#         'NAME': 'django.contrib.auth.password_validation.MinimumLengthValidator',
#     },
#     {
#         'NAME': 'django.contrib.auth.password_validation.CommonPasswordValidator',
#     },
#     {
#         'NAME': 'django.contrib.auth.password_validation.NumericPasswordValidator',
#     },
# ]
```

中间件是管理整个 Django 请求 / 响应生命周期的重要组件，提供了一系列钩子以便开发人员在一些特殊场景下控制请求上下文。由于篇幅关系，本书不会介绍关于 Django 中间件的详细机制及如何定制它，但读者理应了解当 Django 接收一个 HTTP 请求时的处理运作方式。settings.py 文件默认包含了 Django 针对 HTTP 请求附加的一些处理，结合 REST API 场景，用户可以删除下面的配置。

```
# dj_proj/dj_root/settings.py
......
MIDDLEWARE = [
    'django.middleware.security.SecurityMiddleware',
        #  'django.contrib.sessions.middleware.SessionMiddleware',
        'django.middleware.common.CommonMiddleware',
        'django.middleware.csrf.CsrfViewMiddleware',
        #  'django.contrib.auth.middleware.AuthenticationMiddleware',
        #  'django.contrib.messages.middleware.MessageMiddleware',
        'django.middleware.clickjacking.XFrameOptionsMiddleware',
    ]
......
```

10.1.2　生产 / 测试开发环境隔离

在开发 Django 项目的过程中，生产 / 开发测试环境进行隔离的方法有很多种，本小节并不推崇某种最佳实践，但读者如果初次接触 Django，那么很有必要了解它如何处理环境隔离问题。首先参照图 10.1，借用第 9 章的例子，像下面这样整理目录结构。

```
# dj_proj/dj_root/
  __init.py__
  settings/
```

```
        __init__.py
        base.py       # 用于存放 Django 的公共 settings 配置
        dev.py        # 用于存放 " 测试开发 " 环境的 settings 配置
          prd.py      # 用于存放 " 生产 " 环境的 settings 配置
    urls.py
    wsgi.py
```

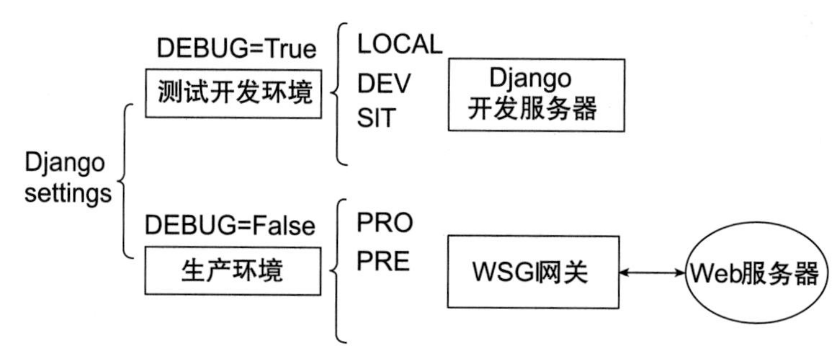

图 10.1　生产 / 测试开发环境隔离示例图

在 dj_root 模块中新建 settings 包，并针对不同的开发场景将环境划分为多个模块。为了便于演示，这里简单地将环境划分为开发测试环境与生产环境。

顾名思义，base.py 作为公共配置，只需要存放更为通用的 settings 配置，如下所示。

```
# dj_proj/dj_root/settings/base.py
import os
BASE_DIR = os.path.dirname(os.path.dirname(os.path.abspath(__file__)))
SECRET_KEY = ')m=29=je1s11hbp9^k_(!s%!kmo!vt-ouk_z%^+zwo=h9p45+$'
INSTALLED_APPS = [
    'events.apps.EventsConfig',
    'consumer.apps.ConsumerConfig',
    'django.contrib.auth',
    'django.contrib.contenttypes',
    'rest_framework',
]
MIDDLEWARE = [
    'django.middleware.security.SecurityMiddleware',
    'django.middleware.common.CommonMiddleware',
    'django.middleware.csrf.CsrfViewMiddleware',
    'django.middleware.clickjacking.XFrameOptionsMiddleware',
]
ROOT_URLCONF = 'dj_root.urls'
WSGI_APPLICATION = 'dj_root.wsgi.application'
DATABASES = {
```

```
    'default': {
        'ENGINE': 'django.db.backends.sqlite3',
        'NAME': os.path.join(BASE_DIR, 'db.sqlite3'),
    }
}
LANGUAGE_CODE = 'en-us'
TIME_ZONE = 'UTC'
USE_I18N = True
USE_L10N = True
USE_TZ = True
```

dev.py 开发测试环境只存放于与其相关的特定配置，如测试数据库配置、DEBug 属性、测试环境的缓存配置等，如下所示。

```
# dj_proj/dj_root/settings/dev.py
from .base import *
DEBug = True
```

需要注意的是，只有生产环境 DEBug 必须配置为 False，因为当 DEBug 是 True 时，其不仅输出更详细的堆栈和错误异常信息、自动管理静态文件，而且它将整个 Django 应用程序作为单一进程运行，无法处理并发任务，同时程序也会消耗大量的系统内存。

prd.py 生产环境只存放与其相关的特定配置，如生产数据库配置、DEBug 属性、生产环境的缓存配置、日志等，如下所示。

```
# dj_proj/dj_root/settings/prd.py
from .base import *
DEBug = False
ALLOWED_HOSTS = ['*']
```

除了上述所说的 DEBug 配置为 False 之外，ALLOWED_HOSTS 也是生产部署必选项。

隔离环境也必须做好对敏感信息的安全处理，如可以考虑使用诸如 python-dotenv 之类的环境变量管理工具，如果做一些加密处理，效果会更好。

由于默认的 settings 文件结构被改变，最后还需要告诉 Django 如何在不同的环境中采用何种 settings 文件，如下所示。

```
# dj_proj/manage.py
......
def main():
    # 这里指向 " 开发测试环境 " 的 settings 配置
      os.environ.setdefault('DJANGO_SETTINGS_MODULE', 'dj_root.settings.dev')
    ......
    if __name__ == '__main__':
```

```
        main()
```

生产环境的部署通常会使用 WSGI，因此别忘了修改 wsgi.py 文件，如下所示。

```
# dj_proj/dj_root/wsgi.py
import os
from django.core.wsgi import get_wsgi_application
# 这里指向 " 生产环境 " 的 settings 配置
os.environ.setdefault('DJANGO_SETTINGS_MODULE', 'dj_root.settings.prd')
application = get_wsgi_application()
```

10.1.3 日志

生产环境下日志的输出对于了解线上程序的运作追踪、问题排查显得非常重要，Django 在 Python 标准库 logging 的基础上进行了封装，开发人员可以很容易地对其进行配置，如下所示。

```
# dj_proj/dj_root/settings/prd.py
......
LOG_NAME = 'dj_proj'
LOGGING = {
    'version': 1,
    'disable_existing_loggers': True,
    'filters': {
        'require_deBug_false': {
            '()': 'django.utils.log.RequireDeBugFalse'
        }
    },
    'formatters': {
        'default': {
            'format': '%(levelname)s %(asctime)s %(message)s',
            'datefmt': '%d/%b/%Y %H:%M:%S',
        },
    },
    'handlers': {
        'mail_admins': {
            'level': 'DEBug',
            'filters': ['require_deBug_false'],
            'class': 'django.utils.log.AdminEmailHandler',
            'formatter': 'default',
        },
        'console': {
```

```
            'level': 'INFO',
            'class': 'logging.StreamHandler',
            'formatter': 'default',
        },
        'file': {
            'level': 'DEBug',
            'class': 'logging.handlers.TimedRotatingFileHandler',
            'filename': '/tmp/{}.log'.format(LOG_NAME),
            'when': 'D',
            'interval': 1,
            'backupCount': 10,
            'formatter': 'default',
            'encoding': 'utf8',
        },
    },
    'loggers': {
        LOG_NAME: {
            'handlers': ['console', 'file'],
            'level': 'DEBug',
        },
        'django.request': {
            'handlers': ['console', 'file'],
            'level': 'DEBug',
            'propagate': False,
        },
    }
}
```

上面的日志配置主要作为简单参考，将日志按天滚动并输出至文本中。当然，真实的生产环境更为复杂，比较好的做法是将日志输出至统一的 ELK 日志分析平台，如 Sentry，而不是本地文件。

10.2 部　署

对于部署基于 WSGI 的 Web 应用程序，CGI 服务器的参数调优是提高网络吞吐量的第一步，每一项参数的配置都足以影响操作系统的变化。然而做好这些看似容易的工作，我们需要深入理解计算机在网络 I/O 调度过程中的 CPU、内存及硬盘三者之间的变化。

笔者将借助时下较为流行的 Python WSGI 服务器，循序渐进地分享相关参数调优的经验，即使遇到诸如内存泄漏、僵尸进程等经典线上问题时，或许用户一时无法定位问题代码，但可在关键时采取紧急措施。

10.2.1 WSGI 介绍

WSGI 是一个 Web 服务器网关接口，它描述了 Web 服务器如何与 Web 应用程序通信，以及如何将应用程序关联在一起并生成请求。

在很早以前，Python 的 Web 应用程序有一个重要缺陷，就是没有互操作性的概念。意思是它只能运行在特定 Web 服务器的某个 API 中，如 FastCGI、mod_Python、CGI 等，而且相互无法兼容与操作。更糟糕的是，Apache 模块 mod_Python 并不是官方推荐的，安全性也很低。因此，开发人员需要一个新的解决方案来解决 Python Web 应用程序的运行。

WSGI 就此诞生，它包含了一套标准接口，用于将 Web 应用程序、框架路由再到 Web 服务器整合为一套完整的端到端技术解决方案。WSGI 的雏形最早可以追溯到 CGI 在互联网的早期阶段有过应用。CGI 的成功之处在于它可以与许多语言兼容，其缺点是有限的扩展性及性能较慢。

根据 PEP 333 中的详细说明，该接口允许在 Python 框架之间实现更大的互操作性。WSGI 为 Python Web 应用程序开发提供了很多公共的基础套件，因为它在 Web 服务器和 Web 框架之间提供了一个通用的、标准化的底层接口。

正如 PEP 333 所描述的，WSGI 最终将使用 __call__ 方法作为一个可调用的对象，并接收处理两个参数：

- WSGI环境；
- 触发响应的函数。

每当它从 HTTP 客户机接收到指向应用程序的请求时，Web 服务器通知网关（WSGI）触发一个可调用的 Web 应用程序。最终，WSGI 成为运行 Python Web 应用程序的标准方式，如图 10.2 所示。

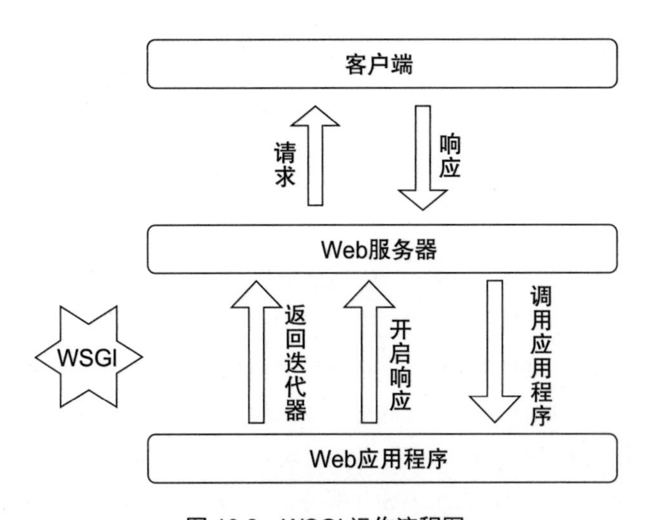

图 10.2　WSGI 运作流程图

服务器通过回调函数触发 Web 应用程序，并向应用程序传输相关信息。请求处理在应用程序端进行，服务器利用回调函数接收响应。所有主流的 Python Web 框架（如 Django、web2py、Flask、TurboGears 和 CherryPy 等）均已支持 WSGI。

10.2.2 uWSGI 基础

说起 WSGI，就不得不提到 Python 中两个较为知名、成熟的 WSGI 库：uWSGI 和 Gunicorn。两者皆支持“协程 +perfork”，提供更快的并发性能，区别在于 uWSGI 由 C 语言实现，而 Gunicorn 由 Python 语言实现。

如果 Web 服务器采用 Nginx，那么 uWSGI 在性能上会更优一些（“性能更优”取决 uWSGIr 的合理使用，否则 Gunicorn 在稳定性上更好），因为 Nginx 本身就包含了一个已优化过的 uWSGI 协议。

另外，uWSGI 对 Lua 的支持度非常完善，所以其亲和力、可扩展性会更好。得益于 C 语言环境，uWSGI 提供了更灵活、丰富的参数配置与操作系统及其他各种开发语言（Perl、Golang、PHP 等）交互。不过由于 Gunicorn 继承了 Pythonic 思想，不仅学起来较简单，而且学习成本较低，因此得到许多开发人员的偏爱。

这里笔者使用 uWSGI 库作为部署示例，首先使用 PyPI 安装。

```
pip install uwsgi
```

本书使用 uWSGI 的 2.0.18 版本，下面进入项目 dj_proj 根目录，看看如何使用它运行 Django 项目。

```
# uWSGI 应用示例
uwsgi --socket /tmp/dj_proj.sock --module dj_root.wsgi:application
--chmod-socket=666
```

直接在终端中运行该命令，会看到以下 uWSGI 运行的效果。

```
*** Starting uWSGI 2.0.18 (64bit) on [Sat Aug 10 17:34:05 2019] ***
compiled with version: 4.2.1 Compatible Apple LLVM 10.0.0
(clang-1000.10.44.4) on 04 March
2019 11:18:17
os: Darwin-17.7.0 Darwin Kernel Version 17.7.0: Wed Apr 24 21:17:24 PDT
2019;
root:xnu-4570.71.45~1/RELEASE_X86_64
nodename: QXIT-PC-000549.local
machine: x86_64
clock source: unix
pcre jit disabled
detected number of CPU cores: 4
current working directory: /Users/gubaoer/dj_proj
```

```
    detected binary path: /Users/gubaoer/pyvers/py3.6.8_djenv/bin/uwsgi
    *** WARNING: you are running uWSGI without its master process manager ***
    your processes number limit is 1418
    your memory page size is 4096 bytes
    detected max file descriptor number: 7168
    lock engine: OSX spinlocks
    thunder lock: disabled (you can enable it with --thunder-lock)
    uwsgi socket 0 bound to UNIX address /tmp/dj_proj.sock fd 3
    Python version: 3.6.8 (default, Mar  4 2019, 13:56:27)  [GCC 4.2.1
Compatible Apple LLVM 10.0.0 (clang-1000.10.44.4)]
    *** Python threads support is disabled. You can enable it with --enable-
threads ***
    Python main interpreter initialized at 0x7ffceb81b200
    your server socket listen backlog is limited to 100 connections
    your mercy for graceful operations on workers is 60 seconds
    mapped 72888 bytes (71 KB) for 1 cores
    *** Operational MODE: single process ***
    WSGI app 0 (mountpoint='') ready in 1 seconds on interpreter 0x7ffceb81b200
pid: 21078 (default app)
    *** uWSGI is running in multiple interpreter mode ***
    spawned uWSGI worker 1 (and the only) (pid: 21078, cores: 1)
```

暂时先不管这些参数代表什么意思，启动后，程序会输出当前操作系统的基本信息、uWSGI的运行状况以及一些警告和建议，如CPU核心数、内存块大小、最大文件描述符限制、Socket最大监听连接数、uWSGI工作模式等。为了确保当前uWSGI已经正常工作，只需关注一处指标，如下所示。

```
    *** Operational MODE: single process ***
    WSGI app 0 (mountpoint='') ready in 0 seconds on interpreter 0x7fb7a3826000
pid: 20513 (default app)
    *** uWSGI is running in multiple interpreter mode ***
```

一旦uWSGI与Web应用程序建立绑定关系，这里就会显示WSGI与应用程序解释器所派生的新进程信息，否则程序将会抛出异常。

使uWSGI能够正常运行一个Django应用程序并不那么复杂，表10.1是必要的参数说明。

表10.1　uWSGI必要的参数说明

参　　数	作 用 说 明
socket	该参数指定一个Web应用程序作为支持UNIX套接字协议的网络服务，这也是比较推荐的做法
module	指定加载支持Web应用程序的WSGI模块
chmod-socket	指定uWSGI协议的socket文件拥有可读写权限

这里笔者演示了使用 uWSGI 如何与 Django 应用程序进行绑定并建立 WSGI 网关，大大提高了先前使用 Django 内置开发服务器的稳定性及效率。最好使用诸如进程管理工具 Supervisor 或者 systemctl，将其作为系统服务便于管理。

在开始介绍如何配置 Web 服务器之前，读者应该明白上面的 uWSGI 基础配置对于当前拥有 CPU 四核配置的计算机而言，Django 应用程序理论上仅支持“单进程及同时处理 100 个连接数”的吞吐量，并且某些请求一旦发生阻塞，程序发生 HTTP 504 错误在所难免。如果程序因发生内存泄漏而崩溃，应当如何处理？下一节，我们将聚焦于 uWSGI 与 Linux 内核的性能优化。

10.2.3 uWSGI 加速与 KSM 技术内存抗泄

本节将从两个方面探讨通过 uWSGI 提高 Django 应用程序的网络吞吐量和进行内存优化。

1. 异步并发

在笔者撰写本章时，在基于传统 WSGI 的 Web 应用程序中，反应式模式依然是目前较为成熟、可靠的技术方案。对于 Django 的并发处理，较为出名的两个第三方库当属 Gevent 和 Tonardo。

相信大家所讨论最多的话题可能就是谁的性能更好。无论是 Gevent 的 libev/libuv+greenlet，还是 Tonardo 的 ioLoop+callback，其本质上都是基于事件循环 epoll（Linux 操作系统）的反应式模式。因此，单纯地对比两者孰优孰劣并没有太大意义。因为对于影响并发的性能效率，除了开发人员的代码质量之外，两者更多的还需要考虑 Python 解释器、数据库处理、第三方库以及当前开发场景等因素。下面是笔者的一些建议，仅供参考。

首先可以肯定 Gevent 非常快，除了具有良好的生态系统之外，它还能使我们在不改变已有“同步”代码的同时自动转换为异步模式，这些都归功 greenlet、libev 和 monkey-patch 的魔力。

Tornado 性能的优劣，更多地取决于开发人员本身对 Tornado 的理解及很多第三方库的限制。另外，Tornado 最初是为处理大量持久化连接而创造的，所以这个框架从来没有在频繁的 TCP 连接协商方面进行优化，这使得它在处理更多短连接时相比 Gevent 会占用更多系统资源。不过 Tornado 似乎比 Gevent 更优雅地处理了大量连接的请求，这可以使用诸如 AB 性能测试工具观察 Tornado 在高并发的场景中保持较低的错误率（在 CPython 下）。

值得注意的是，uWSGI 在 1.9 版本中放弃了对 callback 方式的支持，这就意味着使用 Tornado 作为异步并发方案带来不少工作量，并且 PyPy（PyPy 是有别于 CPython 的高性能实时编译解释器，这部分内容将在之后的章节中介绍）本身对 Tornado 内部的 Motor 支持得并不好。

综上所述，uWSGI + Gevent 似乎是构建基于 Python 的 Web 应用程序的最佳平台。尤其是在使用 MongoDB 时，Gevent 中更快的非阻塞套接字结合第三方库 PyMongo 可以作为非常高效的 Python 异步编程解决方案（如果数据库使用 MySQL，最好使用第三方驱动 PyMySQL，因为它与 Gevent 兼容得更好）。

下面使用 PyPI 安装 Gevent。

```
pip install gevent
```

让 uWSGI 支持 Gevent 非常容易，只需加上参数 Gevent 即可，下面是更完整 uWSGI 支持高并发的配置参考。

```
# uWSGI 支持高并发参数参考示例
uwsgi --socket /tmp/dj_proj.sock --module dj_root.wsgi:application
--chmod-socket=666 -gevent 100 --gevent-early-monkey-patch --processes 8
--reuse-port --thunder-lock --buffer-size=32768 --pidfile /tmp/dj_proj.pid
--listen 1024 --disable-logging
```

除了先前介绍的参数外，表 10.2 介绍了 uWSGI 中与提高并发吞吐量相关的参数说明。

表 10.2 uWSGI 中与提高并发吞吐量相关的参数说明

参　数	作 用 说 明
gevent	开启异步模式并指定“协程数”。“协程数”的大小取决于当前服务器的内存大小，建议结合实际压测报告进行调整
gevent-early-monkey-patch	在开启异步模式后，如果应用程序与一些外部资源进行交互时（如与数据库连接），这部分的进程可能相较于应用程序开启之前更早地被启动，因而导致异常。因此，该参数为了确保所有与应用程序有关的处理会提前被打上 monkey 补丁后运行
processes	在开启异步模式后，默认是“单进程异步并发模式”。在 I/O 操作频繁的场景下，该模式已经足够。如果用户希望能够充分发挥单机多核的优势，这里可以指定进程数开启“协程+prefork”模式。确定进程不能单凭“2 × CPU 核心数”作为依据，而应使用如 uwsgitop 等监测工具及压测报告进行调整
listen	当处于侦听状态的服务器打开 TCP 套接字时，当前服务器即可处理最大连接数量。但如连接数量果超出上限，在处理客户端连接时，应用程序速度就会变慢，甚至变为 0。默认 uWSGI 支持的连接数量上限为 100，用户可以通过此参数调整连接数量。另外建议调整 Linxu 内核参数 net.core.somaxconn
buffer-size	当服务器接收到比较大的请求时，uWSGI 日志会显示“invalid request block size”的异常错误。这是由于 uWSGI 默认的请求头分配了一个非常小的缓冲区（4096 字节）。用户可以通过该参数进行调整
thunder-lock	无论是开启多进程还是为多个 Web 应用程序进行负载均衡，用户都会遇到一个 Linux 网络编程的经典问题——“惊群现象”。设置该参数能智能地将请求传递给空闲进程，从而避免所有进程都响应该请求，减少资源的浪费
reuse-port	在 Linux 内核 3.9 版本后加入了 SO_REUSEPORT 方法，利用该参数使它能够支持多个进程或者线程复用到同一端口上，提高服务器程序的性能
disable-logging	默认情况下，uWSGI 会把每个 HTTP 请求都记录到系统控制台。大量的日志消息输出会消耗部分的系统资源，而且还包括代码执行的日志记录和格式化处理的逻辑。禁用此功能，会提高“每秒并发数”
pidfile	指定 pid 文件，结合进程管理工具能更好控制应用程序的启动、停止和重启

最后，不要忘记在 Web 应用程序中引入 Gevent 的 Monkey Patch，也就是我们俗称的“猴子补丁”。通常会在 Django 应用程序的 __init__.py 中定义：

```
# dj_proj/dj_root/__init__.py
from gevent import monkey; monkey.patch_all()
```

2. 内存控制

除了开发人员不合理地编写代码和操作数据库之外，Python 语言解释器 CPython 的内部解析机制（pgen）也存在使内存无端增长的风险（PEP 269 草案有关于 pgen 的介绍）。uWSGI 提供了一整套内存控制的参数，使我们可以防患于未然，如表 10.3 所示。

表 10.3　uWSGI 内存控制相关参数说明

参　数	作 用 说 明
reload-on-as	当某个进程的虚拟内存超过该参数指定的上限时，将被重启
reload-on-rss	当某个进程的物理内存超过该参数指定的上限时，将被重启
reload-mercy	该参数设置平滑重启工作进程的时间，如果工作进程在规定的时间内还未响应，就会被强行结束
max-requests	设置最大接受请求数，一旦某个进程超过上限将会被回收重启。作为避免内存泄漏的可选项之一，官方更推荐使用 reload-on-as/reload-on-rss。笔者在实际场景中通常会结合实际情况使用
max-worker-lifetime	该参数指定工作进程在规定的时间内自动重启。通过每次进程的回收重启而带来的内存释放来提高吞吐量。定期重启进程可以为下一个请求强制创建一个干净的实例。这种简单又粗暴的方式对于诸如 uWSGI 之类的中间件组件而言会非常有效。不过这也是一把“双刃剑”，因为在内存过少或者请求比较频繁的时候，可能会导致重启进程的开销超过它本身带来的好处。对于 uWSGI 任何参数所带来的变化，最好经过多次测试及验证
memory-report	开启内存报告。这对观察某个请求的占用内存资源非常有用

通过合理设置上面的参数，可以有效地减少应用程序内存泄漏的风险，但其实我们还能再更进一步。Linux 内核的 2.6.32 版本引入了一种 KSM（Kernel Samepage Merging，内核同页合并）技术。了解 KSM 之前，读者应该知道进程之间的内存是相互隔离且独享的。在一个或多个应用程序启动多进程，往往会造成进程之间各自保存一份相同的内存块，这就会导致不必要的系统资源的浪费。

KSM 技术用于寻找应用程序中相关的内存块并将其标记为优化（共享）的候选内存块，然后跨多个进程复用这些内存，在此之前，对虚拟化环境极为有用。这类内存块被合并到一个页面中，然后由各个进程引用它。

当想要修改一个进程时，它会被标记为 unshared，这样其他进程就不会破坏该内存块中的数据。如今，KSM 早已不是新技术，并且我们已经在 VMWare（透明页面共享 TPS）、Xen（内存即时复制 Memory CoW）甚至 Docker 中看到它的身影。

我们可以在 uWSGI 中引入 KSM 特性来进一步优化内存。首先需要启动一个 KSM 的守护进程（ksmd），它作为内核态的守护进程会周期性地扫描、对比，以及在可能的情况下对特定内存区域进行合并处理。现在只需设置 /sys/kernel/mm/ksm/run 为 1 即可。

```
echo 1 > /sys/kernel/mm/ksm/run
```

在默认情况下，KSM会在每次请求结束后针对内存进行映射和扫描，这一过程本身也是有代价的，建议指定ksm参数来控制扫描频率。

```
# uWSGI 的 KSM 参考配置示例
uwsgi --socket /tmp/dj_proj.sock --module dj_root.wsgi:application
--chmod-socket=666 -ksm=10
```

需要注意的是，如果uWSGI无法识别ksm参数命令，可能需要以编译的形式重新安装uWSGI及支持KSM的插件。

观察KSM的工作状态，可以在Linux系统中使用下面的命令，也可以通过uWSGI的官网了解更多关于KSM的内容。

```
grep -H '' /sys/kernel/mm/ksm/pages_*
```

本节所介绍的参数尽管只是uWSGI的冰山一角，但对于优化Python Web应用程序性能显得至关重要。用户可以将uWSGI作为生产部署中的基础配置，也可以将其作为解决性能瓶颈的最后手段。笔者一贯认为，所谓的“性能优化”更多的是先考虑业务逻辑和代码本身，之后才会考虑技术框架和语言本身的优化处理。

另外，值得一提的是，uWSGI的强大之处还在于它不仅提供了一整套Web应用程序的“脚手架”（如RPC、缓存、队列、路由等工具），而且得益于社区中有不少是“类UNIX”的核心开发成员读者，在学习过程中也能了解当下比较主流的网络编程脉络。这也是笔者很喜欢使用它的原因之一。

10.2.4 深入理解 uWSGI 启动的机制

本节将向大家介绍uWSGI比较有意思的部分，就是它在预派生（preforking）的模式下运作的机制。了解该机制对理解现代化网络编程以及如何更进一步在Django中节省系统资源有很大的帮助（这方面内容会在第11章进行讨论）。

这里简单地复习一下预派生。在Web服务器或应用程序上下文中，预派生意味着Web服务器在启动之后会通过fork()生成一定数量的进程，每个进程都将处理传入的请求。在类UNIX操作系统上，操作系统会调用fork()创建这些进程，并让它们继承父进程地址空间的副本。当然在这一过程中，这些进程并不会复制父进程内存页。相反，它们实现了一种称为“写中复制”的策略，这意味着子进程在初次创建的时候只包含少量的数据结构。特别是，堆页面不会被复制。在“写”之前，它们会指向父进程节点的引用。

当使用带有uWSGI的多个进程（如processes参数）时，uWSGI将在其第一个进程中实例化应用程序，并将多次调用fork()，直到达到所需的worker数量，如图10.3所示。

每个子进程都会包含第一个进程的多个副本。这些副本其实就是一个完全实例化的Web应用程序，随时可以为连接请求提供服务。考虑到fork()和“写中复制”的工作方式，因此生成这些进程会快速和高效。

有一些特殊情况（特别是在代码中显式地使用线程时）需要注意。例如，手动创建一个后台线程，并周期性地去处理一些后台任务或者计算，该后台线程会随着 uWSGI 在应用程序启动时初始化第一个进程的时候被创建。之后默认情况下就会开始创建子进程。然而就像先前提到的，子进程只会包括主进程的一个副本，而在代码中显示创建的后台线程并不会被包括。这样设计的目的是有效地防止内存缓冲区被频繁刷新，但这就导致后台线程将有可能不会工作。

uWSGI 也提供了两种解决方案。

第一种，postfork 装饰器，如图 10.4 所示。

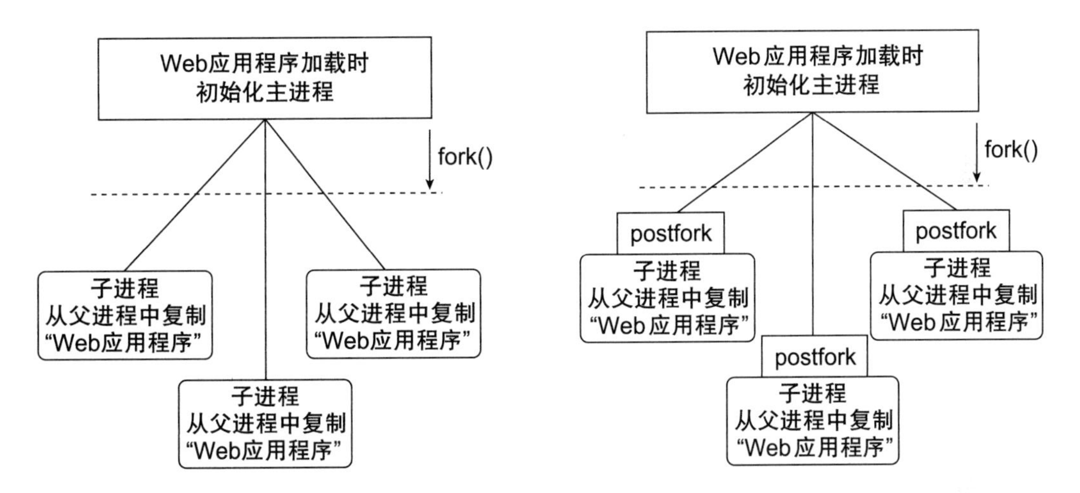

图 10.3　uWSGI 与预派生模型　　　图 10.4　uWSGI 与 postfork 装饰器

使用 postfork() 装饰器可以确保每个工作中的子进程都包含针对后台线程支持。

第二种，惰性加载应用程序，如图 10.5 所示。

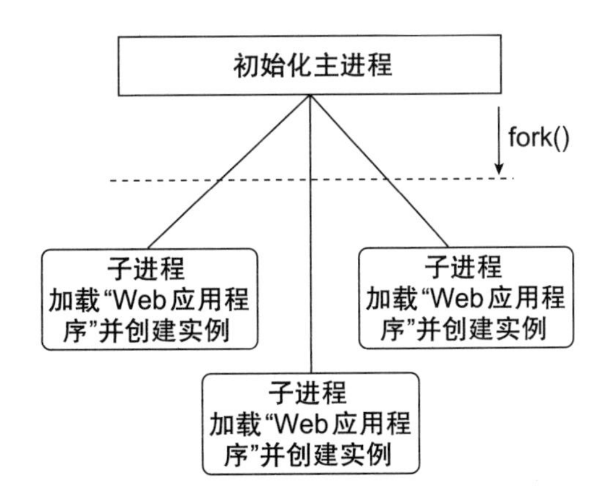

图 10.5　uWSGI 与惰性加载应用程序

uWSGI 提供了一种在 fork() 调用之后实例化应用程序的方法。简单地说，所谓惰性加载应用模式就是每个被创建的子进程都会加载并创建应用程序实例，而不是默认地在初始化父进程中处理。这样使得每个进程可以独立启动，而不依赖父进程。这也意味着每个进程都可以包含自己的后台线程。开启该模式，只需要在运行 uWSGI 的时候加上 lazy-apps=True。

尽管惰性加载应用模式比默认的子进程复制父进程的实例化更安全，但它有两个缺点。一是启动程序的时间会变慢。因为每个子进程创建加载应用程序 *N* 次比子进程直接复制父进程应用程序的副本 *N* 次要慢。二是它会占用更多的内存，从操作系统的角度来看，每个独立的进程意味着它们之间可共享的内存会更少。

物理内存的消耗取决于应用程序本身，而对于使用 Django 编写的中、大型 Web 项目来说，这个问题尤其需要重视。

10.2.5 结合 Nginx 与轻量化测试 wrk

当配置好 uWSGI 之后，我们已经拥有了一个 WSGI 网关。下一步就是告诉 Web 服务器如何与 Web 应用程序通信。如下所示。

```
# Nginx 配置 uWSGI 示例
upstream django {
    // 这里仅作为演示，更好的习惯是不应该把配置及日志文件放在 /tmp 目录中
        server unix:///tmp/dj_proj.sock;
    }
    server {
                listen        8002 reuseport;
                server_name  localhost;
                client_max_body_size 75M;
                error_page   500 502 503 504  /50x.html;
                location = /50x.html {
                root   html;
            }
            location / {
                include uwsgi_params;
                uwsgi_pass django;
            }
    }
```

上面是一个非常简单的 Nginx 配置 uWSGI 的示例（Nginx 本身的优化并不在本书讨论范畴内）。这里笔者通过 8002 端口将请求转发到指定的 UNIX 套接字中，此时 Django 应用程序会从 UNIX 套接字中获取请求并响应。

现在可以像下面这样访问后端服务接口。

```
GET  http://127.0.0.1:8002/events/api/list
HTTP/1.1 200 OK
Connection: keep-alive
Content-Length: 365
Content-Type: application/json,charset=utf-8
Date: Mon, 12 Aug 2019 08:07:51 GMT
Server: nginx/1.15.9
X-Frame-Options: SAMEORIGIN
{
    "data": [
        {
            "address": "国家会展中心虹馆 EH",
            "date": "2019.08.16",
            "name": "西城男孩 Westlife20 周年世界巡回演唱会"
        },
        {
            "address": "美琪大戏院",
            "date": "2019.12.15",
            "name": "音乐剧《芝加哥》"
        },
        {
            "address": "上海大剧院 - 大剧场",
            "date": "2019.08.25",
            "name": "法国音乐剧《放牛班的春天》中文版"
        }
    ],
    "status": 200
}
```

通常，接口的压测是生产发布前必要的一环，其中 QPS（每秒处理的请求数）是研判性能的重要参考指标之一。考虑到本书篇幅，本书不会专门介绍性能压测的具体内容，但读者了解一些常用测试工具还是很有必要的，这方面的选择有很多，如 locust、ApacheBench、Loadtest 等。

本节主要简单介绍测试工具 wrk 的使用方法。作为目前比较流行的 HTTP 基准测试工具，wrk 最突出的特点就是可以充分利用 CPU 多核的特性，并且支持 epoll 和 kqueue，能够达到很好的支持测试“协程”性能效果。另外，其还可以使用 Lua 脚本进行更多功能的扩展。

用户可以直接使用 git 下载该项目，然后按照下面的方式进行安装。

```
# wrk 安装示例
git clone https://github.com/wg/wrk.git
```

```
cd wrk
make
cp wrk /usr/local/bin
```

可以去官网 https://github.com/wg/wrk/wiki 查看更多安装说明。安装后，就可以使用 wrk 来测试接口了。

```
>  wrk -t8 -c200 -d30s http://127.0.0.1:8002/events/api/list
Running 30s test @ http://127.0.0.1:8002/events/api/list
  8 threads and 200 connections
  Thread Stats   Avg    Stdev     Max      +/- Stdev
Latency   178.56ms  182.50ms   1.32s    88.53%    # 延迟的平均值、标准差、最大值等
Req/Sec   172.18     69.34   440.00     67.30%    # 请求的平均值、标准差、最大值等
  41205 requests in 30.10s, 25.31MB read
  Non-2xx or 3xx responses: 21879
Requests/sec:    1368.75        # 每秒请求数
Transfer/sec:    861.09KB      # 平均每秒读取数据
```

这里为了便于演示，在该示例中使用了 wrk 常用的命令参数，开启了 8 个线程在 30 秒内处理 200 个请求。从运行结果来看，wrk 显示的信息虽然简单，但可以直接反映接口性能的关键指标。

10.3 换台“发动机”——PyPy 3

众所周知，使用 C 语言编写的 CPython 是 Python 的默认解释器。它的主要工作是将 Python 代码经 C 编译成字节码再通过“内置虚拟机”转换成机器码。目前绝大多数 Python 开发者基本都在 CPython 上运行 Python 代码。由于 Python 性能差、占用内存大及消耗系统资源（尽管 Python 3.6 及之后的版本已经有了一些改善），不少开发者选择其他 Python 解释器来提高代码执行速度，如较为知名的有 PyPy、Cython、Jython 和 Grumpy。

Cython：有别于 CPython，它是一个编译器，包含了所有的功能，支持使用 C 语言进行功能扩展，从而提高了效率。作为 Python 的一个超集，其完全可以将局部的性能瓶颈代码通过 C 语言重写。

Jython：唯一的差别是它使用 Java 而不是 C 来获取字节码。这使得字节码能够在 JVM （Java 虚拟机）中运行，就像 Kotlin、Scala 或 Java 等其他语言一样。由于 Jython 只是另一种解释器的实现，用户可以使用所有 CPython 代码并在 Jython 上运行它，而不需要更改任何一行代码。

PyPy：PyPy 解释器的核心是引入了即时（Just-In-Time, JIT）编译，它用来将源代码中重复的部分直接编译成机器码（而不是像 CPython 或 Jython 那样的字节码）。这比运行字节码更有效，因此即使考虑到编译代码的时间，也可以极大地提高速度。

Grumpy：由于 GoLang 在编译的过程没有“虚拟机”的概念，并且拥有新的垃圾回收机制和 goroutines 机制，Google 为了改善 CPython 2.7 的性能推出了一种将 Python 代码转换为 GoLang 编

译执行的工具 Grmpy。它不仅能直接让 Python 在无 GIL 的环境下运行，而且直接从 Golang 中获得部分性能上的改进。不过该工具并不支持 Python 3。截至本书撰写时，该项目在 GitHub 中的代码已经有两三年没有更新。相比于其他解释器 PyPy 和 Cython，该项目的不成熟性和局限性使其并没有什么优势。

与其他相比，大部分 Python 程序员更喜欢 PyPy，除了具有最佳的性能和速度外，PyPy 还使用了 Python 编程语言的子集 RPython 编写，语言本身的兼容性得到了更好的保证。

PyPy 通过即时编译极大地提高了 Python 代码的执行速度。它利用 JIT 编译方法来提高解释器系统的效率和性能，从而进一步步使 PyPy 运行任何 Python 程序的速度都比其他解释器的实现快得多（根据官方描述，PyPy 比 CPython 快 7.5 倍）。PyPy 的每个新版本都有此前一个版本更好的性能，执行 Python 程序的速度也比前一个版本更快。

10.3.1　Stackless 的无堆栈与 PyPy 3 新特性

2005 年，PyPy 开发团队耗时 2 年开发了首个对外公开的预览版 0.6 Release，直到本书撰写时已经走过了 17 个年头。多数国内开发者对 PyPy 这一“性能猛兽”的印象还停留在其是“实验性项目”或者“其早期版本不稳定”上。

诚然，PyPy 3 的发布以及最近几年一些国内开发团队陆续开始使用 PyPy 作为技术栈之一，这也促使笔者希望通过本节内容能够使大家更系统、全面地了解最新版本的 PyPy 及生产实战经验。可靠的稳定性以及绝佳的性能优势已经使得 PyPy 成为替代默认 CPython 解释器不错的技术选项。

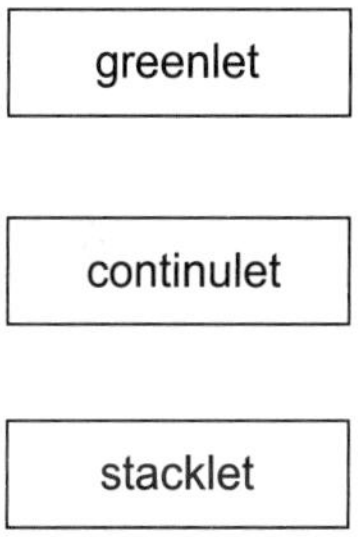

PyPy 最大的优势就是“速度”，除了集成了即时编译器外，它还内置了基于 C 语言的协程库 stacklet 的异步框架 Stackless（曾经基于 Python Stackless 框架开发的 HTTP 服务器 Eurasia 3 以其极其强大的并发性让很多人印象深刻）。或许读者会抛出一个疑问，它与 Gevent、Asyncio 等协程库有什么区别？在回答这个问题前，首先通过图 10.6 了解 stacklet 库的基本结构。

greenlet

continulet

stacklet

图 10.6　stacklet 库的基本结构

PyPy 结合 stacklet 库提供了一种基于 Python 的无堆栈异步协程的模型，其主要在一个名为 continulet 的自定义原语基础之上实现了 greenlet（微线程）和通道（channel）通信的机制，而前者也是 stacklet 的封装。下面从之前的问题中进一步探讨什么是无堆栈以及它与 Geven 的 greenlet 的区别。

提到堆栈，很自然地就会使人联想起递归。现在暂时将视线放在 CPython 上，下面是一段使用递归方法计算斐波那契数列中第 *n* 个数的值的代码。

```
# 使用递归计算“斐波那契数列”中第 n 个数的值
def fibFromRecursion(n):
    if n <= 1:
            return n
```

```
    else:
        return fibFromRecursion(n - 1) + fibFromRecursion(n - 2)
Recursion_result = fibFromRecursion(3)
输出：2
```

函数是通过数据结构“栈”（也称为堆栈）实现的，每次调用一个函数，栈就会增加一层栈帧，而返回一个函数的值即会减少一层栈帧。递归函数和普通函数没有任何差别，只是一种函数可以调用自身的方式。根据上面的代码示例，很容易在纸上画出每次栈调用的情况，如下所示。

fibFromRecursion 3 →

* 3 (fibFromRecursion 2) →

* 3 (* 2(fibFromRecursion 1)) →

* 3 (* 2(* 1(fibFromRecursion 0))) →

* 3 (* 2(* 1 1)) →

* 3 (* 2 1) →

* 3 2 →

共调用 6 次堆栈，得出结果是 "2"

很明显，一旦函数调用并开始计算 fibFromRecursion 函数形参 n 的值，就会继续调用自身并重复计算，直到达到符合条件。这意味着栈会不断地保存函数调用时的状态和产生新的堆（内存空间）。

这就带来两个问题：第一，栈空间是有限的，如果函数的调用层次太深，超出了上限，就会导致堆栈溢出；第二，由于栈的调用存在系统开销，尽管 CPython 可以动态释放内存，但在栈调用过于密集的情况下，依然会存在堆栈溢出的问题。此外，fibFromRecursion 函数在每次调用时都会被重新计算而得到新的结果，随着调用次数越多，消耗的内存就如同二叉树一样呈指数级增长。

更进一步说，协程就是函数的另一种实现（生成器），其本质是将寄存器载入用户态的堆栈中进行上下文切换，从而大大减少内核态之间切换的代价。然而，协程技术同样继承了堆栈溢出的风险。下面是使用生成器计算斐波那契数列中第 *n* 个数的值的示例。

```
# 使用生成器计算“斐波那契数列”中第n 个数的值
def fib_fromGenerator(n):
    def calc(n):
        if not isinstance(n, int) or n < 0:
            pass
        a, b, iter = 0, 1, -1
        while iter < n:
            yield b
            a, b = b, a+b
            iter += 1
```

```
    return list(calc(n))[n]
print(fib_fromGenerator(2))
```

要彻底解决堆栈溢出的问题，最好的解决方案就是无堆栈。这里不得不提的就是尾递归优化技术，这里先看一下下面的示例。

```
# 使用尾递归优化技术计算斐波那契数列中第 n 个数的值
def Fib_tail_recursion(num,res,temp):
  if num==0:
    return res
  else:
    return Fib_tail_recursion(num-1, temp, res+temp)
print(Fib_tail_recursion(3,0,1))
```

与前面示例相比，尾递归优化技术使得每次调用的结果都以参数的形式缓存并传递给下次调用，当前栈帧不需要保存在内存即可直接处理或复用父帧，而非重新计算整个函数。这种如同迭代的方式，使得栈的层次更像一种数组，消耗的内存转变为线性增长，既避免了递归导致的内存溢出问题，又能保持递归分而治之的好处。

遗憾的是，这里的代码层面虽然使用尾递归优化，在 CPython 解释器中确实能够改善内存消耗的情况，但依然还是会超出递归限制，导致堆栈溢出的异常，这是由于默认解释器在语言层面上不支持该特性（事实上诸如 JavaScript、GoLang 1.x 版本等语言均不支持）。

首先，在 CPython 解释器中，C 语言的堆栈信息与堆栈上的 Python 数据（程序的状态）混合在一起，但这两者在逻辑上是分开的，它们只是使用了相同的堆栈。然而，事实上，用户可能很难掌握一个堆栈会占用多少空间（或许将近一个进程的大小）。毕竟每个帧所需的堆栈空间可能是合理的。其次，对于 CPython 这种堆栈的强耦合，用 C 语言很难控制其切换的过程。然而，一旦 Python 停止将 Python 数据放在 C 堆栈上，堆栈切换就变得很容易了。

实现 Python 无堆栈的基本方法主要从两个方面着手（最早在 PEP 219 草案中提出）。首先，将 C 语言的堆栈信息与 Python 数据彻底解耦，并实现一个包含树的堆栈结构。其次，在正常的运行中，它会被分成“块”存储在各个节点中。函数的调用和返回状态会在外部进行栈帧的传输控制，而无须在多个堆栈之间进行传输。

PyPy 公开了 Python 支持无堆栈的语言特性——以大规模并发风格编写代码的能力。它提供了不受递归深度限制运行的能力，又能间接实现相同的效果。它的无堆栈技术的核心在于实现了一种 Python 独有的微线程序列化（pickle）的方式（这块内容涉及编译原理，因此并不在本书所讨论范畴内）。PyPy 内置的 greenlet 也是 greenlet 库支持无堆栈版本的另一种实现，而 CPython 的 Gevent 中的 greenlet 却不支持无堆栈。表 10.4 是笔者对于目前高级异步框架支持无堆栈的一些总结。

表 10.4　常用 Python 异步框架支持无堆栈特性总结

高级异步框架	是否支持无堆栈	说　明
CPython + Gevent	不支持	
PyPy + continulet	支持	作为 PyPy 原生支持，C 编写的 stacklet 库性能更优
PyPy + Gevent（greenlet）	支持的不完善	相比原生 Stackless，除了缺少了很多对协程扩展性的支持，在无堆栈的实现方面还存在内存泄漏的问题，且性能相对较差
CPython + Asyncio	不支持	
PyPy + Asyncio	支持	Asyncio 本身目前还处于发展阶段，其可靠性还有待观察

从表 10.4 中可以看出，越来越多的 CPython 异步框架兼容 PyPy 解释器。在 PyPy 中使用原生异步库是较好的选择。

本书采用的是 PyPy 3.6-v7.1.1 版本（截至本书发稿时的最新版本），并包含了 Python 2.7、3.5 以及 3.6-alpha 解释器的支持。值得一提的是，PyPy 3.6-v7.1.1 版本提供了更方便的查看垃圾收集器（GC）性能工具，还解决了一些多线程和多处理问题，大幅度提高了内部 UTF-8 表示 Unicode 编码的效率。此外，PyPy 与现有 CPython 代码及很多第三方库（如 twisted 和 Django）高度兼容，并且升级了最新版本的 cffi 库（鉴于 PyPy 本身支持 C 扩展，需要使用 cffi 进行 Python 与 C 语言之间的转换）。

PyPy 目前最大的缺点是对 Python 3.6 解释器的支持仍然处于测试阶段（官方警告“PyPy 3.6 仍然没有达到生产质量”）。此外，当 Python 代码依赖于调用 C 扩展时，需要为 PyPy 重新编译才能工作。

10.3.2　PyPy 3 + uWSGI + Django 2 生产实战心得

在不变更任何代码的情况下，可以很容易使用 PyPy 替换原来的 CPython。在本节中，笔者会介绍如何在生产环境（Linux）下结合 uWSGI 提升 Django 性能，以及一些“避坑”小建议，首先确保 PyPy 3 已经被正确下载及部署。

```
wget https://bitbucket.org/pypy/pypy/downloads/pypy3.6-v7.1.1-osx64.tar.bz2
```

需要注意，必须确保使用 PyPy 与 Python 版本及操作系统相兼容的二进制包，当然用户也可以下载源码包自行编译、安装。为了便于演示，该示例在 OSX 平台计算机中运行，操作步骤与多数 Linux 发行版无异，下面解压 PyPy 的压缩包。

```
tar  -jxvf   /data/tools/pypy3.6-v7.1.1-osx64.tar.bz2
```

解压后，此时比较好的习惯是对新版本的 Python 进行环境隔离。需要使用 virtualenv（支持 Python 3 的最新版本）为它额外创建一个独立的 Python 运行环境（当然也可以使用诸如 pyenv 和 pyenv-virtualenv 自动化工具安装 PyPy，使当前操作系统的不同版本 Python 和环境变量的隔离），如下所示。

```
virtualenv -p /data/tools/pypy3.6-v7.1.1-osx64/bin/pypy3 /Users/gubaoer/env/py36_pypy_env
```

现在笔者的操作系统包含了两个与 PyPy 相关的目录。为了不让读者弄混，笔者绘制了表 10.5。

表 10.5　PyPy 安装路径与运行环境路径信息

路　　径	说　　明
/data/tools/pypy3.6-v7.1.1-osx64/	PyPy 安装包路径
/Users/gubaoer/env/py36_pypy_env/	PyPy 运行环境路径

下面进入 py36_pypy_env 目录并使用 source bin/activate 即可得到 PyPy 的所有运行环境。由于先前的 Django 项目示例 dj_proj 及 uWSGI 皆运行在 CPython 中，在这里需要使用 PyPy 自带的 pip 重新安装项目依赖。

```
# 使用 PyPy 自带的 pip 重新安装项目依赖，并保持版本一致
pip install Django==2.2.4
pip install djangorestframework==3.10.1
pip install uWSGI==2.0.18
```

现在进入项目目录 dj_proj，那么在启动之前，我们需要了解 PyPy 环境下运行 uWSGI 启动 Django 的具体细节。

```
# pypy 下的 uWSGI 启动 Django 的运行参数
/uwsgi --socket /tmp/dj_proj.sock  --chmod-socket=666 --pypy-home
/Users/gubaoer/env/py36_pypy_env/bin/pypy3 --pypy-lib
/data/tools/pypy3.6-v7.1.1-osx64/bin/libpypy3-c.dylib --pypy-setup
/data/tools/async-pypy3-uwsgi/pypy_setup.py --pypy-wsgi dj_root.wsgi --pypy-
eval
"uwsgi_pypy_setup_continulets()" --async 100 --processes 8 --reuse-port
--thunder-lock
--buffer-size=32768 --pidfile /tmp/dj_proj.pid --listen 1024 --disable-
logging
```

在上面的运行示例中，除了先前所介绍的在 CPython 下运行 uWSGI 的部分参数外，这里介绍一下其他重要的不同之处，如表 10.6 所示。

表 10.6　uWSGI 的 pypy 相关参数说明

参　　数	说　　明
pypy-home	指定运行 PyPy 的主目录
pypy-lib	指定 uWSGI 运行 PyPy 所需的动态库
pypy-setup	指定 uWSGI 运行 PyPy 的插件
pypy-eval	指定 uWSGI 运行之前执行 PyPy 插件提供的钩子
pypy-wsgi	指定 PyPy 启动 Web 应用程序的 WSGI 模块

要注意：首先，在 PyPy 中安装 uWSGI，理论上它会自行寻找 PyPy 的主目录以及相关动态库 libpypy-c.so 并集成在运行环境中，因此可以无须额外指定这部分参数。但如果系统中存在多个 PyPy 版本，这就会导致 uWSGI 无法找到 PyPy 运行环境而抛出异常。其次，OSX 操作系统使用的动态库是 libpypy3-c.dylib，同样也会造成 uWSGI 因无法识别而抛出异常的问题（可以在 PyPy 的安装包路径 bin 目录中找到该文件）。最后，由于目前最新版本 uWSGI 2.x 内嵌的 PyPy 插件存在不兼容 PyPy 3 的问题，建议读者下载最新的修复版。

```
git clone https://github.com/boylegu/async-pypy3-uwsgi.git
```

可以使用 --pypy-setup 手动指定 async-pypy3-uwsgi/pypy_setup.py。因此，正如读者所见，确保在 PyPy 下正常启动 uWSGI，显式指定 pypy-home、pypy-lib、pypy-setup 参数是很有必要。在项目根目录中别忘了指定 pypy-wsgi，运行后会看到如下输出。

```
    *** Starting uWSGI 2.0.18 (64bit) on [Sat Aug 17 15:58:02 2019] ***
    compiled with version: 4.2.1 Compatible Apple LLVM 10.0.0
(clang-1000.10.44.4) on 12 August
    2019 14:28:54
    os: Darwin-17.7.0 Darwin Kernel Version 17.7.0: Wed Apr 24 21:17:24 PDT
2019;
    root:xnu-4570.71.45~1/RELEASE_X86_64
    nodename: QXIT-PC-000549.local
    machine: x86_64
    clock source: UNIX
    pcre jit disabled
    detected number of CPU cores: 4
    current working directory: /Users/gubaoer/dj_proj
    writing pidfile to /tmp/dj_proj.pid
    detected binary path: /Users/gubaoer/env/py36_pypy_env/bin/uwsgi
    *** WARNING: you are running uWSGI without its master process manager ***
    your processes number limit is 1418
    your memory page size is 4096 bytes
    detected max file descriptor number: 7168
    - async cores set to 100 - fd table size: 7168
    lock engine: OSX spinlocks
    thunder lock: enabled
    uwsgi socket 0 bound to UNIX address /tmp/dj_proj.sock fd 3
    Initialized PyPy with Python 3.6.1 (784b254d6699, Apr 14 2019, 10:22:55)
    [PyPy 7.1.1-beta0 with GCC 4.2.1 Compatible Apple LLVM 10.0.0
(clang-1000.11.45.5)]
    PyPy Home: /Users/gubaoer/tools/env/py36_pypy_env
```

```
your server socket listen backlog is limited to 1024 connections
your mercy for graceful operations on workers is 60 seconds
mapped 31776512 bytes (31031 KB) for 800 cores
*** Operational MODE: preforking+async ***
*** PyPy Continulets engine loaded ***
*** no app loaded. going in full dynamic mode ***
*** uWSGI is running in multiple interpreter mode ***
spawned uWSGI worker 1 (pid: 17023, cores: 100)
spawned uWSGI worker 2 (pid: 17026, cores: 100)
spawned uWSGI worker 3 (pid: 17027, cores: 100)
spawned uWSGI worker 4 (pid: 17028, cores: 100)
spawned uWSGI worker 5 (pid: 17029, cores: 100)
spawned uWSGI worker 6 (pid: 17030, cores: 100)
spawned uWSGI worker 7 (pid: 17031, cores: 100)
spawned uWSGI worker 8 (pid: 17032, cores: 100)
```

相信读者已经对以上 uWSGI 输出的信息很熟悉，不过仍然有以下几点让人感到困惑。

no app loaded. going in full dynamic mode：不同于 CPython，因为 uWSGI 内部并没有很好地处理 PyPy 插件中用来启动 WSGI 程序的钩子，所以存在显示上的 Bug。不过这不影响正常使用。

PyPy Continulets engine loaded：这里笔者使用 PyPy 原生的异步框架 continulets 来加速 Django，而非 CPython 下的 Gevent。因此，在运行 uWSGI 的时候需要添加下面两个参数来开启 Continulets 异步模式。

```
--pypy-eval "uwsgi_pypy_setup_continulets()" --async 100
```

值得一提的是，uwsgi_pypy_setup_continulets() 是 uWSGI PyPy 插件 pypy_setup.py 中开启异步模式的钩子，经过 cffi 库的转换会触发 libpypy-c.so（这里是 libpypy3-c.dylib）的异步信号；而参数 async 用来指定开启多少个微线程（协程）。读者可以从 pypy_setup.py 源码中了解更多的钩子及其用途。

运行后，尝试调用先前的 API 看看返回是否正确。

```
# 基于 PyPy 环境下的调用 Django API 示例
GET  http://127.0.0.1:8002/events/api/list
HTTP/1.1 200 OK
Connection: keep-alive
Content-Length: 365
Content-Type: application/json,charset=utf-8
Date: Sat, 17 Aug 2019 08:58:08 GMT
Server: nginx/1.15.9
X-Frame-Options: SAMEORIGIN
```

```
{
    "data": [
        {
            "address": " 国家会展中心虹馆 EH",
            "date": "2019.08.16",
            "name": " 西城男孩 Westlife20 周年世界巡回演唱会 "
        },
        {
            "address": " 美琪大戏院 ",
            "date": "2019.12.15",
            "name": " 音乐剧《芝加哥》 "
        },
        {
            "address": " 上海大剧院 - 大剧场 ",
            "date": "2019.08.25",
            "name": " 法国音乐剧《放牛班的春天》中文版 "
        }
    ],
    "status": 200
}
```


我们在没有更改任何代码的情况下，顺利地在 PyPy 解释器环境下运行 Django。现在再次使用 wrk，同样开启了 8 个线程在 30 秒内处理 200 个请求。观察对比一下 PyPy + Continulets 与先前 CPython+Gevent 的性能差异，可以看出各项指标都有明显改善。

```
>  wrk -t8 -c200 -d30s http://127.0.0.1:8002/events/api/list
Running 30s test @ http://127.0.0.1:8002/events/api/list
  8 threads and 200 connections
  Thread Stats Avg        Stdev    Max          +/- Stdev
    Latency   81.55ms    23.50ms 256.56ms    69.80%
    Req/Sec   307.86     88.85   656.00      72.80%
    73579 requests in 30.09s, 39.50MB read
    Requests/sec:   2445.18
    Transfer/sec:   1.31MB
```

为了便于让读者更清晰地看出两者的差异，图 10.7、图 10.8 给出关键性指标的条形图。

笔者在两者之间使用 uWSGI 开启 8 个进程并分别使用不同的异步技术进行简单的基准测试，结果也很明显。PyPy + Continulets 在每秒查询率上比 CPython + Gevent 提高了一倍的吞吐量；但内存使用率也多出了将近一倍。这种结果很容易带来一些争议。事实上，对于这样的测试，笔者是有意而为之，因为在 PyPy 下进行少量的基准测试确实存在内存消耗过大的问题。这是为什么？

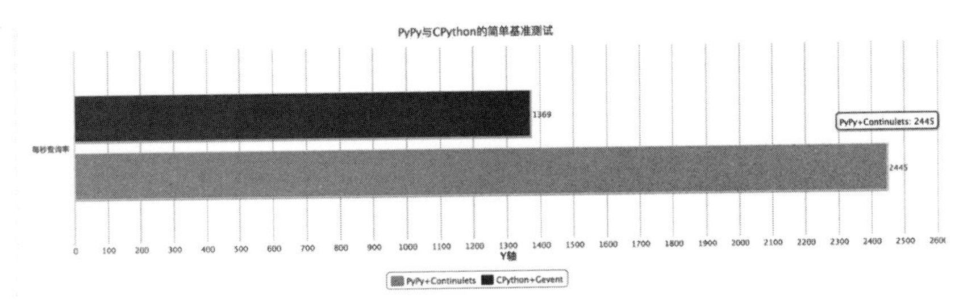

图 10.7　每秒查询率的对比

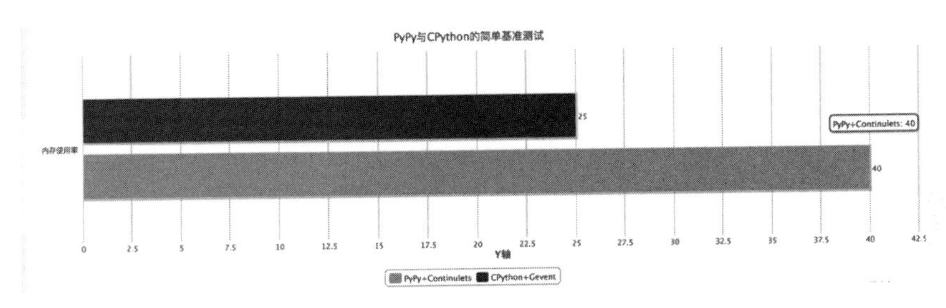

图 10.8　内存使用率的对比

因为 PyPy 在启动 Python 程序的过程中需要实时编译，在预热的同时，会消耗一定的 CPU 资源，只有通过反复运行编译后的代码，它才会变得更快。再者，PyPy 处理垃圾收集的方式也与 CPython 不同。

在程序运行初期，并不是所有对象一旦超出范围就会立即被收集，所以相比 CPython 启动会消耗更多的内存资源，随着运行时间的增加，内存就会趋于稳定和复用。这与 CPython 完全相反，由于内存管理中"引用计数和分代回收"对于高负载并不友好，使得 CPython 在初期的内存，占用率很小，但随着程序长时间运行，内存溢出的可能性就会变大。这也是官方认为 PyPy 比 CPython 内存消耗更少的原因之一。

无论如何，可以认为这是 PyPy 的一个副作用，只有程序运行的时间越长，PyPy 可以收集的类型信息就越多，优化的效果才会越好。例如，一个 Web 应用程序需要在后台长时间保持循环运行。否则对于运行一些胶水代码、普通脚本或运行时间较短的应用程序，PyPy 的效果往往会差强人意。如果读者想知道更多 PyPy 在运行时的 JIT 行为，可以了解其内置模块 pypyjit，若某个函数或模块在使用 JIT 时性能很差，它允许用户获得更多详细的统计信息。

最后笔者认为，在确保项目中的代码或依赖库没有很多 C 语言的扩展，纯 Python 代码编写的 Web 应用是使用 PyPy 的绝佳场景。尤其对于 Django ORM，如在项目运行初期的前 1000 个查询中，它的启动速度会比 CPython 慢很多。

当有大量的进程服务于不同的 Web 站点，而每天却只有几个查询时，CPU 资源的消耗使得用户很难从 PyPy 中获益（但从长期来看，较稳定的内存利用率仍然是值得）。然而，一旦在进程或多进程中处理数以万计的查询，PyPy 的威力就会凸显。

终极优化Django

纵使Nginx、uWSGI以及Linux内核的调优如何尽善尽美，也只是将原本窄路修缮得更为宽敞。作为新手司机，即使是豪车加持，一不小心还是会翻车的。因此，笔者始终认为只有合理梳理业务逻辑和养成良好的编码、数据库使用习惯，才能使性能优化产生质变和量变。

现在进入本书最后一个课题——Django 优化，本章将会按由下至顶的顺序，先介绍 uWSGI 与 Django，再介绍 Django ORM 与代码细节（设计模式）以及 DRF 等鲜为人知的高级技巧。并且最后笔者也会介绍 Django 3 的异步机制。相信读者会从中学习到目前 Django 最全面、系统的性能提升方案。

11.1 WSGI 与 Django

在生产环境中，基于 WSGI 开发的 Web 应用最容易遇到的问题就是“内存泄漏”，尤其不合理的编码逻辑很容易造成 Django 所占的系统资源飙升。本节将聚焦于 WSGI 与 Django 之间内存与进程通信的机制，从中读者能够掌握对抗“内存泄漏”的关键技术，以及 CGI 服务器更深层次的优化技巧。

11.1.1 WSGI 内存管理与 OOM 现象

首先希望读者暂且忘却第 10 章的内容，现在回归到原点从最基本的开始。WSGI 启动的 Django 进程是处理用户请求的基本单元。一台服务器上可能会有多个 Django 进程，允许同时处理许多请求。然而，每个进程在任何给定时间内都只会处理一个请求。当 Django 应用程序首次启动时，该进程会获得一个初始大小，假定这里只有一个 Django 进程，称为进程 1，如图 11.1 所示。

现在，来自客户端的每个请求都会被发送到该进程。然后，为了响应该请求，进程将其多个对象加载到内存中（读者应该清楚请求本身是需要消耗一定量的内存的，其大小取决于应用本身），如图 11.2 所示。

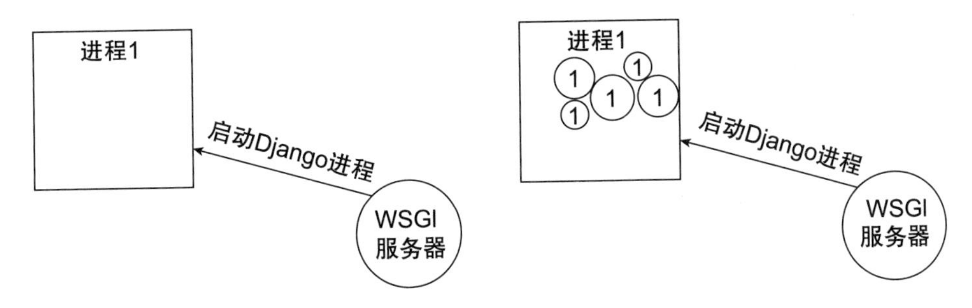

图 11.1 WSGI 启动了一个 Django 进程　　图 11.2 进程处理一次请求

一旦进程处理完一个请求，它将清除内存中的所有对象，并返回为“空”。但在某些请求中，它可能需要加载更多的对象，如图 11.3 所示。

正如图 11.3 所示，当某次请求所占用的内存超出了当前进程的处理范围后，进程会向当前服务器申请更多的内存资源，如图 11.4 所示，进程 1 的体积相比之前变得更大。

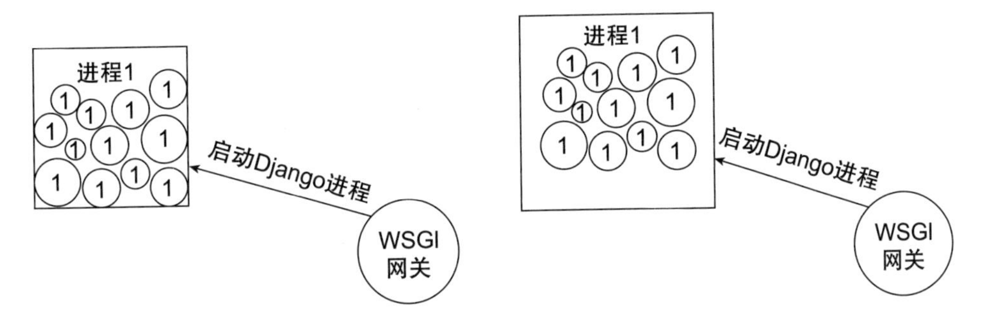

图 11.3 进程处理一次更耗资源的请求　　图 11.4 进程处理更耗资源的请求

需要注意的是：Django 进程所占的系统资源在任何情况下并不会减少，而是不断地增多。这样的好处是可以确保它能够足够处理“更耗内存”的请求。不过有意思的是，当有非常大的请求（如某请求的内存占用高达 1GB）时，情况会稍有不同。

因为 Web 应用程序通常会同时为多个用户提供服务，所以会有多个“进程”同时运行。如果此时出现多个“大请求”，那么这些 Django 进程将会一拥而上，在服务器上互相争夺空间，导致部分进程的体积急剧增大，而剩下的进程没有更多的处理空间，最终造成服务器因资源被消耗殆尽而崩溃——这就是经典的内存泄漏（OOM）现象。

当服务器或者应用程序崩溃时，恐怕只能重启 Django，甚至整台服务器。对于单体式架构的 Web 应用程序来说，内存泄漏通常是一个灾难，但也激发了开发人员的潜力。现在读者已经了解了 Django 进程的内存管理机制以及发生内存泄漏现象的缘由。一旦发现生产环境存在内存泄漏的苗头，如果无法快速定位问题代码，就必须掌握高效、合理的应急措施以防更严重的后果。下面笔者结合 WSGI 服务器（这里使用 uWSGI 作为例子）总结了一些心得可以供大家参考。

1. 合理控制进程数

一个 Web 应用程序最多启动多少个进程，决定了它同时可以处理多少个并发数，那么大致可以推断出：

$$并发数 = 进程数 \times 进程所占的内存大小$$

需要注意的是，uWSGI 中有一个 Cheaper 模式。它提供了可动态扩展工作进程的方法，自动计算并创建出适应当前系统环境的进程数，这对很多中小型 Web 应用程序在节省内存方面很有用，但对于高并发的系统会产生适得其反的效果，因此应当谨慎使用。

2. 合理控制进程内存占有率

默认情况下，进程的内存增长并没有限制，但可以通过“人为干预”的方式将其内存占有率控制在一定范围内。作为例子，在 uWSGI 中，可以使用下面几个参数控制内存占有率：

- max-requests；
- reload-on-as/reload-on-rss。

一旦超过上限，该进程将会被自动回收。那么无论是直接限制内存还是利用控制请求数，都能很好地达到目的。不过需要注意，如果将上述的参数设置得太低，如将 max-requests 设置为 1，那么 Django 子进程将会很努力地回收、创建新的进程，这就发生频繁的进程切换，从而导致请求丢失。而且，当出现一次消耗巨大内存的请求时，会发生进程耗尽系统所有内存的风险。

尤其是当服务器总共有 4GB 内存，系统可能会为 Django 应用程序预留大约 3GB 的内存使用量。此时若开启了 3 个进程（每个进程平均有 1GB 内存资源），这里最多只能处理 3 个大约消耗 1GB 内存的请求（最坏情况），一旦这类的请求超出上限，系统就会崩溃。

11.1.2 一种内存预热的方式：重构 WSGI

一款 Web 应用程序在被启动的那一刻就决定了它所消耗资源的最低成本，在此基础之上才是每个请求占用的额外系统资源。这种叠加效应倘若控制不当，不仅会降低单机并发吞吐量，增加企业运营成本（如云主机配置费用），更严重的还会导致系统及应用程序崩溃。

尤其基于传统 WSGI 的 Web 服务器，这类情况不容小觑。先前关于 uWSGI 的参数调优及 PyPy 对于 Django 应用程序的性能影响，更多的是针对程序运行后的中、后阶段，有效遏制内存增长，现在需要换一种思维，从程序被启动的源头进行干预。

在 10.2.4 节中，笔者介绍过 uWSGI 的两种启动机制——惰性加载和预派生。这里有必要进一步复习一下这两种模式与 Django 应用程序的启动流程。

对比图 11.5 和图 11.6，会发现无论何时都不应该开启惰性模式，因为应用程序随 uWSGI 加载启动，并由工作进程直接接收请求会更合理、更有效。这也是 uWSGI 推荐的默认启动行为。不过它依然不够完美，如图 11.6 所示，每个工作进程都会加载整个 Django 应用程序。如果这里的 Django 项目足够大，如至少有 100 多个模型，那么仅启动调试模式（python manage.py runserver）就得需要几秒，因此在生产环境中，每个工作进程在启动的一刹那都会占用巨大的系统资源。

图 11.5　uWSGI 的惰性加载与 Django 应用程序启动机制

图 11.6　uWSGI 的预派生与 Django 应用程序启动机制

那么有没有一种方式能在 uWSGI 主进程启动后就加载整个 Web 应用程序，而工作进程只需要简单引用它？答案是肯定的。还记得 postfork 装饰器吗？可以利用它“重构”uWSGI 的启动行为。下面笔者介绍一下如何实现这种内存预热模式。

```
# dj_proj/dj_root/wsgi.py
import io
import os
import sys
import wsgiref.util
import uwsgidecorators
os.environ.setdefault('DJANGO_SETTINGS_MODULE', 'dj_root.settings.prd')
# 不仅预热 Django 应用程序的启动，且能够预热 API 接口
DJANGO_WARMUP_URL = os.environ.get('DJANGO_WARMUP_URL', '/events/api/list')
```

```
application = None
@uwsgidecorators.postfork
def setup_postfork():
    """ 确保工作进程被创建后能够引用主进程所加载的 Django 应用程序 """
    # 达到预热效果
    warmup_django()
def warmup_django():
    from django.conf import settings
    if settings.ALLOWED_HOSTS:
        host = settings.ALLOWED_HOSTS[0].replace('*', 'warmup')
    else:
        host = 'localhost'
    env = {
        'REQUEST_METHOD': 'GET',
        'PATH_INFO': DJANGO_WARMUP_URL,
        'SERVER_NAME': host,
        'wsgi.error': sys.stderr,
    }
    # 检查 WSGI 服务器和应用程序是否符合 WSGI 规范，仅测试及验证，读者无须在意其细节
    wsgiref.util.setup_testing_defaults(env)
    def start_response(status, response_headers, exc_info=None):
        # 仅作为演示 " 预热 " 是否有效
        assert status == "200 OK"
        fake_socket = io.BytesIO()
        return fake_socket
    global application
    application(env, start_response)
def get_wsgi_application():
    from django.core import wsgi
    global application
    application = wsgi.get_wsgi_application()
    if DJANGO_WARMUP_URL:
        warmup_django()
    return application
get_wsgi_application()
```

通过装饰器 postfork，主进程被开启后随即创建一个线程来加载 Django 应用程序，此时整个启动机制如图 11.7 所示。

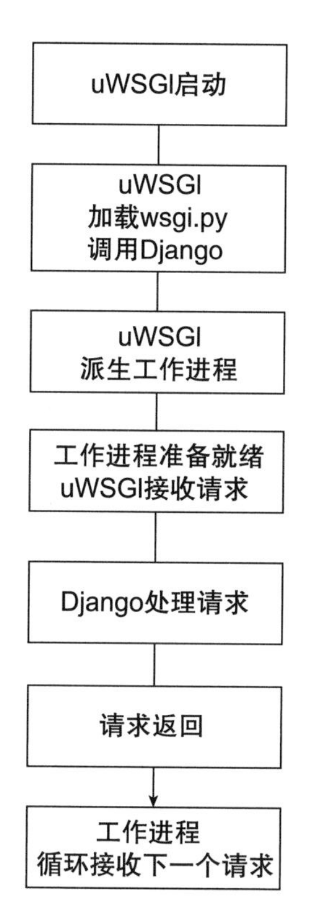

图 11.7　uWSGI 的预热模式与 Django 应用程序启动机制

现在每个工作进程在被启动之后，仅存储了本身系统分配的堆栈信息，使得在程序运行初期就大大降低了内存的使用率。这个例子还展示了如何针对某一请求进行预热优化的方法（如 /events/api/list）。经过笔者多次在生产环境中验证，该模式均兼容支持 CPython、PyPy 解释器环境。下面是笔者在第 10 章 uWSGI 与 CPython 或 PyPy 环境配置的基础上增加该模式的运行示例。

```
    # PyPy 下 uWSGI 启动 Django 的内存预热模式运行参数示例
    /uwsgi -master --socket /tmp/dj_proj.sock  --chmod-socket=666 --pypy-home
    /Users/gubaoer/env/py36_pypy_env/bin/pypy3 --pypy-lib
    /data/tools/pypy3.6-v7.1.1-osx64/bin/libpypy3-c.dylib --pypy-setup
    /data/tools/async-pypy3-uwsgi/pypy_setup.py --pypy-wsgi dj_root.wsgi --pypy-
eval
    "uwsgi_pypy_setup_continulets()" --async 100 --processes 8 --reuse-port
--thunder-lock
    --buffer-size=32768 --pidfile /tmp/dj_proj.pid --listen 1024 --disable-logging
    # CPython 下 uWSGI 启动 Django 的内存预热模式运行参数示例
    uwsgi --master --socket /tmp/dj_proj.sock --module dj_root.wsgi:application
--chmod-socket=666
```

```
    -gevent 100 --gevent-early-monkey-patch --processes 8 --reuse-port
--thunder-lock
    --buffer-size=32768 --pidfile /tmp/dj_proj.pid --listen 1024 --disable-
logging
```

需要注意的是，在内存预热模式下，启动 uWSGII 命令必须显式指定 --master 参数，其他不变。现在笔者开启该模式后分别针对不同的环境进行一些基准测试。

```
# CPython 环境下开启预热模式后的基准测试
> wrk -t8 -c200 -d30s http://127.0.0.1:8002/events/api/list
Running 30s test @ http://127.0.0.1:8002/events/api/list
  8 threads and 200 connections
  Thread Stats   Avg      Stdev     Max   +/- Stdev
    Latency   332.23ms  180.85ms 989.30ms   59.34%
    Req/Sec    75.30     33.37   346.00     68.34%
  18004 requests in 30.09s, 10.35MB read
Requests/sec:    598.26
Transfer/sec:    352.10KB
# PyPy 环境下开启预热模式后的基准测试
> wrk -t8 -c200 -d30s http://127.0.0.1:8002/events/api/list
Running 30s test @ http://127.0.0.1:8002/events/api/list
  8 threads and 200 connections
  Thread Stats   Avg      Stdev     Max   +/- Stdev
    Latency   131.35ms   52.56ms 433.12ms   73.19%
    Req/Sec   196.46     92.97   690.00     72.83%
  46129 requests in 30.10s, 24.77MB read
Requests/sec:   1532.42
Transfer/sec:    842.58KB
```

为了便于演示开启预热模式的效果，在程序启动后分别在 CPython 和 PyPy 环境下调用 /events/api/list 观察 uWSGI 运行的输出结果。令人欣喜的是，在初次调用后，请求所占的内存资源相比先前（第 10 章的测试示例）减少了一半多。

我们用了不少篇幅来介绍如何在宏观层面来抑制 Web 应用程序内存增长，然而更重要的是正确使用 Django 以及选择一些合适的设计模式才能在真正意义上帮助应用程序保持较低的内存消耗。从下一节开始，笔者将更多的焦点放在这些内容上。

11.2 QuerySets 优化与设计模式

Django 使很多事情变得非常简单。尤其当使用 Django ORM 操作关系型数据库（如 MySQL、PostgreSQL 等）时，无须编写任何一行 SQL 语句即可实现复杂的查询逻辑。然而，简单的代价就是换来更多内存的消耗。如果遇到 Django 内存问题，多数情况是从数据库加载了一些厚重的数据、重复查询，导致消耗大量的系统资源。因此，避免 *N*+1 问题，以及正确使用 QuerySets 是本节首先需要掌握的优化技巧。

11.2.1 QuerySets 深度优化

QuerySets 是 Django ORM 操作关系型数据库的方法集，可以使原本操作非常复杂的 SQL 查询变得容易。在享受便利的同时，要非常小心，因为稍有不慎，它将会成为整个 Django 应用程序中最大的性能瓶颈。下面的一些优化小技巧或许能够很好地避免一些问题。

1. “预加载”关联（一对多、多对多）对象

默认情况下，QuerySets 内置惰性机制，使其在调用后并不会立马连接数据库获取结果，只有在遍历后才会触发一次数据库查询，从而有效减少数据库连接开销。这种默认的优化机制本身非常有益，但是在一些场景下，它会带来不少麻烦。例如，在项目 dj_proj 中，笔者希望统计一下各个用户所在省份的分布情况，可能像下面这样：

```
# 查询模型 UserInfo 及对应省份的示例
province_list = []
users = UserInfo.objects.all()
for user in UserInfo:
    province_list.append(user.province.name)
```

在上面的代码示例中，for 循环遍历每个用户并获取其对应的省份。因此，将有一个数据库连接会调用检索所有用户的集合，然后集合中的每个用户都会额外调用一次数据库连接以获取省份。模型 UserInfo 包含了一个外键字段 province，因此很容易导致 *N*+1 重复查询的问题。

防止额外数据库调用的技巧是使用 select_related 方法强制 Django 一次连接到另一个模型，并在使用该关系时防止后续调用。

```
users = UserInfo.objects.select_related("province").all()
```

需要注意的是，select_related 方法只适用于一对一或多对一关系，因为在多对多关系下，它无法正常工作，因此这里应当使用 prefetch_related 方法。

2. 尽可能地减少“模型”实例化

当 Django ORM 创建 QuerySet 时，它会将模型实例化，然后从数据库检索数据并将其填充至整个模型实例。然而，在一些场景下，可以避免这些不必要的做法。

```
# 查询模型 UserInfo 所有记录中的昵称（不推荐的做法）
province_list = []
users = UserInfo.objects.all()
for user in UserInfo:
```

```
    province_list.append(user.nickname)
```

values_list 将返回指定列的元组列表。特别有用的是 flat=True 关键字参数，如果只指定一个字段，它将返回一个扁平化列表。

```
# 查询模型 UserInfo 所有记录中的昵称（推荐的做法）
UserInfo.objects.values_list('nickname', flat=True)
```

还可以创建一个字典，其中包含一些可能需要的键值对数据。例如，需要获取用户 ID 和昵称信息。

```
# 查询模型 UserInfo 所有记录中的昵称和用户 ID 信息
user_ids_to_name = {b.get("id"): b.get("nickname") for b in UserInfo.
objects.values("id","nickname")
输出： {1: u'Jerry', 2: u'boyle', 3: u'zhangsan'}
```

3. “双向循环链表”减少内存

我们从上个示例中获得了所有用户的昵称和 ID 信息。此时如果对两者进行搜索，则不得不使用 user_ids_to_name.keys() 先获取所有用户 ID，然后使用 user_ids_to_name.values() 获取所有用户昵称，最后遍历两个列表进行对比并找出相关的信息。但是，用户完全可以采用一种特殊的字典（bidict），这种基于双向循环链表实现的链表结构，使得像下面这样很方便地检索数据。

```
# bidict 运用示例
from bidict import bidict
## user_ids_to_name → {1: u'Jerry', 2: u'boyle', 3: u'zhangsan'}
user_ids_to_name =  bidict(user_ids_to_name)
user_ids_to_name[2]
输出： 'boyle'
user_ids_to_name['boyle']
输出： 2
```

正如上面的示例，使用 bidict 可以直接正向 / 反向检索任何键和值，并且最坏的算法复杂度为 O(1)，无须占用额外内存空间。更欣喜的是不用亲自实现，直接使用 pip 安装 bidict 库即可。

4. 尽量使用 ID 或“整数”作为过滤条件

当使用 filter() 方法在 SQL 中转换为 WHERE 子句，搜索“整数”几乎总是比在 Postgres 或 MySQL 中搜索字符串更快。因此，UserInfo.objects.filter（id=2）的性能将比 UserInfo.objects.filter（nickname__contains='b'）的性能好一些。另外，ID 作为默认主键，本身在关系型数据库中会有很好的优化。

5. only () 和 defer ()

首先介绍一下 only() 的实际用法，具体代码示例如下。

```
# only() 方法的运用示例
userinfo = UserInfo.objects.only('id', 'nickname')
for user in userinfo:
    print(user.id, user.nickname)
```

only() 方法可以减少 SQL 语句 SELECT 查询项。例如，在上述的示例中只查询用户 ID 和昵称，而其余字段不会产生额外的查询和内存消耗。这对字段较多的模型极为有用。

```
# defer() 方法的运用示例
userinfo = UserInfo.objects.defer('id', 'nickname')
for user in userinfo:
     print(user.sex)
```

defer() 方法正好相反，上面的示例是除用户 ID 和昵称之外的字段作为 SELECT 查询项。其效果和 only() 一样。

6. annotate ()

聚合及分组计算是数据库比较常用的高阶用法，因此笔者建议大家应该善用 QuerySets 聚合函数。以下应用场景可以作为简单的示例参考。

```
for province in Province.objects.all():
     user_count = province.provinces.count()
```

上面的代码使用循环遍历获取每个模型的相关计数。需要注意的是，这里每条“省份”的记录都会额外创建一条 SQL 语句。可以使用 annotate() 方法将多条 SQL 语句合并为一条 SOL 语句进行查询。

```
# annotate () 方法的运用示例
from django.db.models import Count
p_counts = (
    Province.objects
    .annotate(user_count = Count('provinces'))
    ).values("user_count")

for obj in p_counts:
    print(obj)
```

如果希望在列表中对所有对象的值进行更复杂的计算，可以使用聚合函数 aggregate()。其是 Django ORM 极为重要的组合查询工具。使用该函数，不仅可以大大提高 Django 对关系型数据库查询的效率，而且可以体现用户个人的技术水平。

7. 批量添加、更新操作

假设要创建多个简单对象，可以使用 bulk_create，它能将多个 SQL 创建语句合并为一条语句，如下所示。

```
# bulk_create() 方法的运用示例
Province.objects.bulk_create([
    Province (name=" 浙江省 "),
    Province (name=" 重庆市 "),
    Province (name=" 四川省 "),
])
```

也可以使用 batch_size 参数来控制一次 SQL 语句批量创建对象的数量，这对处理大量对象限制内存有很好的作用。

如果想更新一组具有不同字段值的模型，Django 2.2 版本提供的 bulk_update() 方法会派上用场。它可以自动为一组模型更新创建一条 SQL 语句，即使它们有不同的值，如下所示。

```
# bulk_ update() 方法的运用示例
objs = [
     Province.objects.create(name=' 浙江省 '),
     Province.objects.create(name=' 重庆市 '),
... ]
objs[0].name= ' 江苏省 '
objs[1].name= ' 湖南省 '
Province.objects.bulk_update(objs, [name])
```

8. iterator () 生成器遍历

数据量非常大的时候，QuerySets 的惰性机制默认会将所有的对象加载至内存中处理，当发生多个请求同时处理该对象的情况时，内存会线性飙升。此时 iterator() 方法会直接读取结果，而不需要在缓存中获取数据。对于大量且访问一次的对象来说，可以节省很多内存。

在模型使用 iterator() 的时候，还需要注意该模型最好别涉及具有“外键约束”作用的字段，并且当前面存在 prefetch_related() 方法时，iterator() 方法会无效。另外，不同关系型数据库支持的特性不同，如 MySQL 不支持流式处理，而 Oracle、PostgreSQL 和 SQLite 很好地支持流式处理，这也会导致 iterator() 对内存的影响。更通用的做法是使用参数 chunk_size 控制查询量的批次大小，因为它在 Django 中会调用 fetchmany() 方法，本意上是通过数据库驱动实现每条数据直接在内存中转换为 Python 对象的无缓冲查询。不过使用 iterator() 还是有一些局限性，读者应该需要斟酌及做好充足的基准测试。

9. 不要使用 len (QuerySets)

强烈建议不要使用 len 获取 QuerySets 的对象数量，如 len（Province.object.all()）。首先它将从数据库中获取所有数据的查询，然后将该数据转换为 Python 对象，在 len 的作用下查找该对象的长度；而 count 将指向对应的 SQL 函数 count()。使用 count，将在该数据库中执行更简单的查询，并且加载的资源将更少。

10. 不要使用 if 判断 QuerySets

切记，QuerySets 是惰性的。因此，不要使用 if 将 QuerySets 用于布尔值判断，否则会造成额外的数据库查询。

11. 切片限制 QuerySets 时的注意事项

使用切片可以获取相应 QuerySets 的结果范围，如 Province.object.all()[5:10]。通常这不是什么问题，但需要注意的是，最好不要指定步长，如 Province.object.all()[5:10:2，它将造成额外的数据库查询。

11.2.2　解读 Django 2 最新 QuerySets 源码

读者应该已经对 Django ORM 有了一定的认识，并且掌握了如何正确使用 QuerySets 的一些技巧。不可否认，在 Django 提供的 API 下，Web 开发的门槛进一步降低，并且越来越多其他语言的 ORM 也陆续效仿其思想。尤其它所包含的一些惊人的特性非常值得我们一探究竟，例如：

- 可以获得一个切片queryset[n:m]，只需要从数据库中获取所需要的对象。
- 可以查找一个特定的对象queryset[i]。
- 可以像遍历一个列表一样处理它们，如for user in users_queryset。
- 当使用“|”或“&”进行过滤时，它们可以直接转换为标准SQL语句。
- 可以像布尔值一样使用它们，如if queryset。
- 可以在Python CLI或IPython中获得QuerySets对象集合。即使QuerySets包含了1000条记录，它也只会输出前20条记录。

QuerySets 通过实现 Python 内置的魔术方法获得所有这些属性。那么为什么需要这些神奇的方法呢？因为它们使 API 更易于使用。

例如，“if users_queryset: users_queryset.do_something()”一定比“if users_queryset.is_boolean: users_queryset.do_something()”更直观。又如，使用“queryset_1 & queryset_2”，而不使用“queryse_1.and_do(queryset_2)”。

魔术方法在 Python 解释器中是一系列具有特殊意义的元类方法，它们总是以“_ _”（长下画线，也称为中辍符）在开头和结尾处标识。

表 11.1 所示的魔术方法即可相对应地获得上面列出的属性。

表 11.1　魔术方法与 QuerySets 的作用参照

Python 魔术方法	对应的作用示例
__getitem__	queryset[n:m] 和 queryset[i]
__iter__	for user in users_queryset
__and__	queryset_1 & queryset_2
__or__	queryset_1 | queryset_2
__bool__	if queryset
__repr__	控制命令行中获得 QuerySets 对象集合时的表示方式

那么它们又是如何和数据库进行交互的呢？更多的细节，还需要在 Django 源码（Django2.2 版本）中找到蛛丝马迹。

1. __getitem__ 的实现

看上去下面的逻辑做了很多事情，但其实每个 if 块都很简单，如下所示。

```
# django/django/db/models/query.py 源码示例
......
def __getitem__(self, k):
    """Retrieve an item or slice from the set of results."""
    if not isinstance(k, (int, slice)):          # 第一步
        raise TypeError(
            'QuerySet indices must be integers or slices, not %s.'
            % type(k).__name__
        )
    assert ((not isinstance(k, slice) and (k >= 0)) or
           (isinstance(k, slice) and (k.start is None or k.start >= 0) and
             (k.stop is None or k.stop >= 0))), \
        "Negative indexing is not supported."
    if self._result_cache is not None:           # 第二步
        return self._result_cache[k]
    if isinstance(k, slice):                     # 第三步
        qs = self._chain()
        if k.start is not None:
            start = int(k.start)
        else:
            start = None
        if k.stop is not None:
            stop = int(k.stop)
        else:
            stop = None
        qs.query.set_limits(start, stop)
        return list(qs)[::k.step] if k.step else qs
......
```

下面笔者按步骤逐一分析。

第一步：确保该对象支持“切片”操作。

第二步：如果 _result_cache 已被填满，也就是已被 QuerySets 缓存，那么这里将从缓存中返回切片数据，并跳过数据库。

第三步：如果 _result_cache 没有被填满，那么将使用 qs.query.set_limits(start, stop) 执行 SQL 语句以获取偏移量。

2. __iter__ 的实现

如下所示，很明显，这里先填充数据，然后使用内置 iter 方法返回一个迭代器。

```
# django/django/db/models/query.py 源码示例
......
def __iter__(self):
    # …
    self._fetch_all()
    return iter(self._result_cache)
```

另外，试着研究一下类 FlatValuesListIterable 也很有指导意义。迭代协议内封装了一个使用 yield 构造的生成器，这也是“QuerySet.values_list(flat=True)”性能稳定的原因。

```
# django/django/db/models/query.py 源码示例
......
class FlatValuesListIterable(BaseIterable):
    """
    Iterable returned by QuerySet.values_list(flat=True) that yields single
    values.
    """
    def __iter__(self):
        queryset = self.queryset
        compiler = queryset.query.get_compiler(queryset.db)
        for row in compiler.results_iter(chunked_fetch=self.chunked_fetch,
            chunk_size=self.chunk_size):
            yield row[0]
......
```

3. __and__ 和 __or__ 的实现

这里对查询集进行了一些完整性校验，如果其中一个查询集是空的，则立即返回，然后使用 combined.query.combine(other.query, sql.AND) 执行 SQL 语句。另外，关于 __or__ 方法，除了使用 combined.query.combine(other.query, sql.OR) 更改 SQL 语句外，其余的基本相同，这里不再赘述。

```
# django/django/db/models/query.py 源码示例
......
def __and__(self, other):
      self._merge_sanity_check(other)
      if isinstance(other, EmptyQuerySet):
          return other
      if isinstance(self, EmptyQuerySet):
          return self
```

```
        combined = self._chain()
        combined._merge_known_related_objects(other)
        combined.query.combine(other.query, sql.AND)
        return combined
    ......
```

4. __bool__ 的实现

逻辑很简单，使用 _fetch_all() 可以确保 QuerySets 被计算，此时将缓存填充进 _result_cache，然后返回与 _result_cache 等价的布尔值，这意味着如果有任何记录，其结果都会得到 True。

```
    # django/django/db/models/query.py 源码示例
    ......
    def __bool__(self):
        self._fetch_all()
        return bool(self._result_cache)
    ......
```

5. __repr__ 的实现

下面的代码有一些很好的技巧值得一看。代码首先定义了 self[: REPR_OUTPUT_SIZE + 1] 的切片操作，因为先前已经实现了 QuerySets 的 __getitem__，并做了 limit 和 offset 的查询。REPR_OUTPUT_SIZE 可以确保不拉入整个 QuerySets 来显示数据，而是获取 REPR_OUTPUT_SIZE + 1 记录。

```
    # django/django/db/models/query.py 源码示例
    ......
    def __repr__(self):
        data = list(self[:REPR_OUTPUT_SIZE + 1])
        if len(data) > REPR_OUTPUT_SIZE:
            data[-1] = "...(remaining elements truncated)..."
        return '<%s %r>' % (self.__class__.__name__, data)
    ......
```

当数据达到了上限 len（data） > REPR_OUTPUT_SIZE，就会在结尾处输出“...（remaining elements truncated）...”而不需要再命中数据库获取数据。下面是在 Python CLI 或者 IPython 中查询模型 UserInfo 所有记录的例子。

```
    In [2]: UserInfo.objects.all()
    Out[2]: [<UserInfo: 1>, <UserInfo: 2>, <UserInfo: 3>, <UserInfo: 4>,
<UserInfo: 5>, <UserInfo: 6>,
    <UserInfo: 7>, <UserInfo: 8>, <UserInfo: 9>, <UserInfo: 10>, <UserInfo:
11>, <UserInfo: 12>,
```

```
    <UserInfo: 13>, <UserInfo: 14>, <UserInfo: 15>, <UserInfo: 16>, <UserInfo:
17>, <UserInfo: 18>,
    <UserInfo: 19>, <UserInfo: 20>, '...(remaining elements truncated)...']
```

11.2.3　设计“单例模型”减少数据库连接

相信绝大多数开发人员对单例模式不陌生。单例模式是面试必考的经典设计模式，普通的Python 开发者或许还是只知其表，未知其里。本节将通过更实际的案例和大家探讨该模式在真实开发环境下的使用场景。

单例模式的主要作用是可以确保系统中一个类只有一个实例而且该实例易于外界访问，从而方便对实例个数的控制并节约系统资源。当希望在系统中某个类的对象只能存在一个时，该模式是最好的解决方案。例如，当系统运行需要加载一些公共配置和属性时，用户应该不希望每次获取这些配置或属性时，先开辟一块内存地址再分配内存。这样周而复始的操作既浪费内存又毫无意义。因此，我们就需要单例模式。

乍一看，感觉使用全局变量似乎更容易。这其实是很大的误区。在全局变量中定义大量的属性，稍有不慎就会增加名称冲突的风险。另外，将类的实例定义在全局变量中，情况也会很糟糕，因为 Python 中类的实例化并不受任何限制。假设我们有一个流程配置类，可以直接访问全局变量获取，但是，如果某个开发人员或者其他模块实例化该类并重写它的一些属性，就会导致这些属性可能不会被应用，也会额外增加很多调试、排错的时间。

大多数强类型编程语言（如 Java、C# 等）可以直接使用它们的内置方法实现该模式，以限制访问和可见性。其思想是将类的构造函数声明为私有函数，并使用一种公共的静态方法添加该类，该方法在首次调用时会触发构造函数，并且总返回该类的相同实例。

在 Python 中，几乎所有的属性和方法都是公共的，尽管实现起来稍有不同。单例模式在日常开发中无处不在，如数据库连接池、Django 提供的 Settings.py、自定义的枚举类（通常枚举类是实现单例模式较好的例子之一）。

虽然 Django 应用程序可以以普通类的形式使用单例，但在模型设计中，用户也可以将单例的内部状态保存在数据库。例如，有时我们会设计一个模型用于存放一些公共、全局的配置信息，并使用 Django Admin 工具将该模型生成为一个 Web 管理页面，便于相关管理员对其进行统一配置。下面笔者试着在 Django 中先声明一个单例模型的基类。

```
# 基于单例模式的模型基类
from django.db import models
class SingletonModel(models.Model):
    class Meta:
        abstract = True
    def save(self, *args, **kwargs):
        self.pk = 1
```

```
        super(SingletonModel, self).save(*args, **kwargs)
    def delete(self, *args, **kwargs):
        pass
    @classmethod
    def load(cls):
        obj, created = cls.objects.get_or_create(pk=1)
        return obj
```

这里的 load() 方法会从数据库加载特定对象，若特定对象不存在，则会创建它。当保存模型的实例时，它总是返回相同的主键，因此数据库只存在该模型的一条记录。因此，笔者将基于一个抽象的 SingletonModel 创建一个模型类。

```
# 定义单例模型
class ProjSettings(SingletonModel):
    maxLoginFaildLock= models.IntegerField(default=5)
```

为了演示，上述示例定义了一个模型 ProjSettings，用于存放整个应用程序的公共配置信息。其提供了一个 maxLoginFaildLock 字段来指定用户登录失败多少次后锁住。为了能够对其编辑配置，下面在 Django Admin 中注册该模型。

```
# Django Admin 注册单例模型
from django.contrib import admin
from .models import ProjSettings
admin.site.register(ProjSettings)
```

从 Python 的角度来看，它还不是真正意义上的单例对象，因为每次调用 load() 都会在内存中创建一个新对象。但是，由于它们都引用数据库中的相同记录，这与单例模式的设计思想是一致的。

如果要进一步减少对数据库的请求，可以将其保存在缓存中。为此，笔者将 Django 提供的缓存方法 set_cache()（使用 Django 缓存，需要配置 settings.py）引入单例模型。

```
# 在单例模型的基类中引入 Django 缓存
from django.core.cache import cache
class SingletonModel(models.Model):
...
    def set_cache(self):
        cache.set(self.__class__.__name__, self)
```

最后别忘了在保存和加载对象时定义触发缓存策略，如下所示。

```
# 在单例模型中定义缓存策略
class SingletonModel(models.Model):
...
```

```
    def save(self, *args, **kwargs):
            self.pk = 1
            super(SingletonModel, self).save(*args, **kwargs)
        self.set_cache()
    @classmethod
    def load(cls):
        if cache.get(cls.__name__) is None:
            obj, created = cls.objects.get_or_create(pk=1)
            if not created:
                obj.set_cache()
        return cache.get(cls.__name__)
```

通过实现 Django 的单例模型，可以很好地存储项目经常使用的公共配置、添加缓存，使得数据库请求进一步减少。

11.2.4　有限状态机在 Django 模型中的实践

在真实开发项目中，开发人员经常会遇到基于一系列“状态”变化的应用场景，如电商平台的订单状态、快递物流的状态和流程系统的状态等。在讨论有限状态机之前，现在有这样的场景：用户发起一个支付流程，然后系统从支付网关中进行捕获，接着完成整个支付流程。任何支付流程都会经过这三个阶段：开始、捕获、完成。

假设我们要为某个应用程序开发付费模块，在设计模型的时候会预先定义几个标识：is_started、is_captured、is_completed，如下所示。

```
class Payment(models.Model):
    is_started = models.BooleanField(default=True)
    is_captured = models.BooleanField(default=False)
    is_completed = models.BooleanField(default=False)
    def can_capture(self):
        return self.is_started and not self.is_captured and not self.is_completed
    def can_complete(self):
        return self.is_captured
    def contact_payment_gateway(self):pass
        """ 用来定义与支付网关的交互 """
    def notify_user(self):pass
        """ 通知用户支付已经完成 """
    def capture(self):
        if self.can_capture():
            self.contact_payment_gateway()
            self.is_captured = True
            self.save()
```

```
        else:
            raise ValueError()
    def complete(self):
        if self.can_complete():
            self.is_completed = True
            self.save()
            self.notify_user()
        else:
            raise ValueError()
```

这个解决方案非常简单，但是有几个明显的缺点。

随着程序中状态数的增加，处理逻辑和条件变得越来越困难，就像在方法 can_capture() 中那样，我们必须检查是否设置了正确的标识。

随着标识数量的增加，维护模型的复杂性呈指数级增长，甚至需要在很多方法中查看、设置或者重置每个标识。一旦有遗漏就可能引起重大的程序 Bug。

因为在这个例子中，所有的标识其实都表示该功能模块的一个状态，所以可以定义一个 state 变量，它的值分别定义为 started、captured 或 completed，当然也可以是 remove 等各种标识，如下所示。

```
class Payment(models.Model):
    STATE_CHOICES = (
        ('started', '开始'),
        ('captured', '捕获'),
        ('completed', '完成'),
    )
    state = models.CharField(choices=STATE_CHOICES, default='started', max_length=16)
    def can_capture(self):
        return self.state == 'started'
    def can_complete(self):
        return self.state == 'captured'
    def contact_payment_gateway(self):pass
    def notify_user(self):pass
    def capture(self):
        if self.can_capture():
            self.contact_payment_gateway()
            self.state = 'captured'
            self.save()
        else:
            raise ValueError()
    def complete(self):
        if self.can_complete():
            self.state = 'completed'
```

```
            self.save()
            self.notify_user()
        else:
            raise ValueError()
```

这看起来简洁了许多，不再需要检查多个状态标识，并且对象每次只能处于一种状态，因此该示例极大地简化了代码。

为了进一步加强用户的支付安全，还需要考虑到以下情况：用户与支付网关交互时发生异常，导致交易失败。为了确保支付过程中事务的完整性，笔者在代码中还需要加入重试机制。

```
class Payment(models.Model):
    STATE_CHOICES = (
        ('started', '开始'),
        ('captured', '捕获'),
        ('completed', '完成'),
        # 这里新增了“未完成”标识
        ('incomplete', '未完成'),
    )
    def can_complete(self):
        # 用于判断“捕获”和“未完成”两种状态
        return self.state in ('captured', 'incomplete')
    def can_retry(self):
        # 当状态是“未完成”，才能进行重试
        return self.state == 'incomplete'
    def capture(self):
        if self.can_capture():
            try:
                self.contact_payment_gateway()
            except PaymentGatewayException:
                # 如果发生支付异常，状态即标记为“未完成”
                self.state = 'incomplete'
                self.save()
                return
            self.state = 'captured'
            self.save()
        else:
            raise ValueError()
    def retry(self):
        # 状态是“未完成”时才可触发重试
            if self.can_retry():
                self.complete()
```

在上面的代码中，只需加上一个新的状态值 incomplete，并围绕该状态加入一些异常处理和重试的代码逻辑即可。相比更改数据库表，这确实增加不少灵活性，不过仍然存在弊端，因为每次更新现有的方法，都必须重新对功能进行测试，确保新增的状态逻辑不会破坏已有的功能。另外，一个请求通常会是一种状态的翻转，倘若某些状态的功能逻辑过于复杂，就会造成该请求的内存消耗增大。最好采用一种既能保持代码最小化更迭，又可以满足功能实现的方式。

现在读者应该了解，随着业务需求或系统状态根据项目业务的推进，数据及其行为会频繁地发生各种变化。我们通过图 11.8 将这些现象更具象化。

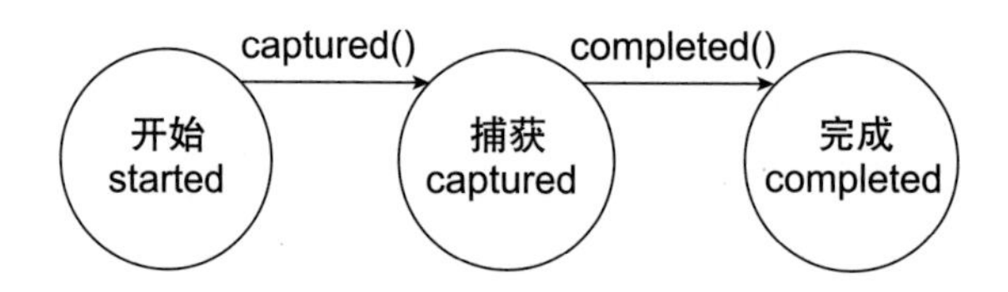

图 11.8 初始化的状态流转图

正如前面我们在程序中添加了重试功能之后，如图 11.9 所示。

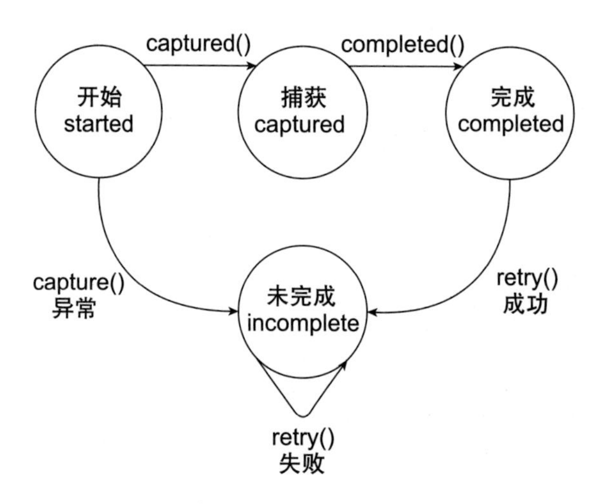

图 11.9 新增“未完成”后的状态流转图

新增一种状态值，就需要多个方法逻辑来维护。那么能不能只用一种方法，就可以既对已有的数据模型建模，又以相同的方式执行所有业务逻辑？

相信多数开发人员不会对有限状态机（Finite-State Machine，FSM）感到陌生，它是一组状态之间通过触发特定动作，从而达到转移或变更的一种数学模型。如果读者不熟悉有限状态机，这里简单地复习一下有关内容。其实它只包含两个重要组件。

状态（state）：每个状态机都由一些限定的状态组成，使得数据可以方便地在整个生命周期中流转及变化相应的状态。当然，也有一些特殊的状态，如下所述。

- start/initial状态：数据的初始状态，也是机器启动的状态。
- end/final状态：机器的最终状态，表示此后不可能有进一步的转换。状态机可以有多个最终状态。

转换（transitions）：表示状态机如何从一个状态转换为另一个状态。每个转换都有一个源状态和一个结束状态。也有可能存在不改变状态的转换，这些转换具有相同的源状态和最终状态。

当模型中的标识（状态）数量开始增加时，程序的复杂性就会增加。如果模型有 4 个以上的标识，那么在设计 Django 模型时，非常值得考虑引入有限状态机。在 Python 中，很多库已经实现了有限状态机。本书使用 pytransition 作为例子来重构支付模块。

```
pip install transitions
from transitions import Machine
class Payments(models.Model):
    STATES = {
        'started': ' 开始 ',
        'captured': ' 捕获 ',
        'completed': ' 完成 ',
    }
    state = models.CharField(default='started', choices=STATES.items(), max_length=16)
    def __init__(self, *args, **kwargs):
        super(Payments, self).__init__(*args, **kwargs)
        # 初始化状态机
        self.machine = Machine(
            model=self,  # 将模型附加为状态触发器函数的对象
            states=self.STATES.keys(),  # 定义一组状态
            initial='started',          # 定义初始化状态
            after_state_change='save',  # 状态一旦发生变化，就会触发 self.save() 方法
        )
        # 增加 transitions 即可触发 self.capture() 转换状态
        self.machine.add_transition(
            trigger='capture',
            source='started',
            dest='captured',
            before='contact_payment_gateway',
        )
        # 调用 self.complete() 即可触发支付状态完成，并通知用户
        self.machine.add_transition(
            trigger='complete',
            source='captured',
            dest='completed',
```

```
            after='notify_user',
        )
```

这里没有添加额外的代码用于状态或标识检查，并且仍使用 capture()、complete() 方法。当必须对状态进行转换时，有限状态机就会发挥优势。例如，基于上面的状态机实现重试机制，如下所示。

```
class Payments(models.Model):
    STATES = {
        'started': '开始',
        'captured': '捕获',
        'completed': '完成',
        'incomplete': '未完成',  # 新增“未完成”状态
    }
    def __init__(self, *args, **kwargs):
        super(Payments, self).__init__(*args, **kwargs)
        # 初始化状态机
        self.machine = Machine(
            model=self,
            states=self.STATES.keys(),
            initial='started',
            after_state_change='save',
        )
        self.machine.add_transition(
            trigger='capture',
            source='started',
            dest='captured',
            # 一旦支付处理被捕获，就会进入支付处理过程
            # 若发生异常，即会将状态转换为“未完成”
            conditions=['has_captured_payment',],
        )
        self.machine.add_transition(
            trigger='capture',
            source='started',
            dest='incomplete',
        )
        self.machine.add_transition(
            trigger='retry',
            source='incomplete',
            dest='completed',
            # 同样地，发生异常就会触发重试，使得“未完成”到“完成”的状态翻转
            conditions=['has_captured_payment',],
        )
```

```
        self.machine.add_transition(
            trigger='retry',
            source='incomplete',
            dest='incomplete',
        )
        self.machine.add_transition(
            trigger='complete',
            source='captured',
            dest='completed',
        )
        # 每当进入 " 完成 " 状态时，就会调用 self.notify_user() 通知用户
        self.machine.on_enter_complete('notify_user')
    def contact_payment_gateway(self):pass
    def notify_user(self):pass
    def has_captured_payment(self):
        try:
            self.contact_payment_gateway()
        except PaymentGatewayException:
            return False
        return True
```

优化后的模型逻辑与状态图 11.10 完全相同，并且没有对任何现有的功能进行较大更改。即使是新增状态及其转换，也都与已有的状态逻辑保持解耦。

利用状态机的强大功能实现了模块化、健壮性、易于测试和维护的代码逻辑。这里仅仅以“用户支付”作为场景示例，诸如流程系统也非常适用。只要状态或数据具有互斥性，即使面对未来业务的变化，也只需较少的代码进行重构。

11.3 Django REST Framework 优化指南

不可否认，(Django REST Framework，DRF)与 Django 的精妙组合极大提高了整体 Web 开发的效率，但简单易用的对立面或许在某种程度上牺牲了性能效率。尤其大量使用了“模版设计模式”以及更深的类继承封装，屏蔽了开发者实现“序列化”本身复杂度的同时，进一步拖慢了接口运行速度。

幸运的是，我们可以采用诸如缓存策略、流量控制算法等手段来抵消性能损耗，随着 DRF 版本的不断升级迭代，性能问题或许终究会得以改善。本节笔者将带领大家深入学习 DRF 序列化机制，并分享一些打破性能瓶颈的具体建议。

11.3.1 适当简化 DRF

DRF 与默认 Django ORM 的完美结合构建出非常灵活、标准的 REST API，尤其是使用关系

型数据库时，其动态正 / 反序列化及映射的能力，使得开发效率进一步提高。

同样，为了进一步追求开发体验，DRF 在 ORM 与数据库之间将原本复杂的序列化机制进行了高度封装，如经常用到的 rest_framework.generics 中的各种抽象试图（ListAPIView、CreateAPIView、RetrieveAPIView）或者更高级的 ViewSets。当一个 POST 请求到达，再从中返回其响应，可能会经历如图 11.10 所示的一些步骤。

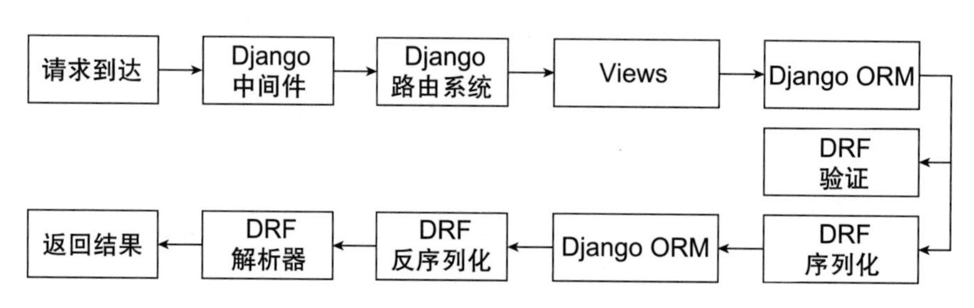

图 11.10　Django 与 DRF 的请求生命周期

当 ORM 和 DRF 结合后，请求处理的步骤变得更为烦琐，这也正是 Django 相比其他 Web 框架在请求响应的速度上不那么快的原因。幸运的是，如果读者已经耐心地读完前面几章，并且正确运用 QuerySets，性能就不再是阻碍使用 Django 提高开发效率的瓶颈。尽管 DRF 在处理请求时更多依赖于 ORM，但仍有一些小建议值得一说。

1. APIView

完全可以只使用更底层的 APIView 类作为构建 REST API 的核心，而并非使用更抽象的视图类、序列化、路由或者其他高级功能，并且与纯 Django 编写的 API（完全不使用 DRF）相比，使用 APIView 仍然具有很大的优势。

2. 不使用 DRF 序列化

例如，构建一个“获取用户昵称列表”的 API，可能会像下面这样创建视图。

```
# 获取用户昵称列表的序列化视图
class UserInfoListView(generics.ListAPIView):
    serializer_class = serializers.UserInfoSerializer
    queryset = models.UserInfo.objects.all()
```

在上面的示例中，通过 ORM 获取一个模型实例，然后 DRF 将它们序列化为字典对象。这一过程可以更简单一些，直接从 ORM 返回即可，例如：

```
# 获取用户昵称列表的 APIView 视图
class UserInfoListView(APIView):
    data = models.UserInfo.objects.values('nickname', 'sex')
    return Response(data
```

序列化器非常适合为“客户端请求”提供标准接口，可以很好地处理参数验证、超链接表示之类的情况。但在这个例子中，不使用 DRF 序列化，性能会提高不少。

3. 使用标准的 HttpResponse

如果请求处理比较简单，那么可以从 DRF 视图中返回一个 Django 自带的 HttpResponse，而不是 DRF 提供的 Response。因为 Response 封装了功能比较复杂 JSON 编码器，它可以处理各种情况，如 Python 各种数据结构以及时间等格式化，所以 HttpResponse 能进一步提升速度。

在实际应用中，以上这些优化对于性能提高相对比较有限，并且复杂的数据库查询、分页以及 REST 相关的写操作等都会对性能产生不同的影响，尤其需要考虑 Django ORM 操作数据库的因素。

因此，只要正确运用 Django ORM，即使没有优化 DRF 本身，也很容易达到每秒上千次请求的速度。当然，如果希望 REST 接口性能进一步提高，那么最终将不再关注如何优化 Web 服务器，而是使用缓存。

11.3.2　Varnish 每秒进击 45K 并发

通常，Web 应用程序的性能瓶颈并不是由框架自身的设计造成的，尽管像 Django 这样的全栈框架内置了诸多脚手架、丰富的中间件、模板、Admin 管理工具等。但实际上，慢可能是因为某个请求正在通过网络与其他服务通信并获取处理相关数据。例如，对于常用的 MySQL、PostgreSQL、Redis、Elasticsearch 等，其中任何查询或网络延迟都会极大地影响 Django、Flask 这些框架的性能。

为了避免这些延迟，大家会使用各种方式的缓存技术。对于 Django 而言，最切实、可行的方法就是使用其内置的缓存框架。这种应用程序级的缓存一般很容易使用，如下所示。

```
# django 缓存框架的使用示例
class UserInfoFromTagListAPIView(APIView):
    def get(self, request):
        data = cache.get('tag')          # 获取缓存数据
        if not data:
                quertyset = models.Tag.objects.all()
                serializer = serializers.TagSerializer(quertyset,
                             many=True)
            data = serializer.data
        return Response(data)
```

在上面的代码示例中，当客户端向 REST API 发起请求时，进入该视图从缓存中获得并返回结果。可以看出，Django 提供的缓存方法非常简单、直接，并且很容易与 Memcached、Redis 相结合，对大多数场景而言，速度已经足够快，不过有些内容还是限制了请求处理效率。

因为这里的缓存只是作用于数据库查询及 DRF 序列化结果，正如图 11.10 所介绍的，Django

接收请求时还会执行一系列中间件和 JSON 解析。对于每秒 45000 个并发请求，有多少是要求数据必须是最新的无法确定，但如果结果总是一样，那么完全可以缓存整个请求，避免 Django 不断重复处理这些工作。

Varnish 是一个反向代理的缓存服务器，它通常位于 Web 服务器和 Web 应用程序之间，充当 HTTP 缓存层，既能缓存整个站点，也能缓存 REST API，起到服务器分流、降低负载的作用。这意味着，用户可以使用它缓存整个 HTTP 请求响应，而不需要经过 Django 服务器。

最新版 Varnish 已经可以支持 HTTP 2。它上手容易，但某些配置还是有一定的学习曲线，尤其是当处理 Cookies、新旧数据内容更新的缓存策略时需要斟酌。Varnish 并不是本书介绍的重点，但作为优秀的 HTTP 缓存服务器，了解如何使用它是进一步发挥 Django 请求处理性能的有效手段之一。

11.3.3 DRF 3.10.3 版本的高性能揭秘

2019 年上半年，DRF 的 GitHub 源代码仓库中有两个 PR 引起了笔者的关注。有部分开发者通过基准测试发现 Django lazy 模块使得 DRF 序列化的速度慢了至少 33%。他们陆续做了一些代码提交申请，意图是删除 DRF 内部对 Django lazy 模块的依赖（from django.utils.functional import lazy），改进序列化的性能。那么 lazy 模块到底有什么作用？

首先，该模块接收两个参数，即被包装函数和任意数据类型的类，然后返回一个包装器。简单地说，lazy 模块将一个普通函数变成了支持惰性的闭包函数。一旦调用该函数，它将返回代理类的实例，因此只有对函数结果（代理实例）调用任何方法之后，函数才会被真正执行。下面看一个具体的示例。

```
# Django lazy 模块使用示例
from django.utils.functional import lazy
def func(text):
    return text.title()
lazyFunc = lazy(func, str)    # 加入惰性支持，将字符串类型分派到 func 函数中
res = lazyFunc('django')    # 创建代理类的实例，而不是触发 func 函数
res.isupper()
# 这里对 func 函数的结果进行处理，调用 isupper 方法。此时才会真正调用 func 函数
```

lazy 模块在 Django 中被广泛使用，如模板系统、数据或表单验证等。该模块仅在实际调用时才会运行计算结果的惰性函数。这也是“代理模式”（常用设计模式的一种）下一种较为普遍的使用场景，不仅对外部提供统一的接口方法，便于扩展，而且对部分耗时复杂的逻辑处理有改善性能的作用。

不过初始化创建代理类的时候，可能需要一些时间。而 Django 为了加快速度，在 lazy 模块中引入了缓存机制。可惜 Django 的开发团队并没有处理好这部分机制，导致缓存机制没有起作用，

使得惰性函数“慢上加慢”。笔者用 cProfile 做了一些简单的小测试。

```
# 普通函数测试用例
In [1]: import cProfile
In [2]: upper = str.upper
In [3]: cProfile.run('''for i in range(50000): upper('Django') + """,
        sort='cumtime')
    3 function calls in 0.008 seconds
    Ordered by: cumulative time
    ncalls  tottime  percall  cumtime  percall filename:lineno(function)
       1     0.000    0.000    0.008    0.008 {built-in method builtins.exec}
       1     0.008    0.008    0.008    0.008 <string>:1(<module>)
       1     0.000    0.000    0.000    0.000 {method 'disable' of '_lsprof.
Profiler' objects}
```

上面是一个简单的小测试，功能是将 Django 字符串转换为大写，并遍历 50000 次。下面使用 Django 提供的 lazy 模块同样的功能。

```
# Django lazy 模块测试用例
In [5]: from django.utils.functional import lazy
In [6]: lazy_upper = lazy(upper, str)
In [7]: cProfile.run('''for i in range(50000): lazy_upper('Django') +
        """''', sort='cumtime')
            4850003 function calls in 1.749 seconds
    Ordered by: cumulative time
    ncalls  tottime  percall  cumtime  percall filename:lineno(function)
         1  0.000    0.000     1.749   1.749 {built-in method builtins.exec}
         1  0.068    0.068     1.749   1.749 <string>:1(<module>)
     50000  0.030    0.000     1.622   0.000 functional.py:159(__wrapper__)
     50000  0.042    0.000     1.593   0.000 functional.py:66(__init__)
     50000  0.685    0.000     1.551   0.000 functional.py:82(__prepare_class__)
   4550000  0.834    0.000     0.834   0.000 {built-in method builtins.hasattr}
     50000  0.048    0.000     0.059   0.000 functional.py:105(__wrapper__)
     50000  0.032    0.000     0.032   0.000 {method 'mro' of 'type' objects}
     50000  0.012    0.000     0.012   0.000 {built-in method builtins.getattr}
         1  0.000    0.000     0.000   0.000 {method 'disable' of '_lsprof.
Profiler' objects}
```

使用 lazy 模块时，将 50000 次字符串转换为大写需要 1.749 秒，而直接使用相同的函数只需要 0.008 秒。使用 lazy 模块的转换速度慢了很多。

这显然是 Django 的重大性能 Bug。更为糟糕的是，DRF 也同样继承了 Django lazy 模块并大量用于接口参数以及模型字段的验证。由于代理类缺少缓存，lazy 模块将为每个参数 / 字段进行重复的校验计算。

幸运的是，DRF 3.10.3 弃用了 lazy 模块，改进了数据校验的机制。用户应该尽可能地在生产环境中将 DRF 升级至 3.10.3 版本。对于旧版本，避免触发 lazy 模块的最好方式是在 DRF 序列化某字段中使用 read_only 参数，因为只有在只读模式下，DRF 无须对数据进行任何校验，如下所示。

```
# 当 DRF 序列化字段时，设置相应的只读模式
class UpdateRetrieveUserSerializer(CreateUserInfoListSerializer):
    nickname = serializers.CharField(read_only=True)
    sex = serializers.CharField(read_only=True)
    ......
```

此外，Django 开发人员已经意识到 lazy 模块问题的重要性，并将这一改进代码合并到了主干分支（遗憾的是，截至笔者撰写本章时，关于 https://github.com/django/django/pull/11399 的代码仍未发布在 Django 2.2.5 版本中）。笔者预估它会出现在 Django 2.2.6 版本中，一旦该补丁发布，就将使 Django 的整体性能提升更多。

11.4 第二代 Django Channels

自 Django 2 推出了最具吸引力的特性——Django Channels，就正式拉开了 Django 支持实时化、高性能异步的序幕，这相比 Django 1.x 是一个巨大的进步。尽管在多年前 Django 就对基本的 HTTP 服务提供了很好的支持，但互联网的变化实在太快，除了无法满足 HTTP 2 的需求外，对于实现 WebSocket 或者异步处理机制，过去也不得不依赖于诸如 Tornado、Celery 甚至 NodeJS 等异步 I/O 库，这给处理效率和开发调试都带来很大的困难。而 Django Channels 可以一并解决如上所述的问题。

Channels 技术能有效地推动 Django 的发展。前不久发布的第二代 Django Channels，不仅得益于 Python 3.6 对于 Asyncio 大刀阔斧的优化而逐步成熟，还意味着相比第一代略带实验性而言，目前 Django Channels 对于生产环境具备足够的可靠性和稳定性。下面笔者将先介绍其底层引擎 Asyncio，介绍它如何结合 Channels 技术用于生产实践，以及对未来 Django 异步革命的影响。

11.4.1 Asyncio 基础

Asyncio 是 Python 3 内置的异步 I/O 模块（框架），但由于早前存在诸多设计和兼容性的严重问题，直至 Python 3.6 后，官方才宣布该模块可用于生产环境。因此，Celery + Gevent 一直以来都是 Python Web 开发者用于运行异步并发任务的首选方案。

从现阶段来看，Asyncio 与 Gevent 的异步机制并没有什么不同——将函数看作某种子任务并

定义为协程（微线程）。用户可以随意在它们之间进行异步或同步的调度，也可以使用 yield 使子任务处于挂起状态，随即进行上下文切换。异步中的上下文切换由事件循环控制，从而产生了从一个协程到下一个协程的控制流。

读者无须纠结当前两者性能的差异，而是关注开发思维方式的转换。Asyncio 提供语言层面的协程支持（原生 coroutines），并支持可插拔 I/O Loop，可以更灵活地协调各个 I/O 库的互操作问题。从前景来看，还是非常值得大家去花时间学习它的。此外，作为本节的重点，了解该模块有助于读者更好地理解 Django Channels。

读者已经阅读了第 1 章，并对异步和并发有一些基本的概念。下面从一个简单的例子开始。

```
import asyncio
async def sleeper_coroutine():
    await asyncio.sleep(5)
if __name__ == '__main__':
    loop = asyncio.get_event_loop()
    loop.run_until_complete(sleeper_coroutine())
```

在本示例中，首先根据当前操作系统启动默认的事件循环，然后将一个名为 sleepper_coroutine 的协程对象扔给 run_until_complete() 方法，接着触发该协程，并直到它运行结束才返回事件循环。相信一些读者对这里出现的关键字 async 和 await 感到困惑。其实我们可以在很多异步代码中看到这些关键字。下面介绍它们应该做什么，以及什么时候使用它们。

1. async 关键字

通常会将函数定义为 async def，它表示将当前函数转换为一个协程。关于协程，需要把握两个原则：

- 不要在协程内执行同步阻塞的处理逻辑。
- 不要像使用普通函数那样直接调用协程。只有它在事件循环中，或者在协程之间才能被调度或挂起。其中协程提供的send方法才可以被执行，否则不会立即执行。除此之外，调用async def将返回一个协程对象并处于挂起状态。

下面看一个具体例子。

```
In [1]: async def hi():
   ...:     print("你好！")
In [2]: hello = hi()
In [3]: hello
Out[3]: <coroutine object hi at 0x1060c8200>
In [4]: hello.send(None)
你好！
---------------------------------------------------------------------------
StopIteration                             Traceback (most recent call last)
```

```
<ipython-input-4-92e4afebe947> in <module>
----> 1 hello.send(None)
StopIteration:
```

这里笔者手动调用 send() 方法来触发协程后会抛出 StopIteration 异常。因此，最好使用 Asyncio 提供的事件循环来运行协程。除了所有其他并发运行协程的机制之外，该循环还将处理异常，如下所示。

```
In [5]: import asyncio
In [6]: loop = asyncio.get_event_loop()
In [7]: hello = hi()
In [8]: loop.run_until_complete(hello)
你好！
```

2. await 关键字

await 关键字只能在协程中使用。如果认为当前协程中存在耗时处理，可以加上 await。此时 Python 会切换到另一个协程继续处理别的任务。如下所示。

```
>>> async def sleeper_coroutine():
...     await asyncio.sleep(3)
>>> o = sleeper_coroutine ()
>>> loop.run_until_complete(o)
# 5 秒之后完成
```

需要说明的是，Asyncio 模块中的 sleep 与一般常用的 time.sleep（同步阻塞）不同。Asyncio 模块中的 sleep 具有非阻塞的特性。这意味着在此协程等待睡眠的同时，可以执行其他协程。

当前协程如果使用 await 关键字调用另一个协程，它自身会挂起，如同书签临时保存在某个堆栈，然后将控制权返回给事件循环。稍后，当事件循环收到耗时操作完成的通知时，将继续执行 await 表达式之后的逻辑。

无论是使用 Asyncio 还是使用 Gevent，都不能混合使用同步代码和异步代码（Gevent 有 monkey.patch_all，可以自动将同步代码转换为异步代码）。因此，一旦进入事件循环，由它驱动的代码必须以异步方式编写，即使使用的是标准库或第三方库。

11.4.2 Asyncio 高并发实践

本节尝试一下如何使用 Asyncio 将同步代码重写为异步代码。作为常见 I/O 密集型的例子，笔者将从一些 URL 中批量请求并抓取其大小。

这里使用 Python 3 标准库 urllib，模拟向比较常用的网站发起请求，并输出其页面大小和总运行时间，这段同步代码如下所示。

```
# 同步下载网页列表和计算耗时示例
from urllib.request import Request, urlopen
```

```
from time import time
sites = [
    "https://www.baidu.com/",
    "https://www.douban.com/",
    "https://weibo.com/",
]
def find_size(url):
    req = Request(url)
    with urlopen(req) as response:
        page = response.read()
        return len(page)
def main():
    for site in sites:
        size = find_size(site)
        print("从{}读取了{:8d}".format(site, size))
if __name__ == '__main__':
    start_time = time()
    main()
    print("总共运行了{:6.3f}秒".format(time() - start_time))
```

这段代码的运行时间为 4.9 秒。它是每个网站的累计加载时间。现在让我们看看异步代码是如何运行的，如下所示。

```
# 异步下载网页列表和计算耗时示例
"""
Dependencies: 确保已经安装了aiohttp， 安装说明：pip install aiohttp
"""
import asyncio
import aiohttp
from time import time
# 配置日志，便于通过时间戳展示并发效果
import logging
logging.basicConfig(format='%(asctime)s %(message)s', datefmt='[%H:%M:%S]')
log = logging.getLogger()
log.setLevel(logging.INFO)
sites = [
    "https://www.baidu.com/",
    "https://www.douban.com/",
    "https://weibo.com/",
]
async def find_size(session, url):
```

```
        log.info("开始 {}".format(url))
        async with session.get(url) as response:
            log.info("响应 {}".format(url))
            page = await response.read()
            log.info("请求网站 {}".format(url))
            return url, len(page)
async def main():
    tasks = []
    async with aiohttp.ClientSession() as session:
        for site in sites:
            tasks.append(find_size(session, site))
        results = await asyncio.gather(*tasks)
    for site, size in results:
        print("从{}读取了{:8d}".format(site, size))
if __name__ == '__main__':
    start_time = time()
    loop = asyncio.get_event_loop()
    loop.set_deBug(True)
    loop.run_until_complete(main())
    print("总共运行了{:6.3f} 秒".format(time() - start_time))
```

执行上面的异步代码，需要安装 aiohttp 异步网络库，其中笔者为每个网站请求创建了单独的协程，然后等待所有协程完成后并返回结果。作为最佳实践，传递 Web 的 Session 对象是为了避免为每个页面重新创建新的会话。此程序在笔者计算机上的总运行时间为 0.8 秒。与之前的同步代码相比，该代码在同一个单核上提升了 6 倍的性能。

进一步分析异步代码和同步代码的性能差异，同步代码很容易理解。抓取网站内容的逻辑只需要很少的 CPU 处理时间，大部分时间花在了等待网络连接和响应上，而且每个任务都在等待前一个任务完成。

另外，在异步代码中，当启动第一个子任务（协程）时，它就开始等待 I/O，然后切换到下一个子任务。CPU 几乎没有空闲，因为事件循环会不断地轮训子任务的挂起和开始。最终，I/O 在相同的时间内完成，这种 I/O 多路复用的技术使得花费的总时间大大减少。

事实上，这里的异步代码还可以进一步加速。因为标准的 Asyncio 事件循环是用纯 Python 编写的，可以考虑使用像 uvloop 这样更快的事件循环引擎来进一步加速。

11.4.3 再谈 Asyncio 与 Gevent

除了 Asyncio，像 Gevent 或 eventlet 都是常用的异步并发的解决方案，然而 Asyncio 最有魅力的地方在于同步代码和异步代码更显式地分离。这是现代异步编程中较为标准的设计模式。

Gevent 更多的是依赖 monkeypatching 将同步阻塞 I/O 调用更改为异步非阻塞。不过这有一个前提，就是项目中的依赖库必须获得 Gevent 的支持，否则未打补丁的同步阻塞调用会影响事件循环的性能，并且在中、大型项目中很难发现瓶颈的根源。正如《Python 之禅》所说的，显式胜于隐式。

Asyncio 的另一个目标是为所有异步并发库（如 Gevent、Twisted、Tornado）提供标准化的并发框架。这不仅减少了重复工作，而且确保代码对最终用户的可移植性。

就笔者个人而言，尽管先前在线上生产环境中大量使用了 Gevent 库，但不得不承认 Python 3.6 的 Asyncio 模块使得异步编程更容易、稳定。原生 coroutines 使得很多想法在一定程度上可以直接体现在实现细节中。作为 Python 较具潜力的标准库之一，Asyncio 是每个 Python 开发者不得不掌握的重要模块。

11.4.4　Asyncio 与 Django

严格地说，Django 是一个同步 Web 框架，需要额外运行独立的工作进程（如 Celery）来运行一个嵌入式事件循环，这也可以用于后台任务。然而，Django Channels 的发布改变了这一切。这也使得 Django Web 服务器在内部结构中发生了一些变化。

Asyncio 作为 Channels 的底层异步引擎，将 Django 进程分成两个部分：一部分用于接收请求并对任务进行代理排队；另一部分用于处理这些任务。换句话说，这就是标准的生产者 / 消费者模式。因此，Django 不再只是为传统的 HTTP 请求 / 响应构建的 Web 框架。

11.4.5　理解 Django Channels

Channels 是 Django 官方支持的项目，最初是为了解决诸如 WebSocket 之类异步通信处理问题而创建的。越来越多的 Web 应用程序提供实时功能，如聊天和推送通知。为了能够更好地支持这些场景，开发团队在 Django 的架构上做了不少调整。

Django Channels 不仅用于处理 WebSocket 和其他形式的双向通信，还用于异步运行后台任务。在撰写本书时，Django Channel 2 已经发布了。相比第一代，它在基于 Python 3 的 async/ waiting 协程特性下实现完全重构优化。

图 11.11 是 Django Channels 大致的架构图。

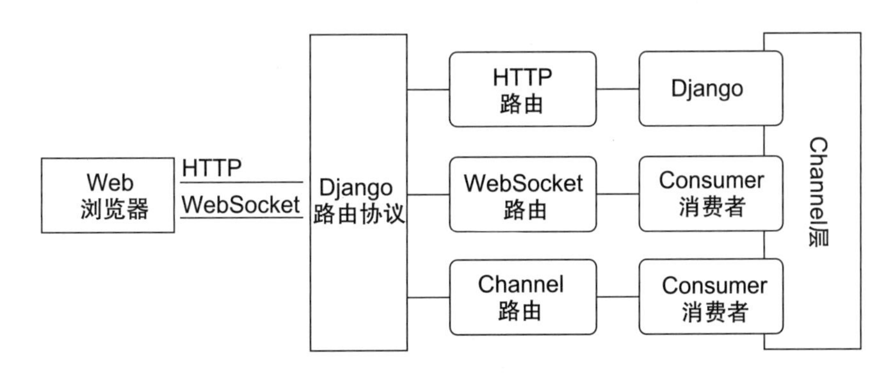

图 11.11　Django Channels 大致的架构图

图 11.11 简单概括了 Django Channels 的基础架构及工作过程。客户端（Web 浏览器）将 HTTP/HTTPS 和 WebSocket 通信发送到 ASGI（异步服务器网关接口）服务器。与 WSGI 一样，ASGI 是定义了应用程序服务器和应用程序之间异步交互的一种常见方式。

与常规的 Django 应用程序一样，HTTP 请求依然经过同步处理，即浏览器发送请求时，它会等待，直到路由到 Django 并返回响应。然而，当处理 WebSocket 通信时，情况会有所不同。一旦建立了 WebSocket 连接，浏览器就可以发送或接收消息。发送的消息到达 Django 路由器，该路由器作为总入口并根据其传输协议确定下一个路由处理程序。因此，可以为 HTTP 定义一个路由器（URL 映射器），为 WebSocket 消息定义另一个路由器。

这些路由器与 Django 的 URL 映射器非常相似，不过这里传入的消息不再被映射到视图而是被传入作为消费者的某个类方法。我们既可以像一个事件处理器对事件做出反应，也可以将消息发送回浏览器，从而支持双向通信。

通常将消费者定义为一个类，可以在其中编写普通的同步函数或异步函数。异步代码不应该与同步代码混合。因此，Channels 提供一些转换工具可以将异步代码转换为同步代码并返回。注意，WSGI 下的 Django 依然是同步的，但消费者实际上运行在 ASGI 服务器上。

Django Channels 采用的机制很简单：创建一个任务，将它放入队列中，最终从进程池的某个空闲进程将它取出并执行该工作。这就是典型的通道技术，值得一提的是，可以在不使用通道技术的情况下编写 Django Channels 代码。但不推荐这种做法，因为除了轮询数据库之外，应用程序实例之间没有简单的通信路径。

通道技术支持应用程序实例之间的快速点对点和广播消息传递。通道类似于管道，发送方从一端向管道发送消息，消息到达另一端的侦听器；也可以定义一组通道，这些通道都在监听一个 Topic。每个消费者都会侦听自己能够访问的通道（可以定义 channel_name 属性）。

除了传输之外，还可以发送消息触发正在监听通道的消费者，从而启动后台任务。因此，可以构建一个快速和简单的后台调度系统。对于具体的 Django Channels 部署和开发细节，笔者将在“实战篇”着重介绍。

11.5 Django 3 的异步驱动

2018 年，Django 核心开发成员 Andrew Godwin 制定了将异步机制引入 Django 的路线图。经过大量的讨论和修改，Django 技术委员会最终批准了他所起草的 DEP 0009 技术草案——异步 Django。笔者在筹备本书内容时，获悉了这则重磅消息。Python Web 开发者非常有必要了解这一未来可期的重大变革。

为什么此时是推出 Django 支持异步特性的最好时机？其实从 Django 2.1 版本开始，就已经率先支持 Python 3.5 及以上版本。尤其是 Python 3.6，已经完全具备了对协程更完善的支持。另外，当前 Web 领域正逐步扩大更多高并发工作场景以及大型并行查询的用例。

DEP 0009 技术草案旨在解决 Python 中的一个核心缺陷：低效的线程处理。一直以来，Python 并不被认为是一种适合异步编程的语言。之前被寄予厚望的 Asyncio 异步模块也存在一些核心设计缺陷。当然 Python 也有其他可替代的异步框架，但它们之间并不兼容。

Django Channels 虽然为 Django 提供了一些异步支持，但它主要关注 WebSocket 的处理。而 Andrew Godwin 在此基础上更进一步扩展，通过在 Django 中添加异步机制使运行速度更快，其中关键部分还允许用户并发地运行。无论是数据库查询、对外部 API 的请求，还是一系列微服务的调用，异步 Django 很容易在视图中的某个时间点执行并发操作。DEP 0009 技术草案所描述的另一个特性是引入了动态连接池。即使在没有 WebSocket 的情况下，Django 也能具备长轮训连接，保持连接复用而不会造成资源的浪费。

Django 的视图会全面支持 aync 和 await 并在底层中兼容 Asyncio。然而，需要注意的是，异步 Django 不会支持 greenlet 和 Gevent，主要原因是它们本身不仅实现了非 Python 异步语法，而且基于 greenlet 的方法由于缺少显式的 yield 和 await，导致开发及调试非常困难，甚至会有“死锁”的风险。

根据规划，异步 Django 会在 Django 3 发布，我们可以通过表 11.2 一睹为快。

表 11.2　Django 2.2 及未来版本的更新计划

Django 版本	更 新 计 划
2.2	添加 Django ORM 的异步处理及视图异步化的基本工作，尽管默认情况下 Django 依然是同步，但已经实现了异步线程池，为 Django 3 版本打下基础
3.0	重写内部请求处理的堆栈结构，将 Django 彻底异步化，并将造成同步阻塞的核心模块替换为异步非阻塞，如中间件、表单、缓存、会话、ORM 和身份验证等
3.1	持续改进对异步的支持，并计划将“模板”加入异步处理
3.2	将 Django 实现真正意义上的异步驱动

不可否认，Django 2 推出后的近几年中陆续走出了不少核心开发者，而 Asyncio 生态中也缺少杀手级 Web 应用。目前被看好的框架如 Sanic、Japronto 都是基于赫赫有名的性能猛兽——uvloop，作为全新的“无堆栈事件循环”引擎，底层通过 Cython 编写，并使用 libuv 异步库。

根据官方的基准测试，uvloop 每秒可以处理超过 100000 个请求，在同样的测试中，Tornado 和 Twisted 只能处理大约 2 万个请求。Japronto 每秒可以处理 120 多万个恐怖级并发请求，而 Go 每秒可以处理 54502 个请求。虽然这些框架的性能让人瞠目结舌，但整体生态质量不稳定，尚待提高。

Django 3 一旦发布，势必会成为 Asyncio 生态圈中极为重要的全栈式异步并发框架，并且未来很有可能会搭载 uvloop，从而进一步推动 Python 异步编程的发展。届时相比目前 Flask 需要通过 Quart 的外挂插件支持纯异步而言，Django 3 的异步驱动或许将更有竞争力。那么 Tornado 和 Twisted 的定位就会显得非常尴尬。诚然，异步 Django 对整个 Python 语言的发展以及生态圈都有着极为重要积极的意义。与笔者一起拭目以待吧。

第四篇

综合案例篇

第12章 打造企业级分布式应用服务

互联网服务已经逐步渗透到人们的衣、食、住、行，任何一款线上产品都必须尽可能地满足高可用性、高性能、高并发性的服务质量。随着微服务、云计算以及容器化等技术的革新，常规的垂直应用架构已无法满足互联网公司的需求，分布式服务架构已成为互联网公司的标配。

正如凯文·凯利在《失控》一书中所提到“无数个体聚集而成的群集，其所表现出来的特质就如同一个整体，其涌现出来的能力超越个体能力的总和……”，这就是“集体智慧”。一套完整的分布式系统涉及极其复杂的综合学科知识，其中包括数据通信、路由和负载均衡、服务的注册与发现及降级熔断机制等内容。

本章将介绍如何使用 Django 与 Vue.js 构建分布式系统中最为常见的服务组件任务分发系统。尽管本章不太可能涉及分布式系统设计的方方面面，但读者仍可以学习到分布式消息总线、RPC 通信、服务发现与治理以及分布式客户端代理等关键技术，最终使用 Vue.js 与 Django Channels 实时展示结果。

12.1 功能与需求介绍

任务分发系统是互联网公司技术中台中不可或缺的组件，主要承接了日常运维远程操作、命令或脚本分发、任务编排和调度等功能。目前实现该系统有两种主流的方式：SSH 和客户端代理（agent）。其中，SSH 协议具有运行效率慢、启动时间较长等缺点，并且这类集中式推送（push）架构只适用于较小规模的目标节点（如 200 台以内服务器）。使用客户端代理自主执行及拉取（pull）任务，本身更具有多主机功能，因此有较灵活的可伸缩性和较高的性能效率。BeJobs 是任务分发系统的名称代号。笔者采用客户端代理技术，将实现如下功能：

- 前端页面命令执行及任务下发；
- 客户端代理执行及结果回调；
- RPC数据通信；
- Django Channels消息队列与Vue.js的实时展示；

- 负载均衡与服务发现；
- Asyncio的异步处理。

本案例可作为如何使用 Django 构建高性能分布式微服务架构的重要参考，由于篇幅原因，不能涵盖系统所应该具备的所有功能，但笔者会针对部分重要功能的实现提供一些建议。作为起点，读者完全可以在此基础之上进行功能扩充。

12.2　系统架构设计及环境说明

任务分发系统在本章案例中主要划分为三个功能模块。

1. 应用服务层

应用服务层模块主要负责向前端提供一些管理或便于展示的数据接口，并接收用户从前端传来的指令；技术框架采用 Django + uWSGI + ASGI，其中 uWSGI 作为与前端交互的中间件，而 ASGI 可以管理多个 Django Channels 的消息组，用于异步消费 Redis 中的消息，通过 WebSocket 实时输出信息。

2. 执行层

执行层模块作为客户端代理（Agent）被安装部署在目标服务器中，作为“守护进程”在操作系统中不间断运行，用于接收并执行应用服务层所下发的指令，最后将结果返回。Agent 需要确保自身的稳定性及处理数据的吞吐量。这里采用基于 gRPC 的通信系统保障数据传输的效率，另外嵌入一个支持 Asyncio 的 HTTP 服务，提高及时处理用户下达的指令的能力。

3. 数据传输层

数据传输层模块作为 gRPC 服务器的集群：一方面接收从 Agent 回传的数据结果，并同时异步发送消息至 Redis；另一方面包含一个用于健康检查的“心跳服务”，确保监控自身与 Agent 的存活率。系统架构如图 12.1 所示。从图 12.1 可以更清晰地看到数据流和各个模块之间的交互流程。好的架构，尽可能地使数据流单向传递，且功能模块对外暴露统一接口。为了便于大家理解，表 12.1 ～表 12.4 针对不同功能模块、角色及环境进行了简要说明。

表 12.1　应　用　层

功　　能	IP	端　　口	环境说明
Web 应用服务器	127.0.0.1	10080	Python 3+Django
ASGI 服务器	127.0.0.1	10081	Daphne

表 12.2　执　行　层

功　　能	IP	端　　口	环境说明
Agent	192.168.199.170	18000	Python 3+aiohttp

表 12.3 数据传输层

功　　能	IP	端　　口	环 境 说 明
gRPC 服务器 1	127.0.0.1	10800	gRPC1.24+django-channels2
gRPC 服务器 2	127.0.0.1	10801	gRPC1.24+django-channels2

表 12.4 前 端 页 面

功　　能	IP	端　　口	环 境 说 明
前端服务器	127.0.0.1	8080	Vue.js+Nginx

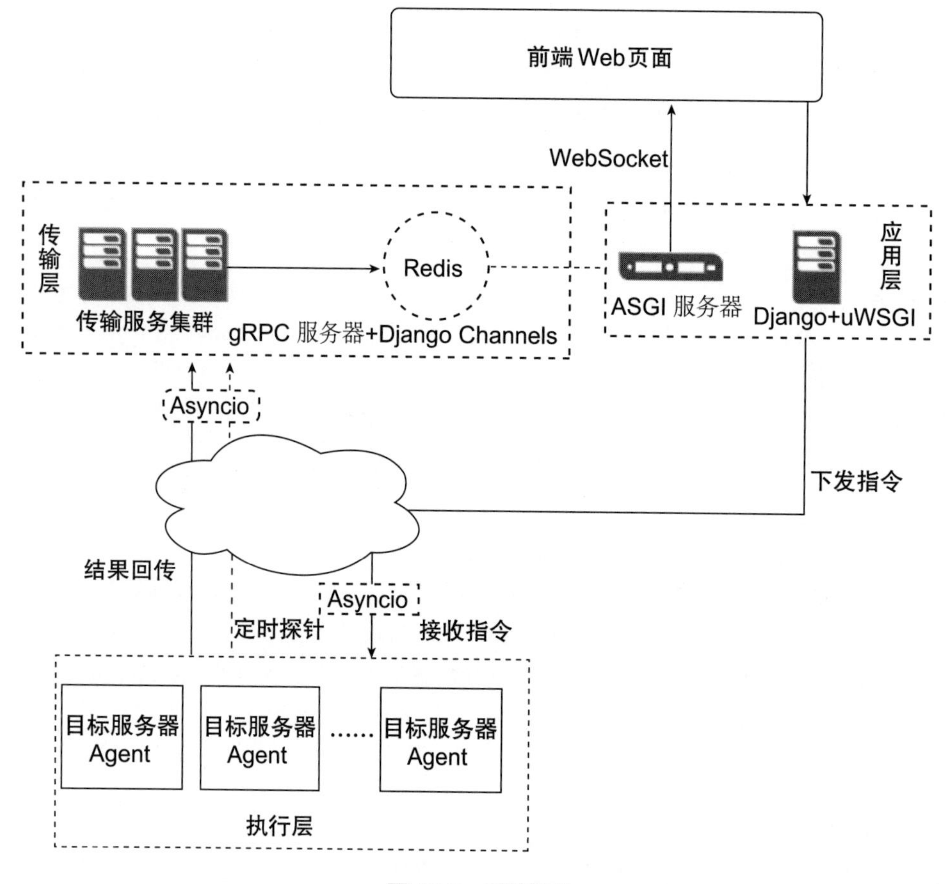

图 12.1 系统架构

12.3 构建前端页面

笔者在实际开发过程中，习惯先构建前端页面的雏形，而后定义服务器端接口。好比过去基于 Visual Basic 语言的“面向可视化编程”，思考用户与图形化界面交互所产生的信息流，自然也确定了服务器端具体的实施方案。笔者在本节会从需求整理、界面设计、代码实现等方面拉开本章项目的序幕。

12.3.1　用户交互设计

根据业务场景，设计该系统的前端页面应该着重于用户所关注的焦点，因此任务执行的前端页面需要包括以下组件，如图 12.2 所示。

- 用户下达指令的输入框/操作按钮；
- 目标服务器的选择框/显示区域；
- 可视化的结果输出区；
- 每台目标服务器的日志明细（成功数、失败数、结束时间、返回值等）；
- 进度条。

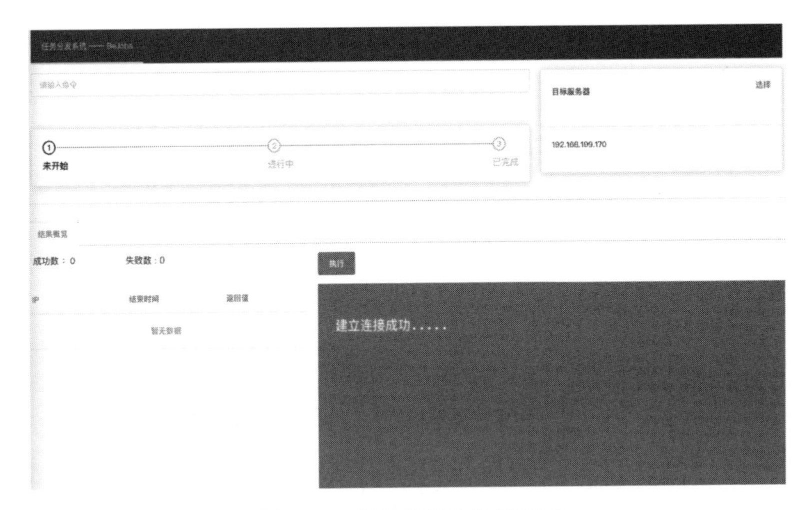

图 12.2　任务执行的前端页面

12.3.2　Vue.js 开发环境搭建

前几章重点介绍了如何使用 Vue.js 及 Webpack 搭建脚手架的内容，因篇幅关系，本节不再一一复述，下面直接使用 vue-cli 创建本系统的前端项目。

```
vue-init webpack bejobs    # 使用 vue-cli 创建 Vue.js 项目并指定 Webpack 作为构建模板
```

执行命令后，会进入交互选项，读者可以参考按照以下方式进行配置。

```
vue-init webpack bejobs
? Project name bejobs
? Project description A Vue.js project
```

```
    ? Author baoer.gu <gubaoer@hotmail.com>
    ? Vue build standalone
    ? Install vue-router? Yes                  // vue-router 是本项目的必要组件
    ? Use ESLint to lint your code? No         // 为便于练习，建议关闭
    ? Set up unit tests No                    // 为便于练习，建议关闭
    ? Setup e2e tests with Nightwatch? No     // 为便于练习，建议关闭
    ? Should we run 'npm install' for you after the project has been created?
(recommended) npm
       vue-cli · Generated "bejobs".
    # Installing project dependencies ...
    # ========================
                        ⠋ fetchMetadata: sill pacote range manifest for babel-
plugin-transform-es201
```

创建完成后，可以直接通过下面的方式验证 Vue.js 能否启动成功，如图 12.3 所示。

```
    cd bejobs
    npm run dev
```

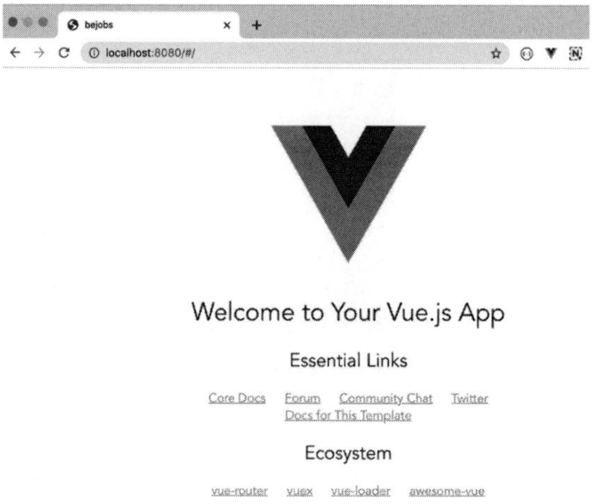

图 12.3 Vue.js 项目初始化界面

一切准备就绪之后，可以在项目根目录的 package.json 及目录中观察到 vue-cil 已经预装了必要的编译运行插件和完成 Webpack 配置。然而，对于本项目，还需要额外插件，下面先使用 npm 命令安装它们。

```
    npm install axios@0.19.0         // 用于异步请求的 HTTP 库
    npm install sass-loader@7.0.3   // 用于处理 Sass 预处理文件的加载器
    npm install node-sass@4.7.2    // 用于将 Sass 转换为 CSS 的转换编译器
    npm install element-ui@2.12.0    // 前端 UI
```

按照下面的方式配置 Sass 加载器，使其生效。

```
# bejobs/buiild/webpack.base.conf.js
module.exports = {
......
  module: {
    rules: [
......
          {
            test: /\.scss$/,
            use: [
              'vue-style-loader',
              'css-loader',
              'sass-loader'
             ],
           },
      {
        test: /\.sass$/,
        use: [
          'vue-style-loader',
          'css-loader',
          'sass-loader?indentedSyntax'
        ],
      },
    ]
  },
......
}
```

将 elementUI 组件加载至项目中：

```
# bejobs/src/main.js
......
import ElementUI from 'element-ui';
import 'element-ui/lib/theme-chalk/index.css';
Vue.use(ElementUI);
......
```

12.3.3　构建页面布局

默认的初始化页面显然没有什么用，接下来，笔者使用 elementUI 定义页面骨架（图 12.3）。一个好的习惯就是在正式开发项目前先画出草图，如图 12.4 所示。

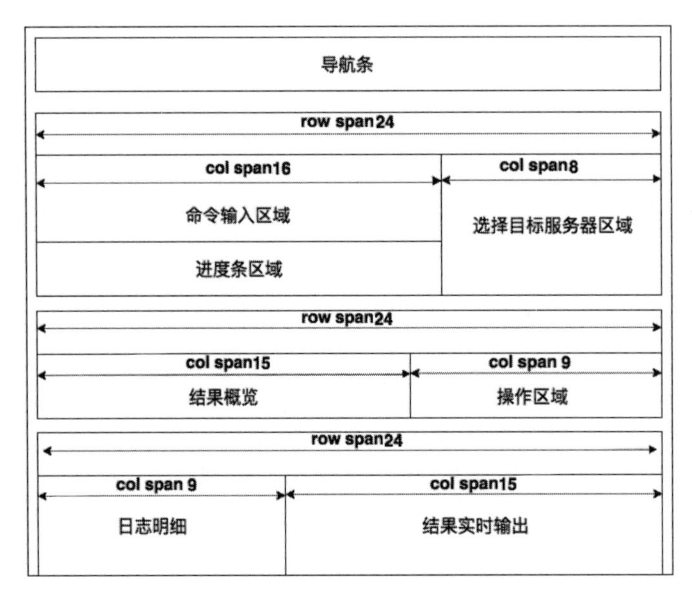

图 12.4 页面布局草图

这里通过 elementUI 所提供的布局组件 <el-row/>、<el-col/> 及参数 span 很容易构建出复杂的页面布局。下面在项目根目录的 src/components 下新建 Detail.vue。

```
# bejobs/src/components/Detail.vue
<template>
  <div>
      <el-menu
        :default-active="navbar"
        class="el-menu-demo"
        mode="horizontal"
        background-color="#545c64"
        text-color="#fff"
        active-text-color="#ffd04b">
        <el-menu-item index="1">任务分发系统 —— BeJobs</el-menu-item>
      </el-menu>  <!-- 导航条 -->
      <el-row :gutter="24">  <!— gutter 参数支持嵌套混合布局 -->
        <div style="margin-top: 15px;">
          <el-col :span="16">
            <div class="grid-content bg-purple">
              命令输入区域
            </div>
            <div style="margin-top: 55px;">
              进度条区域
            </div>
```

```
        </el-col>
        <el-col :span="8">
          选择目标服务器区域
        </el-col>
      </div>
    </el-row>
    <el-row :gutter="24">
      <!-- 水平分割线 -->
      <div style="margin-top: 30px;background:linear-gradient(to left,#e
          fefef,#b6b6b6,#efefef);height:1px;"></div>
    </el-row>
    <el-row :gutter="24">
      <el-tabs v-model="viewTab" type="card" style="margin-top: 30px">
        <el-tab-pane label=" 结果概览 " name="">
          <el-row :gutter="24">
            <el-col :span="9">
              <el-col :span="8"> 成功数 : 0</el-col>
              <el-col :span="8"> 失败数 : 0</el-col>
            </el-col>
            <el-col :span="15">
              <el-button type="primary"> 执行 </el-button>
            </el-col>
          </el-row>
          <el-row :gutter="24" style="margin-top: 15px">
            <el-col :span="9">
              <el-table
                :data="tableData"
                stripe
                style="width: 100%">
                <el-table-column
                  prop="ip"
                  label="IP"
                  width="180">
                </el-table-column>
                <el-table-column
                  prop="endDT"
                  label=" 结束时间 "
                  width="180">
                </el-table-column>
                <el-table-column
                  prop="returnCode"
```

```
                    label=" 返回值 ">
                  </el-table-column>
                </el-table>
              </el-col>
              <el-col :span="15">
                <div>
                  结果实时输出
                </div>
              </el-col>
            </el-row>
          </el-tab-pane>
        </el-tabs>
      </el-row>
    </div>
  </template>
  <script>
      export default {
          name: "Detail",
        data() {
            return {
              navbar: '1',  // 定义导航条 navbar 默认属性
              viewTab: 0,  // 定义标签页 navbar 默认属性
              tableData: [], // 定义表格 tableData 默认属性
            }
        }
      }
  </script>
  <style scoped>
  </style>
```

别忘了删除 Vue.js 初始化页面的相关 CSS 样式。

```
# bejobs/src/App.vue
<template>
  <div id="app">
    <!-- img src="./assets/logo.png"  需要删除或注释 -->
    <router-view/>
  </div>
</template>
<script>
export default {
```

```
  name: 'App'
}
</script>
<style>
#app {
  font-family: 'Avenir', Helvetica, Arial, sans-serif;
  -webkit-font-smoothing: antialiased;
  -moz-osx-font-smoothing: grayscale;
  /* text-align: center; 需要删除或注释 */
  color: #2c3e50;
  /* margin-top: 60px; 需要删除或注释  */
}
</style>
```

12.3.4　创建 Vue.js 路由

初步完成了页面布局后，接着创建路由，使得能够访问该页面，如下所示。

```
# bejobs/src/router/index.js
import Vue from 'vue'
import Router from 'vue-router'
import JobDetail from '@/components/Detail'    // 导入“任务详情页”组件
Vue.use(Router)
export default new Router({
  routes: [
    {
      path: '/:id',    // 通过作业 ID 访问该组件视图
      name: 'Detail',
      component: JobDetail
    }
  ]
})
```

通常来说，每个“任务详情页”都会有一个唯一的任务 ID。为了便于演示，这里自定义一个任务 ID，在浏览器试着访问该页面，如图 12.5 所示。

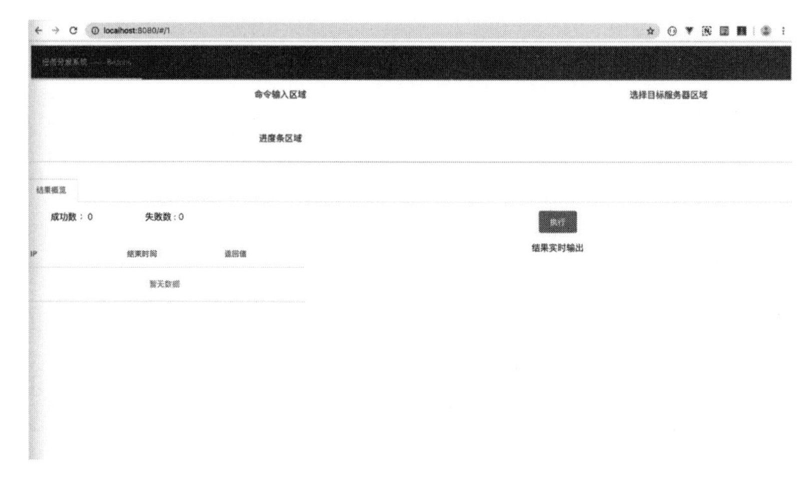

图 12.5 “任务详情页”布局

正如读者所看到的，该页面的雏形离我们最终的完整版越来越接近，下一节跟着笔者逐一完善这些组件。

12.3.5 前端组件开发及通信

1. 创建表单

创建表单在这里尽管并不是必须的，但考虑到用户需要向服务器端传递命令和选择目标服务器，这里建议创建表单；使用表单不仅能较容易确保数据的一致性，而且有利于代码复用，从而提高开发效率，如下所示。

```
# bejobs/src/components/Detail.vue
......
③<el-row :gutter="24">
  ②<div style="margin-top: 15px;">
    ①<el-form ref="postForm" :model="postForm" class="form-container">
      <!-- 创建表单 -->
            <el-col :span="16">
              <div class="grid-content bg-purple">
                命令输入区域
              </div>
              <div style="margin-top: 55px;">
                进度条区域
              </div>
            </el-col>
            <el-col :span="8">
              选择目标服务器区域
```

```
            </el-col>
    </el-form>  <!-- 创建表单 end -->
      ......
  </div>
</el-row>
<script>
  const submitForm = {
    input: '',      // 定义 " 用户输入的命令 " 属性
    SelectIps: []  // 定义选择目标服务器列表
  };
  export default {
    name: "Detail",
    data() {
      return {
        ......
        postForm: Object.assign({}, submitForm),
      }
    }
  }
</script>
```

2. 编写输入框组件

```
# bejobs/src/components/Detail.vue
......
<el-form ref="postForm" :model="postForm" class="form-container">
<el-col :span="16">
  <div class="grid-content bg-purple">
    <!-- 命令输入区域 -->
    <el-form-item>
    <el-input placeholder=" 请输入命令 " v-model="postForm.input"
        class="input-with-select">
      </el-input>
    </el-form-item>
  </div>
  <div style="margin-top: 55px;">
    进度条区域
  </div>
</el-col>
......
</el-form>
......
```

3. 编写目标服务器显示组件

```
# bejobs/src/components/Detail.vue
......
<el-form ref="postForm" :model="postForm" class="form-container">
  ......
  <el-col :span="8">
    <!-- 选择目标服务器区域 -->
    <el-card class="box-card">
      <div slot="header" class="clearfix">
        <el-form-item>
          <span> 目标服务器 </span>
        </el-form-item>
      </div>
      <div v-for="ip in postForm.SelectIps" :key="ip" class="text item">
        {{ip}}
      </div>
    </el-card>
  </el-col>
</el-form>
```

当用户进入模态对话框选择了待执行的目标服务器之后，可以通过遍历 postForm.SelectIps 属性的值，获取每台服务器的 IP 信息。

4. 编写选择目标服务器的模态对话框组件

到目前为止，该页面的所有组件都在同一个父组件中构建，这并不是好的习惯。作为示例，笔者将模态对话框作为单独的子组件进行构建，并演示其如何与父组件进行通信。下面在项目根目录的 src/components 中新建一个 ConfigDialog.vue 文件。

```
# bejobs/src/components/ConfigDialog.vue
<template>
  <el-dialog
    :visible.sync="showConfigDialog"
    :show-close="false"
    :width="'40%'"
    :close-on-click-modal="false"
    :top="'2%'">
    <div> 选择目标服务器
    </div>
    <el-transfer
      filterable
```

```
        filter-placeholder=" 请输入 IP 地址 "
        v-model="SelectIps"
        style="margin-top: 12px"
        :filter-method="filterMethod"
        :data="data">
      </el-transfer>
      <div slot="footer" class="dialog-footer">
        <el-button type="primary" @click="Submits">确 定</el-button>
        <el-button @click="cancelModal">取 消</el-button>
      </div>
    </el-dialog>
  </template>
  <script>
    export default {
      name: "ConfigDialog",
      props: ['showConfigDialog'],    // 接收父组件 'showConfigDialog' 属性
      data() {
        const generateData = _ => {
          const data = [];
          const ips = ['192.168.199.170'];
          // 假定这里只能选择 192.168.199.170 一台目标服务器
          const pinyin = ips;
          ips.forEach((ip, index) => {
            data.push({
              label: ip,
              key: ip,
              pinyin: pinyin[index]
            });
          });
          return data;
        };
        return {
          data: generateData(),
          SelectIps: [],  // 将用户选择的机器作为数组放入 SelectIps 属性中
        };
      },
      methods: {
        cancelModal() {
          // 取消模态对话框
          // 绑定 'syncConfigDialog' 事件，传递 false 值通知父组件关闭对话框
                this.$emit('syncConfigDialog', false);
```

```
            },
            filterMethod(query, item) {
            // 过滤 IP 地址
              return item.pinyin.indexOf(query) > -1;
            },
            Submits() {
            // 提交确认
            // 绑定 'syncSelectIps' 事件，传递 SelectIps 值
               this.$emit('syncSelectIps', this.SelectIps)
            // 绑定 'syncConfigDialog' 事件，传递 false 值通知父组件关闭对话框
              this.$emit('syncConfigDialog', false);
            }
          }
        }
      </script>
      <style scoped>
      </style>
```

选择目标服务器的模态对话框组件很简单，这里主要使用 elementUI 中穿梭框的组件实现。值得一提的是，该组件会通过 props 属性接收 showConfigDialog 值，用来控制模态对话框的关闭 / 开启；另外，该组件会向父组件传递 syncSelectIps 和 syncConfigDialog 两个事件，使得父组件能够及时获取子组件的最新数据。表 12.5 和表 12.6 是该组件的属性和事件概览。

表 12.5 属　性

参　数	说　明	类　型	默认值
showConfigDialog	是否显示对话框	布尔值	

表 12.6 事　件

名　称	说　明	参　数
syncSelectIps	接收用户选择的目标服务器列表	目标服务器数组
syncConfigDialog	用于接收关闭对话框的通知	关闭对话框的布尔值

现在回到父组件 Detail.vue，我们需要导入子组件 ConfigDialog.vue。

```
# bejobs/src/components/Detail.vue
<template>
  <div>
    ......
    <config-dialog :showConfigDialog="showConfigDialog"
@syncConfigDialog="syncConfigDialog" @syncSelectIps="syncSelectIps"></config-
  dialog>
```

```
    </div>
</template>
<script>
  import ConfigDialog from '@/components/ConfigDialog'  // 导入 ConfigDialog 组件
  export default {
    name: "Detail",
    components: {
      ConfigDialog,    // 注册 ConfigDialog 组件
    },
    data() {
      return {
        ......
        showConfigDialog: false,  // 声明 showConfigDialog 属性，并默认设置为 false
      }
    },
    methods: {
      syncConfigDialog(val) {
        this.showConfigDialog = val
       // 通过 syncConfigDialog 事件，将子组件的对话框关闭
      },
      syncSelectIps(val) {
        this.postForm.SelectIps = val
      // 通过 syncSelectIps 事件，将选择的目标服务器回传至 postForm.SelectIps 属性
      },
    }
  }
</script>
```

完成了子组件的开发和引入后，在父组件还需要一个额外的控制按钮来触发。

```
# bejobs/src/components/Detail.vue
......
<el-col :span="8">
  <!-- 选择目标服务器区域 -->
      ......
      <el-form-item>
        <span> 目标服务器 </span>
        <el-button style="float: right; padding: 3px 0" type="text" @
            click="openConfig" > 选择
          </el-button>    <!—新增 " 选择 " 按钮 -->
      </el-form-item>
      ......
```

```
</el-col>
......
<script>
......
  export default {
    ......
    methods: {
      ......
      openConfig() {
        this.showConfigDialog = true
      // 新增 openConfig 方法，便于将 showConfigDialog 属性通过 props 通知至子组件
      },
    }
  }
</script>
```

现在试着用浏览器访问页面，如图 12.6 和图 12.7 所示。

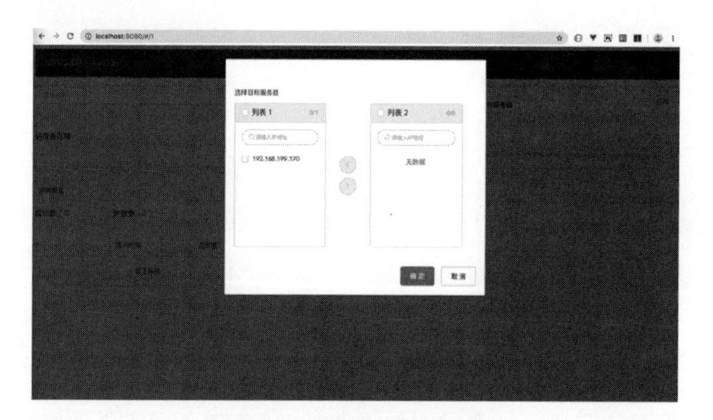

图 12.6　选择目标服务器

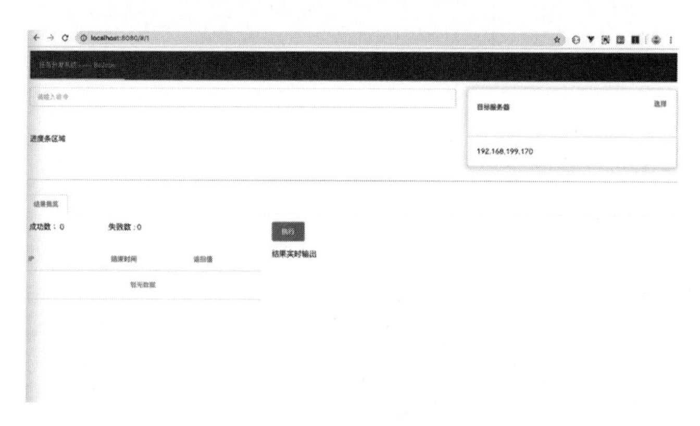

图 12.7　目标服务器列表展示

5. 编写结果实时输出组件

目前这里只是简单地使用 <div/> 元素进行简单的包装，还不具备输出任务结果的能力，需要让它变得更实用一些。

```
# bejobs/src/components/Detail.vue
......
<el-col :span="15">
  <div class="terminal">
    <!-- 结果实时输出 -->
    <pre><output v-html="outputLog">{{outputLog}}</output></pre>
  </div>
</el-col>
......
<script>
  ......
    data() {
      return {
        ......
        outputLog: '',  // 声明 outputLog 属性
      }
    },
......
</script>
```

<output> 标签是 HTML 5 的新特性之一，用于显示不同类型的输出，其中就包括脚本或者服务器端命令。此外，标签 <pre> 的作用是统一格式化命令输出的结果，如换行符、等宽文本字体等。属性 outputLog 用于接收命令结果，并与 <output> 标签单向绑定。比较有意思的是，笔者还用到了 v-html 指令，显然在本项目中不是必需的，不过在某些特殊的场景下，如显示该命令、脚本结果带有 ANSI 颜色输出，使用该指令可以很容易对结果进行处理并将结果转换为符合 HTML 语义的结果。

最后美化一下标签 <output>，使其看起来更像一个命令行终端。

```
# bejobs/src/components/Detail.vue
......
<div class="terminal">    <!—添加 terminal 样式 -->
  <!-- 结果实时输出 -->
  <pre><output v-html="outputLog">{{outputLog}}</output></pre>
</div>
......
<style scoped>
```

```
  .terminal {
    background-color: black;
    background-image: radial-gradient(
      rgba(0, 0, 0, 1), black 120%
    );
    height: 45vh;
    margin: 0;
    overflow: auto;
    padding: 2rem;
    color: white;
    font: 1.8rem Inconsolata, monospace;
    text-shadow: 0 0 5px #C8C8C8;
  }
</style>
```

6. 编写进度条组件

```
# bejobs/src/components/Detail.vue
......
<div style="margin-top: 55px;">
  <!-- 进度条区域 -->
  <el-card class="box-card">
    <el-steps :active="TaskStep" :finish-status="TaskStepStatus">
      <el-step title=" 未开始 "></el-step>
      <el-step title=" 进行中 "></el-step>
      <el-step title=" 已完成 "></el-step>
    </el-steps>
  </el-card>
</div>
......
<script>
  ......
    data() {
      return {
        ......
        TaskStep: 0,   // 声明 TaskStep 属性，初始化当前进度条步骤
        TaskStepStatus: 'success'   // 声明 TaskStepStatus 属性，初始化当前进度状态
      }
    },
......
</script>
```

12.3.6　表单验证

在开始单击“执行”按钮的时候，针对用户所提交的参数值进行必要的数据校验是常规的做法。在 Vue.js 中使用表单很容易实现。下面我们对需要校验的表单项逐步添加验证方法。

```
# bejobs/src/components/Detail.vue
<el-form ref="postForm" :model="postForm" :rules="rules" class="form-
    container">
......
      <el-form-item prop="input">
        <el-input placeholder="请输入命令" v-model="postForm.input" class="input-
            with-select" required>
        </el-input>
      </el-form-item>
      ......
        <el-form-item prop="SelectIps">
        <el-button style="float: right; padding: 3px 0" type="text" @
                click="openConfig" required>选择
          </el-button>
        </el-form-item>
      ......
</el-form>
<script>
  ......
    data() {
const validateFields = (rule, value, callback) => {
        if (value === '' || value.length === 0) {
// 由于被验证的属性既包含字符串类型和数组类型，需要在验证逻辑中同时涵盖
            this.$message({
                message: rule.field + '为必传项',
                type: 'error'
            })
            callback(new Error(rule.field + '为必传项'))
          } else {
            callback()
          }
      }
      return {
......
rules: {
```

```
                input: [{validator: validateFields}],
                SelectIps: [{validator: validateFields}]
               },
        }
      },
  ......
  </script>
```

这里的 validateFields 函数用来校验所提交的数据是否均不为空，接着在“执行”按钮中添加验证逻辑。

```
# bejobs/src/components/Detail.vue
......
<el-col :span="15">
  <el-button type="primary" @click="Run">执行</el-button>  <!—增加Run方法 -->
</el-col>
......
<script>
......
  export default {
    methods: {
      ......
      Run() {
        this.$refs.postForm.validate(valid => {
          if (valid) {
// 用户单击 " 执行 " 按钮后，会触发验证函数
          }
        })
      },  // 增加 Run() 方法
    }
  }
</script>
```

现在打开浏览器，单击“运行”按钮，会看到如图 12.8 所示的内容。

前端的 UI 及布局已经开发完成，不过由于没有与后端进行对接，还无法做一些实际工作。现在暂时放放，从下一节开始，笔者将带领大家开发服务器端。

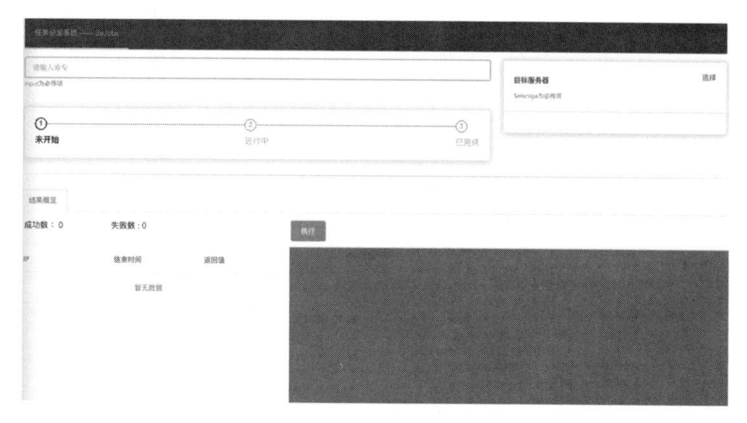

图 12.8　“任务详情页”数据校验

12.4　客户端 Agent 技术

Agent 技术是当前分布式系统、机器学习、区块链以及日常 Web 应用等领域中必不可少的互联网技术基础设施之一，典型的 Web 用户平均每天可能会以 Web 服务器、DNS 服务器或数据库服务器的形式与至少一个 UNIX 守护进程进行交互。这些类型的进程在服务器某个地方的后台运行，没有任何人参与，孜孜不倦地完成它们的工作。

此外，训练大型的机器学习需要大量的计算能力。然而，计算单个实例的模型所需的计算能力要小得多。衡量一个只运行一种计算图像分类程序的时间时，一个重要的因素是加载模型本身的时间。正如在本项目中，创建 SSH 连接的开销是缓慢且昂贵的，如果没有 Agent，只是通过一套中心化的 Web 服务向目标服务器发起 SSH 连接下达指令并回传结果，维护成千上万台目标服务器的 SSH 连接，后果不堪设想。

本节笔者试着介绍守护进程的本质，如何使用 Python 3 从零创建一个守护进程，以及使用 rpc 实现本项目的关键工作。

12.4.1　守护进程与后台程序

有时我们需要将某个脚本或程序置于操作系统后台运行，例如：

```
python agent.py &
```

符号“&”在 UNIX/Linux 操作系统中意味着可以将相应程序切换为子进程作为后台运行。由于直接被终端父进程所接管，一旦终端（一般指 Shell）关闭或退出后，该程序也会被终止。因此，大家普遍使用 nohup 指令运行后台任务，如下所示。

```
nohup python agent.py &
```

当一个终端被断开或退出时，操作系统会触发 SIGHUP 信号去通知该终端的进程自行了断，神奇的是 nohup 命令可以忽略所有 SIGHUP 信号。那么问题来了，为什么忽略了 SIGHUP 信号的子进程不会随着父进程的结束而消失？

通俗地讲，因为操作系统通过“会话技术”管理一个或多个进程组并维护一个终端，一旦会话随着终端一起关闭，nohup 运行的子进程就成为“孤儿”被内核接管并成为新会话中的进程。

理论上可以认为它是“守护进程”的某种形态，但两者不能画等号，其中 nohup 会将后台程序的标准输入 / 输出 / 错误重定向至 /dev/null，用户很难追踪该程序的运行状况；再者，因为忽略了 SIGHUP 信号，所以无法对其进程进行有效的控制管理，如平滑重启、自启动、停止等。因此，对于比较重要的服务，更推荐使用守护进程。

12.4.2 编写 Agent 框架

在开始之前，笔者需要为该 Agent 提供一些必要的参数。Python 标准库中的 argparse 很容易处理这类场景。下面新建一个项目目录 bejobs-client，并创建一个名为 agent.py 的文件，如下所示。

```
#bejobs-client/agent.py
import argparse
def arguments_reader():
    parser = argparse.ArgumentParser(description='bejobs_agent ver_1.0.0')
    parser.add_argument('operation',
        metavar='OPERATION',
        type=str,
        help='支持 start, stop, restart, status',
        choices=['start', 'stop', 'restart', 'status'])
    args = parser.parse_args()
    operation = args.operation
    return operation
if __name__ == "__main__":
    action = arguments_reader()
```

从这里可以看到，笔者导入该库并设置了所需的选项。argparse 将检查参数的输入，如果输入是无效的，将会进行提示。在这种情况下，Agent 支持 start、stop、restart 和 status 运行参数。

下面是完整的 agent.py 代码。

```
#bejobs-client/agent.py
import argparse
import os, sys
import time
import atexit
```

```
import signal
pid_file = '{}/agent.pid'.format(os.path.dirname(os.path.abspath(__file__)))
class Daemon(object):
    def __init__(self, pidfile, stdin='/dev/null',
                        stdout='/dev/null', stderr='/dev/null'):
        self.stdin = stdin
        self.stdout = stdout
        self.stderr = stderr
        self.pidfile = pidfile
    def daemonize(self):
        self.fork()
        self.dettach_env()
        self.fork()
        sys.stdout.flush()
        sys.stderr.flush()
        self.attach_stream('stdin', mode='r')
        self.attach_stream('stdout', mode='a+')
        self.attach_stream('stderr', mode='a+')
        self.create_pidfile()
    def attach_stream(self, name, mode):
        stream = open(getattr(self, name), mode)
        os.dup2(stream.fileno(), getattr(sys, name).fileno())
    def dettach_env(self):
        os.chdir("/")
        os.setsid()
        os.umask(0)
    def fork(self):
        try:
            pid = os.fork()
            if pid > 0:
                sys.exit(0)
        except OSError as e:
            sys.stderr.write("进程Fork失败: %d (%s)\n" % (e.errno, e.strerror))
            sys.exit(1)
    def create_pidfile(self):
        atexit.register(self.delpid)
        pid = str(os.getpid())
        open(self.pidfile,'w+').write("%s\n" % pid)
    def delpid(self):
        os.remove(self.pidfile)
    def start(self):
```

```
        pid = self.get_pid()
        if pid:
            message = "agent 正在运行？ "
            sys.stderr.write(message % self.pidfile)
            sys.exit(1)
        self.daemonize()
        self.run()
    def get_pid(self):
        try:
            pf = open(self.pidfile,'r')
            pid = int(pf.read().strip())
            pf.close()
        except (IOError, TypeError):
            pid = None
        return pid
    def stop(self, silent=False):
        pid = self.get_pid()
        if not pid:
            if not silent:
                message = "agent 没有运行 "
                sys.stderr.write(message % self.pidfile)
            return
        try:
            while True:
                os.kill(pid, signal.SIGTERM)
                time.sleep(0.1)
        except OSError as err:
            err = str(err)
            if err.find("No such process") > 0:
                if os.path.exists(self.pidfile):
                    os.remove(self.pidfile)
            else:
                sys.stdout.write(str(err))
                sys.exit(1)
    def restart(self):
        self.stop(silent=True)
        self.start()
    def run(self):
        raise NotImplementedError
def arguments_reader():
    parser = argparse.ArgumentParser(description='bejobs_agent ver_1.0.0')
```

```
    parser.add_argument('operation',
        metavar='OPERATION',
        type=str,
        help=' 支持 start, stop, restart, status',
        choices=['start', 'stop', 'restart', 'status'])
    args = parser.parse_args()
    operation = args.operation
    return operation
class Agent(Daemon):
    def run(self):
        while True:pass
if __name__ == "__main__":
    action = arguments_reader()
    daemon = Agent(pid_file,)
    if action == 'start':
        print(" 启动 agent")
        daemon.start()
        pid = daemon.get_pid()
        if not pid:
            print("agent 未启动 ")
        else:
            print("agent 正在运行 ")
    elif action == 'stop':
        print(" 停止 agent")
        daemon.stop()
    elif action == 'restart':
        print(" 重启 agent")
        daemon.restart()
    elif action == 'status':
        print(" 查看 agent 状态 ")
        pid = daemon.get_pid()
        if not pid:
            print("agent 没有运行 ")
        else:
            print("agent 正在运行 ")
    sys.exit(0)
```

除了所看到的使用 argparse 库从输入参数中获取选项，并将它们传递给 Agent 用以触发相应的函数，这里重点关注一下如何创建守护进程。

当实例化类 Agent 后，父类 Daemon 默认先将 3 个标准输入 / 输出 / 错误重定向至 /dev/null，随后调用 start() 方法开始执行 fork() 方法使得 agent.py 创建为当前终端父进程下的子进程。

下一步就是执行 dettach_env() 方法，这是创建守护进程的关键步骤。首先将当前工作目录更改为根目录，而后调用 setsid() 函数使当前子进程从终端父进程彻底分离，并创建为新会话中的首进程。接着 umask(0) 表示把该子进程的文件权限掩码全部清除（屏蔽原有继承父进程的权限，进而增强该守护进程的灵活性，相当于使该进程不受任何权限影响）。

执行完 dettach_env() 方法之后，再次调用 fork() 方法。第二次调用 fork() 的原因是根据操作系统的特性以保证新会话的首进程可以再一次从新终端父进程中剥离，然后继续以守护进程的方式保持运行。

当该进程被创建为守护进程时，会建立 3 个 I/O（标准输入 / 输出 / 错误）通道并重定向为新的文件描述符。最后创建 PID 文件以方便了解该进程的 ID 和检查其状态。

至此，读者应该对掌握 Agent 如何编写守护进程有了更深的理解。当然，我们还有其他比较成熟可靠的方案，如 inetd 和 systemd。其实这些方案的技术背后也都是上述机制。采用本项目中由 Agent 自身管理守护进程的方式，可以更好地满足更多个性化需求，如 Agent 自升级、平滑重启等。有关 Python 创建守护进程的更多细节，读者若有兴趣可以查阅 PEP 3143 草案。

现在就可以使用下面的方式操作 Agent：

```
(py3.6.8_djenv) →  python agent.py stop
停止 Agent
(py3.6.8_djenv) →  python agent.py start
启动 Agent
(py3.6.8_djenv) →  python agent.py restart
重启 Agent
```

12.4.3 实现 aiohttp 异步 Web 服务

具备“蚁群效应”的协作式 Agent 已经在越来越多的分布式应用中凸显价值，这就是“集体智慧”的力量。当嵌入一个 Web 服务时，Agent 拥有对外沟通的基本能力。尽管 Agent 在这里只是用于接收来自“应用层服务器端”的指令，但读者仍能从中受益。

下面笔者采用基于 Asyncio 实现的异步 Web 框架——aiohttp 作为本项目 Agent Web 服务的解决方案。首先使用 pip 安装 aiohttp（pip install aiohttp==3.6.2），之后在项目根目录中新建一个名为 https 的包，如下所示。

```
# bejobs-client/https 包层级
https
  |— __init__.py   # 该文件不仅指定该目录作为"包"，也用来编写 aiohttp 服务器
  |— views.py     # 定义 HTTP 接口
```

https 包中的 views.py 模块用于定义 HTTP 接口，而 Web 服务端的具体实现存放于 __init__.py，便于随 Agent 运行时一起启动，如下所示。

```
# bejobs-client/https/__init__.py
from aiohttp import web    # 导入 aiohttp
def aiohttp_server():
    app = web.Application()
    web.run_app(app,host='0.0.0.0', port=18000)
if __name__ == "__main__":
    aiohttp_server()
```

笔者创建了一个 aiohttp 的应用程序实例并赋予其变量 app，稍后会在该实例中注册 HTTP 接口方法和路径，然后运行 run_app() 方法从而启动 Web 服务，如下所示。

```
python /Users/gubaoer/bejobs-client/https/__init__.py
======== Running on http://0.0.0.0:18000 ========
(Press CTRL+C to quit)
```

12.4.4　开发 HTTP 接口

如图 12.2 所示，Agent 会提供一个 HTTP 接口以接收用户下达的任务指令。该接口形式具体如下所示。

```
# 请求接收任务指令的 HTTP API 示例
POST  http://<agentIP>:18000/notice
request body:
  {
    cmd:  '',
    task_id: ''
  }
返回:
   {'msg': 'ok', "code": 201}
```

在 views.py 中编写该接口：

```
#bejobs-client/https/views.py
import json
from aiohttp import web
class PostNoticeView(web.View):
        async def post(self):
            data = await self.request.post()
        return web.Response(
            text=json.dumps({'msg': 'ok', "code": 201}),
            status=201,
            content_type='application/json'
        )
```

PostNoticeView 类通过继承 aiohttp 的 web.View 定义了 POST 方法，很容易实现异步请求接口，其中 self.request.post() 用来接收 body 内容并最后使用 Response() 方法输出结果。

回到 https/__init__.py，我们将接口方法 PostNoticeView 注册进 aiohttp 实例。

```
#bejobs-client/https/__init__.py
from aiohttp import web
from https.views import PostNoticeView  # 导入类 PostNoticeView
def aiohttp_server():
    app = web.Application()
    app.add_routes([
        web.post('/notice', PostNoticeView)
        # 注册 PostNoticeView 并指向相应的路由
    ])
    web.run_app(app,host='0.0.0.0', port=18000)
if __name__ == "__main__":
    aiohttp_server()
```

该接口仅仅只是接收 POST 请求并返回没有任何意义的输出。在真正使该接口变得更有价值之前，这里需要思考的是当前 Web 服务需要额外启动一个进程去执行，但并没有嵌入 Agent 进程中。在下一节，我们需要着手解决这个问题。

12.4.5 Agent 嵌入异步 Web 服务

正如 12.4.4 节所看到，我们无法在 Agent 启动及控制 Web 服务，并且 Web 服务器以阻塞方式运行。要将某个单独的服务嵌入守护进程，更为通用的做法是在守护进程的主线程中创建一个单独线程，从而控制该线程启动 Web 服务器。aiohttp 本身就是单线程 + 多协程的架构，非常适合在 Agent 中提供高并发的 Web 服务。因此，下面笔者重写这部分实现的机制。

```
#bejobs-client/https/__init__.py
import threading
......
class AsyncHTTPServer(object):
    def __init__(self):
        self.server_thread = threading.Thread(target=run_server, args=(aiohttp_
            server(),))
        self.server_thread.setDaemon(True)
    def start(self):
        self.server_thread.start()
```

在上述代码中，类 AsyncHTTPServer 封装了初始化构建线程方法，其中 run_server 会建立一个事件循环，因此该线程会启动事件循环，然后将 aiohttp_server 作为参数被事件循环调用。设置 setDaemo（True）意味着该线程作为主线程的守护线程。当主线程（Agent）被关闭之后，该线程也将被销毁。

```
#bejobs-client/https/__init__.py
import asyncio
from asyncio import web
......
def run_server(runner):
    # 创建第一个事件循环 (1)
        loop = asyncio.new_event_loop()
        asyncio.set_event_loop(loop)
        loop.run_until_complete(runner.setup())
    # 创建第二个事件循环 (2)
        site = web.TCPSite(runner, '0.0.0.0', 18000)
        loop.run_until_complete(site.start())
        loop.run_forever()
```

相信读者会对这里 run_server() 方法中出现了两个事件循环感到困惑。首先介绍第二个事件循环的作用，笔者使用 web.TCPSite() 将 Web 服务器设置为异步非阻塞的协程对象，接着将它放入内置的事件循环中不间断运行（读者可以从 web.TCPSite() 源码中了解）。事实上，这已经实现了目标。

然而需要考虑的是，由于该 Web 服务的主要目的是接收并执行用户指令，意味着该指令可能是一条简单的 Shell 命令，又或许是一个安装 Python 的自动化脚本，耗时较长的指令会让请求造成阻塞。这就是需要创建另一个事件循环（第一个事件循环）的原因之一（另一个原因在下一节中介绍）。下面是 Web 服务器的完整实例。

```
#bejobs-client/https/__init__.py
import asyncio
from aiohttp import web
import threading
from https.views import PostNoticeView
def run_server(runner):
    loop = asyncio.new_event_loop()
    asyncio.set_event_loop(loop)
    loop.run_until_complete(runner.setup())
    site = web.TCPSite(runner, '0.0.0.0', 18000)
    loop.run_until_complete(site.start())
    loop.run_forever()
def aiohttp_server():
    app = web.Application()
```

```
    app.add_routes([
        web.post('/notice', PostNoticeView)
    ])
    runner = web.AppRunner(app)
    return runner
class AsyncHTTPServer(object):
    def __init__(self):
        self.server_thread = threading.Thread(target=run_server, args=(aiohttp_
            server(),))
        self.server_thread.setDaemon(True)
    def start(self):
        self.server_thread.start()
def StartHttpService():
    http = AsyncHTTPServer()
    http.start()
```

一切就绪之后，即可像下面这样将 aiohttp 服务直接嵌入 Agent。

```
# bejobs-client/agent.py
from https import StartHttpService     # 导入 aiohttp 服务器
    def start(self):
        ......
        self.daemonize()
        StartHttpService()        # 触发开启 Web 服务
        self.run()
```

12.4.6 asyncio.gather 的妙用

通常执行操作系统命令最常用的方式莫过于 Python 标准库提供的 subprocess 库，如需要获得执行某条命令后的结果，可以像下面这样。

```
# 使用 subprocess 执行 Shell 用法实例
proc = subprocess.Popen(
    cmd,
    shell=True,
    stdout=subprocess.PIPE,
    stderr=subprocess.PIPE)
stdout, stderr = proc.communicate()
# proc.returncode  状态返回码
# stdout           标准输出
# stderr           标准错误
```

尽管 subprocess 很好用，但它同步阻塞并且需要额外开启一个进程去执行，资源的占用率之高也遭受许多开发者诟病。对于纯异步框架 aiohttp 来说，一旦发生阻塞，就失去了异步的意义。

Python 3 提供了一种更高性能的异步非阻塞版本——asyncio.create_subprocess_shell()。它的工作机制大体是绑定已有的事件循环，然后在此基础上创建一个新的事件循环而非进程去异步执行。

可惜的是，设计缺陷导致当包含多个已有的事件循环时，该方法因无法确认究竟绑定哪一个，从而会试图使用当前默认的事件循环（事实上是它本身自带的 event loop 而不是 aiohttp 所提供的），最终因无法正确运行导致触发异常。官方正在着手解决这个问题。

现在无法直接使用 create_subprocess_shell() 方法，但也不能妥协使用 subprocess。因此，我们换一个思路，通过 asyncio.gather 异步并发任务并绑定到 12.4.5 节建立的第一个事件循环可以达到同样的目的。下面在项目根目录中新建一个名为 rpc 的包，并创建 cmd.py 模块，用于存放有关任务执行的具体实现。

```
# bejobs-client/rpc/cmd.py
import asyncio
import subprocess
import socket
async def run(**kwargs):
    cmd = kwargs.get('cmd')
    task_id = kwargs.get('task_id')
    proc = subprocess.Popen(
        cmd,
        shell=True,
        stdout=subprocess.PIPE,
        stderr=subprocess.PIPE)
    stdout, stderr = proc.communicate()
    print(f'[{cmd!r} 状态返回码 {proc.returncode}]')
    if stdout:
        print(f'[stdout]\n{stdout.decode()}')
    if stderr:
        print(f'[stderr]\n{stderr.decode()}')
async def AsyncRun(**kwargs):
    await asyncio.gather(
        run(**kwargs)  # 当需要运行耗时较长的协程时，可以将其封装为另一个协程并发执行
    )
```

这里的 run 函数接收一个形参，获取在请求中包含的 Body 参数，然后使用常规的 subprocess 库去执行。AsyncRun 方法会将其封装为另一个协程达到并发效果，如下所示。

```
#bejobs-client/https/views.py
......
from rpc.cmd import AsyncRun
class PostNoticeView(web.View):
    async def post(self):
        data = await self.request.post()
        await AsyncRun(**data)
        ......
```

在 HTTP 接口中引入 await 关键字调用 AsyncRun() 方法就可以实现异步触发了。

12.5 gRPC 服务

gRPC 是由谷歌和美国 Square 移动支付公司的开发团队共同发起的 RPC 通信框架，它除了利用 HTTP 2 的底层特性外，还支持双向数据流、较低的传输延迟以及多种开发语言。RPC 接口描述以一种特殊、浅显易懂的 ProtoBuf 语言进行声明，这使它在某种程度上更像是一份 API 文档，通过一些原型文件自动生成客户机和服务器存根，非常方便。

对于系统之间以及对性能要求较高的 API 通信，gRPC 是一个不错的选择。目前官方也正式推出了 gRPC-web，用以弥补传统 JavaScript 客户端与服务器端 REST+JSON 所带来的性能不足，相信不久的未来，越来越多浏览器会加入 gRPC 的技术阵营。

本节将使用 gRPC 完成 Agent（客户端）与传输层模块之间的任务执行结果传递过程。由于生成的 RPC 存根和消息描述符需要在客户端和服务器项目之间共享，两者都需要分别安装官方所提供的用来编译 gRPC proto 文件的 Python 编译库 grpcio_tools。

```
pip install grpcio_tools==1.24.0
```

本书使用的是 gRPC 1.24.0 版本。

12.5.1 编写 ProtoBuf 生成原型文件

与另一个较为流行的 RPC 框架 Thrift 一样，ProtoBuf 作为 gRPC 配套的统一接口定义语言，具有跨平台、解析速度快、序列化数据体积小、扩展性高、使用简单等特点。以下就开始定义我们项目中任务分发的通信服务。

```
// 编写 proto 示例
syntax = "proto3";    // 声明 proto 语法版本，目前最新版本是 proto 3
import "google/protobuf/timestamp.proto";    // 导入 gRPC 专用于处理时间类型 proto
package jobserver;    // 声明该文件的包名是 jobserver
service JobServer {    // 定义一个 RPC 服务接口
```

```
    rpc PutResults (stream Data) returns (Result) {
// 定义支持请求流的 PutResults 方法，并接收一个参数 Data 的请求流和响应对象 Result
    }
}
message Data {    // 请求流 Data 参数的数据类型声明
    string host = 1;     // 接收类型为字符串的 host 字段
    string output = 2;  // 接收类型为字符串的 output 字段，用于传递输出结果
    int32 exitcode = 3; // 接收类型为 32 位整型的 exitcode 字段，用于传递状态返回码
    string task_id = 4; // 接收类型为字符串的 task_id 字段
    google.protobuf.Timestamp end_dt = 5;
// 接收类型为 Timestamp 的 end_dt 字段，用于传递命令执行的结束时间
}
message Result {    // 响应对象 Result 的数据类型声明
    string task_id = 1;    // 请求一旦结束，返回类型为字符串的 task_id 字段
}
```

这里的 proto 文件定义了客户端与服务器端的任务执行结果传递的规则和类型声明，其中 JobServer 作为 RPC 服务的接口，包含了一个具备请求流的 PutResults 方法。

值得一提的是，gRPC 为 API 之间数据通信的不同场景提供了 4 种请求方式，分别是应答式、请求流、响应流、双向通信流。考虑到某些任务执行的结果需要实时输出大量的 Stdout（标准输出），并作为参数传递给 PutResults 方法，因此较宜采用请求流的通信方式。

接下来创建一个名为 bejobs-server 的目录作为服务器端项目路径，将该 protp 文件命名为 transfer.proto，分别存放在 Agent 客户端和服务器端相关路径中，如下所示。

```
# bejobs-client/
agent.py
https/
rpc/
  |— __init__.py
  |— cmd.py
  |— transfer.proto    # 将 transfer.proto 放在 bejobs-client/rpc 路径下
# bejobs-server/
transfer.proto    # 将 transfer.proto 放入 bejobs-server 路径下
```

然后各自执行编译命令：

```
# 客户端
cd bejobs-client/rpc
python -m grpc_tools.protoc -I. --python_out=. --python_grpc_out=. transfer.proto
# 服务器端
```

```
    cd bejobs-client/rpc
    python -m grpc_tools.protoc -I. --python_out=. --python_grpc_out=.
transfer.proto
```

编译命令执行后会按照 gRPC proto 的约定被转换成 Python 模块。正如读者所看到的，在 transfer.proto 的路径下已经生成了 transfer_pb2.py 和 transfer_pb2_grpc.py。

12.5.2 服务器端开发

在 bejobs-server 目录下新建一个 server.py 文件，现在让我们导入 transfer_pb2.py 和 transfer_pb2_grpc.py 并实现 gRPC 服务器，如下所示。

```
#bejobs-server/server.py
import grpc
import transfer_pb2_grpc
import transfer_pb2
class JobServicer(transfer_pb2_grpc.JobServerServicer):
    def PutResults(self, request_iterator, context):
        task_id = None
        for message in request_iterator:
            print(message.host)
            print(message.output)
            print(message.exitcode)
            print(message.task_id)
            print(message.end_dt)
            task_id = message.task_id

                return transfer_pb2.Result(
                    task_id=task_id,
                )
```

JobServicer 继承了在 transfer_pb2_grpc 中生成的 JobServerServicer 类，并实现了在 proto 中定义的 PutResults 方法。该方法接收两个参数：引用传入请求的消息（request_iterator）和请求相关的上下文信息（context）。

由于该接口采用了请求流的通信方式，request_iterator 参数是一个生成器对象，用于处理消息流，遍历它即可获得与请求相关联的元数据。为了便于读者观察，这里直接将其输出。PutResults 方法的响应输出被声明为 Result 消息体。因此，我们将属性 task_id 放入其中，最后返回给客户端，如下所示。

```
#bejobs-server/server.py
from concurrent import futures
```

```
......
def serve():
    server = grpc.server(futures.ThreadPoolExecutor(max_workers=10))
    transfer_pb2_grpc.add_JobServerServicer_to_server(
        JobServicer(), server)
    server.add_insecure_port('[::]:10800')
    server.start()
    server.wait_for_termination()
```

grpc.server() 方法用来创建 gRPC 的服务器实例。其中，唯一需要定义的参数是构建一个线程池 futures.ThreadPoolExecutor，并设置最大线程数为 10，然后调用 add_JobServerServicer_to_server 函数向服务器注册 JobServicer。

使用 add_insecure_port 设置监听 IP 地址和端口，然后使用 start() 方法启动服务器。需要注意的是，在生产环境中，应该为客户端和服务器端的通信添加身份验证的设置，如 SSL/TLS。

12.5.3　Agent 的 gRPC 客户端开发

为了与建立的服务器端进行交互，gRPC 客户端将首先创建一个与服务器通信的通道，并建立存根对象，通过该通道即可将任务执行的结果传递过去，具体代码实现如下所示。

```
# bejobs-client/rpc/client.py
import grpc
from rpc import transfer_pb2_grpc, transfer_pb2
def to_rpc(cmdData):
    with grpc.insecure_channel('localhost:10800') as channel:
        stub = transfer_pb2_grpc.JobServerStub(channel)
```

这里将 JobServerStub 定义为存根对象，并使用建立起的通道作为参数传递。下面看看如何使用这个存根对象来调用一个 gRPC 服务。

```
# bejobs-client/rpc/client.py
import grpc
from rpc import transfer_pb2_grpc, transfer_pb2
def make_route_note(**cmdData):
    return transfer_pb2.Data(
        host=cmdData['host'],
        output=cmdData['output'],
        exitcode=cmdData['exitcode'],
        task_id = cmdData['task_id'],
        end_dt = cmdData['end_dt']
    )
```

```
def generate_messages(cmdData):
    messages = [
        make_route_note(**cmdData),
    ]
    for msg in messages:
        print("发送消息 %s,%s" % (msg.host, msg.exitcode))
        yield msg
def job_list_params(stub, cmdData):
    features = stub.PutResults.future(generate_messages(cmdData))
    features.result()
def to_rpc(cmdData):
    with grpc.insecure_channel('localhost:10800') as channel:
        stub = transfer_pb2_grpc.JobServerStub(channel)
        job_list_params(stub, cmdData)
```

这里的 job_list_params() 函数封装了调用 gRPC 的 PutResults() 方法并向服务器端传递命令执行结果，其中 generate_messages() 函数包含了请求参数的消息体。由于接口需要支持具有消息流的请求参数，自然用到了 yield 关键字将该消息体以生成器的方式一一遍历。

最后我们将 to_rpc() 函数嵌入之前定义的 Web 接口。当 Web 请求执行完命令之后，通过 gRPC 接口将结果传递至远程服务器端，以下是完整的代码。

```
# bejobs-client/rpc/client.py
import asyncio
import subprocess
import socket
from google.protobuf.timestamp_pb2 import Timestamp
from rpc import client     # 导入 gRPC 客户端
def getIp():
    hostname = socket.gethostname()
    ip = socket.gethostbyname(hostname)
    return ip
async def run(**kwargs):
    timestamp = Timestamp()
    cmd = kwargs.get('cmd')
    task_id = kwargs.get('task_id')
    proc = subprocess.Popen(
        cmd,
        shell=True,
        stdout=subprocess.PIPE,
        stderr=subprocess.PIPE)
```

```
        stdout, stderr = proc.communicate()
        print(f'[{cmd!r} 状态返回码 {proc.returncode}]')
        if stdout:
            print(f'[stdout]\n{stdout.decode()}')
        if stderr:
            print(f'[stderr]\n{stderr.decode()}')
        timestamp.GetCurrentTime()      # GetCurrentTime 用来获取当前时间的 timestamp
        cmdbData = {
            'host': getIp(),
            'task_id': task_id,
            'output': stdout.decode(),
            'exitcode': proc.returncode,
            "end_dt": timestamp
        }
        client.to_rpc(cmdbData)         # 调用 to_rpc 将结果传递给服务器端
    async def AsyncRun(**kwargs):
        await asyncio.gather(
            run(**kwargs)
        )
```

12.5.4　Asyncio 异步 gRPC

尽管 gRPC 借助 HTTP 2 的长连接使得消息流在连接通信上提高效率，但是客户端和服务器端的调用 / 处理依然是同步的。如果读者先前了解 Go 语言开发 gRPC，就可知道 gRPC 的 Go 语言客户端在单连接状态下默认创建多个 Goroutine 进行异步调用。然而在 Python 中，官方目前暂未提供 Asyncio 版本 Coroutine 的实现（据笔者所了解，官方团队已正着手开发）。

这里笔者使用第三方的 Python 开源库 purerpc（https://github.com/standy66/purerpc），当然读者也有很多其他选择，如 grpclib。这些库主要将 gRPC 的处理接口封装为支持 Asyncio 语法的协程对象。作为例子，首先使用 pip 安装 purerpc：

```
pip install purerpc
```

然后使用 purerpc 提供的特殊编译器在客户端和服务器端分别重新编译：

```
python -m grpc_tools.protoc --purerpc_out=. --python_out=. -I. transfer.proto
```

下面将原有的同步调用改成异步调用。服务器端如下。

```
# bejobs-server/server.py      异步版本 gRPC 服务器的实现
import logging
import datetime
from purerpc import Server
```

```
import transfer_grpc
import transfer_pb2
class JobServicer(transfer_grpc.JobServerServicer):
    async def PutResults(
         self,
         request_iterator,
    ) -> None:
        task_id = None
        async for message in request_iterator:
            print(message.host)
            print(message.output)
            print(message.exitcode)
            print(message.task_id)
            print(message.end_dt)
            task_id = message.task_id
                    return transfer_pb2.Result(task_id=task_id)
            def serve():
                server = Server(10800)
                server.add_service(JobServicer().service)
                server.serve(backend="asyncio")
            if __name__ == '__main__':
                serve()
```

客户端如下所示。

```
# bejobs-client/rpc/client.py      异步版本 gRPC 服务器的实现
import logging
import purerpc
from rpc import transfer_grpc, transfer_pb2
def make_route_note(**cmdData):
    return transfer_pb2.Data(
        host=cmdData['host'],
        output=cmdData['output'],
        exitcode=cmdData['exitcode'],
        task_id = cmdData['task_id'],
        end_dt = cmdData['end_dt']
    )
async def generate_messages(cmdData):
    messages = [
        make_route_note(**cmdData),
    ]
```

```
    for msg in messages:
        print(" 发送消息 %s , %s" % (msg.host, msg.exitcode))
        yield msg
async def job_list_params(stub, cmdData):
    features = await stub.PutResults(generate_messages(cmdData))
    features.result()
async def to_rpc(cmdData):
    async with purerpc.insecure_channel('localhost:10800') as channel:
        stub = transfer_grpc.JobServerStub(channel)
        await job_list_params(stub, cmdData)
```

最后别忘了在 Agent 中改为异步调用 gRPC 客户端。

```
# bejobs-client/rpc/client.py
......
async def run(**kwargs):
......
    await client.to_rpc(cmdbData)
```

12.6　Django 应用服务器

用户在前端页面输入任务指令和选择目标服务器的时候，这里 Django 应用服务器的作用除了将任务相关的信息通知给 Agent 外，还负责接收从传输层发来的任务结果，最终使用 WebSocket 实时展示在前端页面。

12.6.1　搭建 Django 项目脚手架

在 bejobs-server 目录中，使用 Django 命令安装应用服务器的脚手架，如下所示。

```
# bejobs-server/
django-admin startproject core
django-admin startapp tasks
```

配置 settings.py：

```
# bejobs-server/core/core/settings.py
INSTALLED_APPS = [
    'django.contrib.admin',
    'django.contrib.auth',
    'django.contrib.contenttypes',
    'django.contrib.sessions',
```

```
    'django.contrib.messages',
    'django.contrib.staticfiles',
    'tasks'    # 导入 tasks 应用程序
]
```

core 作为应用服务器的项目根目录，其中创建了一个应用程序 tasks，它主要实现与前端页面进行任务交互相关的接口。

12.6.2 REST 接口

首先应用服务器需要按下面示例，构建一个 REST 接口使其获得任务信息，如下所示。

```
# 提供前端用于接收任务信息的 HTTP API 示例
POST  http://127.0.0.1:10080/core/tasks/api/create-task
request body:
  {
    taskId:  '',
    cmd: ''
    ips: []
  }
返回:
   {'task_id': ''}
```

然后开始编写视图代码。

```
# 为接口编写视图代码
from rest_framework.views import APIView, Response
from rest_framework import status
from concurrent.futures import as_completed
from requests_futures.sessions import FuturesSession
class CreateTaskView(APIView):
    def post(self, request):
        task_id = request.data.get("task_id")
        cmd = request.data.get('cmd')
        ips = request.data.get('ips')
        ips = ips if ips and isinstance(ips, list) else None
        if not all([task_id, cmd, ips]):
            return Response("参数缺失", status=status.HTTP_400_BAD_REQUEST)
        with FuturesSession() as session:
            futures = [session.post('http://{}:18000/notice'.format(ip),
                    {"cmd": cmd, "task_id": task_id}) for ip in ips]
           for future in as_completed(futures):
```

```
                future.result()
        return Response({'task_id': task_id})
```

当 CreateTaskView 视图类接收到请求数据后，这里使用了支持协程的异步 HTTP 客户端 requests_futures（需要安装 pip install requests-futures），帮助我们同时向所有安装 Agent 的目标服务器分发指令。最后定义该视图的请求路由，如下所示。

```
# bejobs-server/core/core/urls.py
from django.urls import path, include
urlpatterns = [
    path('core/tasks/', include('tasks.urls')),
]
# bejobs-server/tasks/urls.py
from django.urls import path
from tasks import views
urlpatterns = [
    path('api/create-task', views.CreateTaskView.as_view()),
]
```

12.6.3 前、后端接口交互

现在是时候介绍如何在 Vue.js 中进行前、后端交互了。通常来说，如果前、后端服务器都部署在同一台机器上，则无须考虑跨域问题，只需要在前端的 Nginx 配置一下后端服务器代理即可。如果考虑便于开发环境下的调试，则应该在 Webpack 的 dev 模式下配置一个代理并指向后端服务器地址，如下所示。

```
# bejobs/config/index.js
......
module.exports = {
  dev: {
    ......
    proxyTable: {
      '/core': {
        target: 'http://127.0.0.1:10080/',
        changeOrigin: true
      }
    },
  },
```

接着，确保插件 axios 已经被正确安装（若没有安装请查阅 12.3.2 节），然后进入前端项目 bejobs 下进行相关配置。

```
# bejobs/src/api/config.js
import axios from 'axios'        // 导入 axios 库
// 创建 axios 实例
const service = axios.create({
  timeout: 15000
})
export default service
```

笔者新建了 src/api 目录主要用于存放与后端 REST 接口交互的实现，config.js 用于创建 axios 的全局实例。本示例比较简单，仅仅设置了全局的请求超时时间。通常情况，还可以定制更多实用的配置，如请求拦截器、统一错误异常处理等。下面我们将封装前端“任务创建”与后端交互的方法。

```
# bejobs/src/api/tasks.js
import request from '@/api/config';
export function createTaskAPI(data) {
  let req = {}
  req.task_id = data["taskId"]
  req.cmd = data["input"]
  req.ips = data["SelectIps"]
  return request({
    url: '/core/tasks/api/create-task',
    method: 'post',
    headers: {'content-type': 'application/json'},
    data: JSON.stringify(req)
  })
}
# bejobs/src/components/JobDetail.vue
......
<script>
  import {createTaskAPI} from '@/api/tasks'     // 导入 createTaskAPI
  ......
      Run() {
        this.$refs.postForm.validate(valid => {
          if (valid) {
            this.TaskStep = 0  // 初始化
            this.TaskStepStatus = 'success'
            this.TaskStep += 1
            this.postForm["taskId"] = this.taskId;
            createTaskAPI (this.postForm).then((res) => {
```

```
                this.TaskStep += 1
            }).catch(error => {
            });
        }
    ......
</script>
```

这里补充了“执行”按钮的Run()中的逻辑，除了定义进度条如何显示外，用户所配置的信息（命令、任务 ID 和目标服务器）就是通过 createTaskAPI 传递给应用服务器。

12.7　Django Channels 实战

Django Channels 最初是为了解决处理 Django 异步通信（如 WebSockets）的问题而创建的。越来越多的 Web 应用程序提供了实时功能，如聊天和推送通知。为了使 Django 支持诸如运行独立的套接字服务器或代理服务器之类的需求，衍生出各种开源方案，其中最为知名的就是 Celery。

Channels 是官方出品的 Django 项目，不仅用于处理 WebSocket 和其他形式的双向通信，还用于异步运行后台任务。在撰写本书时，Django Channel 2 已经发布，它是基于 Python 3 的最新 Asyncio 特性完全重写。

本节除了帮助读者厘清 Django Channels 的基本概念外，还会着重介绍如何通过 Django Channels、Django 和 gRPC 的结合实时与前端页面展示其结果。

12.7.1　架构机制

首先看一下 Django Channels 基础架构是如何工作的，如图 12.9 所示。

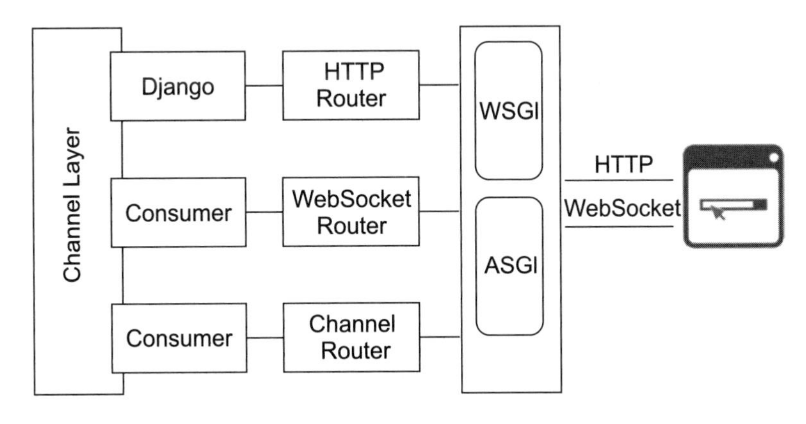

图 12.9　Django Channels 架构

客户端（Web 浏览器）将HTTP/HTTPS和WebSocket通信发送到ASGI服务器Daphne（Channels 自带的 WebSocket 服务器套件）。与 WSGI 一样，ASGI（异步服务器网关接口）规范了应用服务器和应用程序之间进行异步交互的一种常见方式。

与典型的 Django 应用程序一样，HTTP 流量是同步处理的，即当浏览器发送请求时，它会等待，直到它被路由到 Django 并返回响应。但是，当 WebSocket 通信发生时，它会通过异步 / 同步的方式从任何方向触发。

一旦建立了 WebSocket 连接，浏览器就可以发送或接收消息。发送的消息到达不同协议类型路由网关（WSGI 或 ASGI），该路由器根据其传输协议确定下一个路由处理程序。因此，可以为 HTTP 定义一个普通的 Django 路由器，而为 WebSocket 消息定义另一个 Channels 路由器。

这些路由器与 Django 的 URL 映射器非常相似，只不过传入的消息映射不再是视图（View），而是消费者（Consumer）。其中内置了一系列对消息做出反应的事件处理方法，并将消息发送回浏览器，从而实现了诸如单向 / 双向通信的逻辑。

在开发 Channels 的过程中，我们可以使用普通 Python 函数（同步）或生成器对象（异步）来编写。当然，异步代码不应该与同步代码混合。Channels 提供了许多转换函数，可以将异步代码和同步代码互相转换。

最后 Channels 还提供了一种通道层（Channel Layer）的概念，使得应用程序实例之间支持快速点对点和消息广播的传递方式。

在开始之前，读者应该考虑当前业务场景、规划和实施 Channels 的通信方案。在本项目中，通常只有拥有相关权限的用户才能访问某个任务的详情页，因此笔者使用任务 ID 作为独立的通信频道，通过通道层的组播机制向订阅该频道的用户群发送 WebSocket 消息。

12.7.2 安装与 Channels 路由配置

使用 pip 安装 django-channels 的必要插件，如下所示。

```
pip install channels==2.3.1 channels-redis==2.4.1 daphne==2.3.0 django-redis==4.10.0
```

需要说明的是，通道层内部采用 Redis 实现了生产 / 消费的队列模型，因此笔者假定读者已经部署了 Redis 服务器，本书不再进行这方面的介绍。下面进入 bejobs-server 目录中的 settings.py，配置 Channels 的参数。

```
# bejobs-server/core/settings.py
......
  INSTALLED_APPS = [
      ......
      'channels',    # 导入 Channels 应用程序
  ]
  ......
  ASGI_APPLICATION = 'core.asgi.application'
  CHANNEL_LAYERS = {
```

```
        'default': {
            'BACKEND': 'channels_redis.core.RedisChannelLayer',
            'CONFIG': {
                "hosts": [('127.0.0.1', 6379)],
            },
        },
    }
```

这里主要在 INSTALLED_APPS 导入了 Channels，并加入了 CHANNEL_LAYERS 后端设置和 ASGI 服务器的网关配置路径，如下所示。

```
# bejobs-server/core/asgi.py
import os
import django
from channels.routing import get_default_application
os.environ.setdefault('DJANGO_SETTINGS_MODULE', 'core.settings')
django.setup()
application = get_default_application()
```

为了与外部世界通信，需要将 Channels 和 ASGI 应用程序一并加载到协议网关配置中。和 WSGI 服务器一样，以 HTTP 模式运行 Django 应用程序；不同的是，它们可以连接更多任意数量的其他协议（如 WebSocket、物联网协议，甚至无线网络等）。

现在让我们告诉 Channels 在哪里可以查找路由，如下所示。

```
# bejobs-server/core/routing.py
from channels.auth import AuthMiddlewareStack
from channels.routing import ProtocolTypeRouter, URLRouter
import tasks.routing
application = ProtocolTypeRouter({
    'websocket': AuthMiddlewareStack(
        URLRouter(
            tasks.routing.websocket_urlpatterns
        )
    ),
})
# bejobs-server/tasks/routing.py
from django.conf.urls import url
from . import channels
websocket_urlpatterns = [
    url(r'^ws/task/(?P<task_id>[^/]+)$', channels.ChannalConsumer),
]
```

笔者在项目根目录的 core/routing.py 中指定了协议处理类型 WebSocket，而后从 tasks.routing 导入 Channels 路由。Channels 路由是一个类似于 Django URL 路由的概念：URL 路由映射其 Consumer 函数。读者也注意到示例的应用程序同时包含了 url.py 和 routing.py，这意味着当前 Django 已经具备了处理 HTTP 请求和 WebSocket 的能力。

12.7.3 开发 Consumer

Channels 是典型的生产 / 消费者通信系统，提供了丰富的消费者（Consumer）工具供开发者选择。如下所示。

```
# bejobs-server/tasks/channels.py
from channels.generic.websocket import AsyncWebsocketConsumer
import json
class ChannalConsumer(AsyncWebsocketConsumer):
    async def connect(self):
        self.task_id = self.scope['url_route']['kwargs']['task_id']
        self.room_group_name =self.task_id   # 定义消息组
        await self.channel_layer.group_add(
            self.room_group_name,
            self.channel_name
        )
        await self.accept()
    async def disconnect(self, close_code):
        await self.channel_layer.group_discard(
            self.room_group_name,
            self.channel_name
        )
    # 从消息组中接收到消息
    async def task_message(self, event):
    # 发送消息至 WebSocket
        await self.send(text_data=json.dumps(event))
```

在 ChannalConsumer 类的 connect 方法中，当显式接收新连接之后，这里会新建一个以任务 ID 命名的消息组（可以理解为 topic），然后将连接对象添加进去。当有越来越多需要查看某任务详情页的用户通过浏览器连接到 Django Channels 时，只需订阅该消息组的所有消息即可。

事实上，在有些时候只需关心一部分消息，给消息打上类型 type 标签。就像上面示例中，笔者只接收了类型为 task_message 的消息。当消息发送完毕后，group_discard() 方法就能将消息组连接会话以更优雅的方式关闭。

12.7.4 gRPC 与 Django Channels 的融合

可以认为 Channels 更像一根管道，发送者从一端向管道发送消息，然后到达另一端的侦听器。正如定义 Channels 时，所有的管道都在监听一个 topic。每个消费者在访问的同时，也随之自动生成对应的管道标识，这就是 self.channel_name 属性。

现在笔者将任务结果传递至 gRPC 服务器端的消息组来触发 Channels 监听，如下所示。

```
# bejobs-server/server.py
......
from channels.layers import get_channel_layer
import transfer_grpc
import transfer_pb2
......
channel_layer = get_channel_layer()
class JobServicer(transfer_grpc.JobServerServicer):
    async def PutResults(
            self,
            request_iterator,
    ) -> None:
        task_id = None
        async for request in request_iterator:
            room_group_name = request.task_id
            end_dt = timeStampToLocalDt(request.end_dt)
            await channel_layer.group_send(
                room_group_name,
                {
                    "type": "task_message",
                    "host": request.host,
                    "output": request.output,
                    "exitcode": request.exitcode,
                    "finished_datetime": end_dt
                },
            )
        return transfer_pb2.Result(task_id=task_id)
```

这里我们将从 gRPC 服务器端接收到的结果信息，使用 group_send 异步发送到消息组中。timeStampToLocalDt() 函数用于将 TimeStamp 类型的时间格式转换为本地时间。

```
# bejobs-server/server.py  Django 针对 timestamp 的时间转换
import pytz
import datetime
```

```
......
def timeStampToLocalDt(dt):
    timeStamp = dt.seconds
    dateArray = datetime.datetime.fromtimestamp(timeStamp, tz=pytz.utc)
   dateArray = dateArray.astimezone(datetime.timezone(datetime.
             timedelta(hours=8)))
    otherStyleTime = dateArray.strftime("%Y-%m-%d %H:%M:%S")
    return otherStyleTime
```

理论上，将 Timestamp 转换为本地时间，只需要使用 datetime.fromtimestamp()，然而需要注意的是，当在 Django 中使用了 USE_TZ=True 设置时，fromtimestamp() 方法的默认机制就会被改变。因此，timeStampToLocalDt() 函数包括解决这些问题的方法。

12.7.5 Web 应用编程接口：WebSocket API

到目前为止，服务器端的开发工作已经全部完成了。最后在前端页面中加入处理 WebSocket 的通信连接，如下所示。

```
# bejobs/src/components/Detail.vue
......
export default {
  ......
  data() {
    ......
    return {
      ......
      websock: null,
    }
  },
  mounted() {
    this.initWebSocket();
  },
  methods: {
    ......
    initWebSocket() { // 初始化 WebSocket
      let url = "ws://127.0.0.1:10081/ws/task/";
      const wsuri = url + this.taskId;
      this.websock = new WebSocket(wsuri);
      this.websock.onmessage = this.websocketonmessage;
      this.websock.onopen = this.websocketonopen;
      this.websock.onerror = this.websocketonerror;
```

```
      this.websock.onclose = this.websocketclose;
    },
```

initWebSocket() 函数用于创建 WebSocket 连接实例以及初始化其方法。这里笔者使用了 Web 原生 API，其中 new WebSocket() 对象提供了创建和管理 WebSocket 连接，开发者通过该连接很容易发送和接收数据。接下来笔者分别介绍上面示例中所列出的常用 WebSocket API。

- WebSocket.onmessage：当接收到来自服务器的消息时会触发该接口。
- WebSocket.onopen：当WebSocket的连接状态readyState变为OPEN时被调用，意味着当前连接已经准备好发送和接收数据。
- WebSocket.onerror：发生错误时执行的回调函数。
- WebSocket.onclose：在WebSocket连接的readyState变为CLOSED时被调用，它接收一个名为close的CloseEvent事件。

下面是具体的方法实现。

```
# bejobs/src/components/Detail.vue
......
methods: {
......
  websocketonopen() { // 连接建立之后执行 send 方法发送数据
    this.outputLog = '建立连接成功.....\n'
    let actions = {"msg_type": "all"};
    this.websocketsend(JSON.stringify(actions));
  },
  websocketonerror() {// 连接建立失败重连
    this.initWebSocket();
  },
  websocketsend(Data) { // 数据发送
    this.websock.send(Data);
  },
  websocketclose(e) {  // 关闭
    console.log('断开连接', e);
  },
  websocketonmessage(e) { // 数据接收
    let redata = JSON.parse(e.data);
    this.outputLog += "=====> " + redata.host + "\n";
    this.outputLog += redata.output;
    this.outputLog += "\n" + "结束时间:" + redata.finished_datetime + "\n";
    this.TaskStep += 1
    if (redata.exitcode !==0 ){
```

```
        this.TaskStepStatus = "error"
      }
      this.tableData = [
        {
          'ip': redata.host,
          'returnCode': redata.exitcode,
          'endDT': redata.finished_datetime,
        }
      ]
    },
}
```

一旦接收来自服务器推送的任务结果，笔者就将其附加至 outputLog 属性中，并且根据命令执行状态 exitcode 来决定进度条的显示情况。最后，为了使页面能够在页面加载后立即连接 WebSocket，可以利用 Vue 的 mounted() 钩子函数，如下所示。

```
#bejobs/src/components/Detail.vue
......
mounted() {
  this.initWebSocket();
},
......
```

12.7.6 Channels 部署方式及集群

在本地开发环境中，通过 python manage.py runserver 可以同时启动和调试 HTTP 和 WebSocket 协议，然而在类似生产环境（uWSGI 或 Gunicorn）下，也应该使用更为专业和高性能的 daphne（Django Channels 的官方 ASGI 服务器）来处理 WebSocket 通信，如下所示。

```
# 进入 bejobs-server/core 运行以下命令
daphne -b 0.0.0.0 -p 10081 core.asgi:application
```

然后在 Nginx 中配置 WebSocket 代理。

```
# Nginx 配置 WebSocket 代理示例
upstream channels-backend {
    server localhost:10081;
}
server {
    location / {
        try_files $uri @proxy_to_app;
```

```
        }
        location @proxy_to_app {
            proxy_pass http://channels-backend;
            proxy_http_version 1.1;
            proxy_set_header Upgrade $http_upgrade;
            proxy_set_header Connection "upgrade";
            proxy_redirect off;
            proxy_set_header Host $host;
            proxy_set_header X-Real-IP $remote_addr;
            proxy_set_header X-Forwarded-For $proxy_add_x_forwarded_for;
            proxy_set_header X-Forwarded-Host $server_name;
        }
    }
```

如果要实现 daphne 的高可用，可以在 Nginx 上为其配置负载均衡，本书在这里不再一一介绍。现在是时候开启本项目的所有服务了，感受一下最终成果，如图 12.10 和图 12.11 所示。

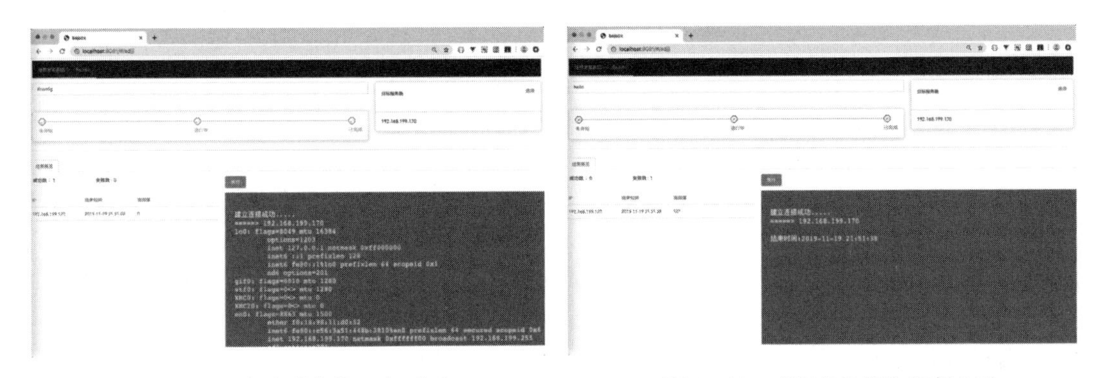

图 12.10　“任务执行”运行成功　　图 12.11　“任务执行”运行失败

12.8　更多的讨论

如今所谓的高性能往往与分布式联系在一起。完成本章的实战项目任务分发系统后，相信读者已经对 Django、Vue.js 以及分布式周边的技术栈有了一定的了解。

尽管项目最终运行得挺好，但是部分知识点在本章示例中进行了一些简化，因为笔者无意撰写一本包罗万象的百科全书。如果读者希望将此项目直接用于生产或者了解更多常用的分布式技术，那么这里仍然有一些话题可以简单说明。

12.8.1　gRPC 负载均衡与性能测试实践

gRPC 本身虽不直接提供负载均衡方案，但我们仍能借助诸如 etcd、Envoy、Istio 等第三方服务来实现很好的效果。在一些简单且调用并不十分频繁的场景下，Nginx 仍然可以作为首选，当前建议使用 Nginx 1.16.1 或更高版本（1.13.0 版本以下不支持 gRPC）。下面是可供参考的配置示例。

```
# Nginx 有关 gRPC 的配置示例
    upstream grpcservers{
        server 127.0.0.1:10800;
        server 127.0.0.1:10801;
        keepalive 32;
        keepalive_requests 1000000;
    }
    server {
        listen  443 ssl http2 reuseport;
        access_log /var/log/nginx/access.log main;
        http2_max_requests 10000000;
        http2_max_concurrent_streams 512;
        grpc_socket_keepalive on;  // 该参数需要 Nginx 1.15.6 版本
        location / {
            grpc_pass grpc://grpcservers;
        }
    }
```

gRPC 内部基于 HTTP 2 的长连接特性实现了连接复用和流式通信，但需要注意的是 Nginx 目前对 gRPC 的长连接支持还存在一些问题，尤其使用 gRPC 单向 / 双向流式通信时，访问量多时仍然会有短连接超时的情况发生，此时只能通过参数或者系统逐步调优去改善。

gRPC 的性能测试除了官方 Python 语言示例所介绍的之外，笔者推荐使用 ghz（https://github.com/bojand/ghz）。对于简单的 gRPC 基准和负载均衡测试小工具，用户可以直接使用其命令行工具即可获得关键性指标，并自动生成统计图表，而无须编写任何代码。下面是具体的例子。

```
# ghz 针对 gRPC 服务基准测试示例
ghz \
-n 5000 \  # 总共需要发起多少个请求
-c 100 \   # 建立一次连接并发 100 次请求
--connections=5 \   # 同时建立 5 次连接
--insecure \        # 明文
--proto ./transfer.proto \
--call jobserver.JobServer.PutResults \      # 模拟调用 gRPC 服务
-d '{"host": "1.1.1.1"}' \                   # 请求参数
0.0.0.0:10800
```

运行后，最终的测试结果非常简明扼要。

```
# 测试结果示例
Summary:
  Count:        5000
  Total:        400.47 ms
  Slowest:      16.16 ms
  Fastest:      0.23 ms
  Average:      7.74 ms
  Requests/sec: 12485.20
Response time histogram:
  0.234 [1]     |
  1.826 [62]    |||
  3.419 [48]    ||
  5.011 [264]   ||||||||
  6.603 [1027]  |||||||||||||||||||||||||||
  8.196 [1527]  ||||||||||||||||||||||||||||||||||||||||
  9.788 [1322]  |||||||||||||||||||||||||||||||||||
  11.380 [580]  |||||||||||||||||
  12.973 [134]  |||||
  14.565 [29]   ||
  16.157 [6]    |
Latency distribution:
  10% in 5.31 ms
  25% in 6.42 ms
  50% in 7.78 ms
  75% in 9.08 ms
  90% in 10.21 ms
  95% in 11.00 ms
  99% in 12.62 ms
Status code distribution:
  [OK]   5000 responses
```

读者若对更多的例子感兴趣，可访问官方 Github 网站。

12.8.2　服务注册与发现

在实际开发场景下，无论是任务分发还是调度系统，通常都会涉及待执行的目标服务器因上、下线而需要动态地将其添加或删除，以及 Agent 本身的健康检查机制。除此之外，本章项目中的 Django 应用服务器直接并发将指令分发至客户端 Agent，这本身并不可取，因为一旦客户机达到规模，就会带来很多问题。更推荐的做法是考虑使用分布式架构的服务注册与发现。这部分技术栈有很多选择，如 zookeeper、etcd、eureka、consul。

以 etcd 为例，Django 应用服务器应该将指令信息以键值对的形式分发至 etcd 作为临时存储，随后 Agent 借助 etcd 提供的 Watch 接口监听与自己相关的任务并触发。而后，也可以用同样的方式来监听资源管理的上、下线，实现健康检查以及 Agent 版本自升级等。

12.8.3 Agent 性能

Agent 的重要职责是实时且永不停歇地上报相关数据，所以需要避免所有可能发生阻塞的潜在因素和内存泄漏的问题，如服务器端死机，Agent 会多次尝试建立连接。Agent 或许需要嵌入多种不同服务器的客户端，确保其对象保持单例并有条件地使用连接池，尽可能地避免因频繁的连接 / 关闭而导致内存溢出。用户必须采取合适的重试机制（建议使用重试指数退避算法），防止 Agent 成为僵尸进程。

读者完全不用担心 Python 语言本身会使 Agent 守护进程带来大幅度的内存增长。事实上，它的 runtime 表现并不会比 C/C++、Golang 差很多，这里可以使用简单的 CLOCKS_PER_SEC（表示 1 秒内 CPU 运行的时钟周期数）进行换算。那么，更多的内存泄漏问题取决于用户如何处理业务代码的逻辑。如果读者对 Golang 或 Java 语言的 Agent 实现感兴趣，欢迎与笔者交流。

12.8.4 Django 与 MongoDB

在本章示例中，尽管笔者有意简化整体系统，没有引入任何数据库服务，但一套完善的任务分发系统需要针对用户操作以及任务结果进行持久化存储，以便于未来审计。除了近年来比较热门的时序数据库之外，绝大多数的开发者会选择更为成熟的非关系型数据库，如 MongoDB。

最早以前，Django 并不能很好地支持非关系型数据库。第三方数据驱动库 PyMongo 以其稳定、高效的优点，逐步成为其 Python 技术栈的事实标准。基于它的封装 django-mongoengine 是目前 Django 框架中比较常用的 MongoDB 客户端库，得益于它完美兼容 Django 的原生 ORM，开发人员操作 MongoDB 的复杂度大大降低了。

不过遗憾的是，它不支持 Asyncio 并且默认为同步阻塞，意味着当需要在 Django 视图中（Django 3 异步视图除外）获取 MongoDB 数据时，只能搭配 Gevent 来提高异步处理能力。

庆幸的是，同样基于 PyMongo 的封装，另一个客户端库 Motor 提供了 Asyncio 纯异步的实现。因此，我们可以在 Django Channels 中直接将数据异步写入 MongoDB。

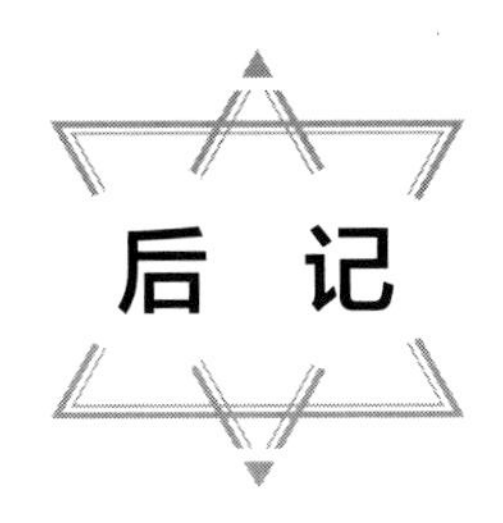

后　记

在本书的最后，笔者并不打算写一些长篇论调的心灵鸡汤以及所谓的“成功学”和“方法论”。因为笔者并不是一名才华横溢的成功人士或技术“大牛”。恰恰相反，与绝大多数普通互联网从业人员一样，笔者的生活和工作中处处充斥着彷徨、焦虑和遗憾。诚然，笔者希望在这里与读者们交流一些个人目前对技术与生活的理解，即使只是一本技术类图书，也期望本书能使你在冰冷的键盘上敲打本书中的练习时感受到一丝温度，因为心态和认知决定了你的技术深度与解决问题的广度。

身处各行各业，大家的工作和生活都很难达到相应的平衡，尤其对于开发者，“技术宅”很容易使工作和生活融为一体。然而在这里，有多少人是因为兴趣，又有多少人是为了“生存”？无论你的目的是哪一种，又或者两者皆是，值得肯定的是，努力与勤奋永远都是专业主义者的基本素养。不过一旦钻入技术的牛角尖而“脱离”了生活，你就可能不小心使自己成为工作中的“工具”，而不是工作的创造者，个人价值也不会实现。这就是大家口中的“码农”。

不知从何时开始，国内的部分开发者乐衷于在各个论坛或社交媒体上“自嘲”，渐渐地转变为在某些短视频社交媒体中“自黑”。笔者认同适当的“自嘲”可以缓解平时紧张工作之余的压力，不过一旦过度，就会产生不同社会群体对科技领域的“偏见”，而这些都会潜移默化地影响个人对于技术的尊重与在业务能力上的创新。我们在任何时候都不该“妄自菲薄”。

事实上，尽管本书的题材仅限于某些类别的语言或技术的“Web 全栈开发”，但“全栈”并非只是会用各种 Web 端、移动端与后端的技术栈组合，也不是满足于开发及运行完整的应用程序，而是培养自己解决问题的全栈思维，其中不乏涉及一些计算机科学、美学、哲学思维、沟通技巧，以及项目管理等综合能力。

从精力和时间上来说，我们不可能也不需要完善所有知识体系。笔者的做法是从生活中培养自己对各方面的兴趣。身处计算机领域的同行们应该感到无比幸运，因为互联网已经渗透进人们的衣、食、住、行等日常生活中。除计算机领域外，还没有一种专业能力可以与现实生活融合得如此紧密。

例如，利用社交软件寻找附近的人，你会了解到“基于位置服务的多维空间点索引算法”；通过“K - 近邻算法”，你可以给自己的女友或者家人挑选适合的礼物；设计家庭媒体中心，你可以享受诸如 Netflix 带来的 4K 视觉体验；实现一套“凯利公式”的小程序，可以帮助我们更好地进行投资配比；再者，电商的商品推荐算法、抢票软件背后的高并发令牌桶限流技术等技术和算法都在为我们如今美好的“数字生活”而保驾护航。

这一切都能使我们更好地了解当前“数字生活”背后运作的方式。如果计算机是解决问题的载体，那么语言或者技术框架则是手段之一。我们会用 Tornado 充当小型的 Web 服务器，用 Flask 处理功能单一的 Web 应用，较复杂的业务场景可以交付给 Django。再则，可以用 Vue.js 或 React.js 实现 Web 前端页面；Flutter 可以作为统一的移动端解决方案；通过类似 Scala 等函数式编程语言来表现数学逻辑；当前系统 / 网络服务更倾向于使用 Golang，而 Java 依然是工业界中实践软件工程化最优秀的语言。

产品驱动是每个立志于具备“全栈”能力的开发者所必须认清的价值体现，这些专业技术使我们可以穿梭于各个行业。不断地吸收与“技术”无关的养分，尽可能地试图成为一名“跨界型”全栈技术人才，才更有机会跳出家庭背景、教育背景、从业经历、专业等带来的各种束缚。因此公司提供的舞台只是一方面，读者可以尝试将个人对于生活的洞察转换为产品力回馈“开源社区”，在帮助更多人的同时，自己也能成长。

有价值的产品和服务除了技术提供的稳定性保障之外，开发者更应该注重自我情商的提升，而情商不单单表现在平时的为人处事上。在技术层面上，高情商的开发者在编写代码的时候更遵循“代码首先是给人看，最后才是丢给机器跑”的原则，崇尚代码设计的开发者更愿意将自己的工作比喻为“艺术者的创造”。此外，情商更直接体现在产品的表现力上。

笔者深知大多数的普通开发者并没有丰富的生活经历，又或者是性格过于内敛，因忙碌的工作、家庭负担而无暇顾及生活的美好。其实有时候，思考与认知的开端往往只需要几本书或者几部有意义的电影。除了一些大家所熟知的经典计算机科学书籍之外，《重构》《大教堂与集市》《编程珠玑》《黑客与画家》等都是每个开发者耳熟能详的必读书单。这里笔者分享一些近几年自己认为比较有意义的书籍与电影供读者参考。

■ 推荐读物

1.《编码：隐匿在计算机软硬件背后的语言》

2.《智能 Web 算法》（第 2 版）

3.《普林斯顿微积分读本》

4.《数据挖掘导论》

5.《构建之法：现代软件工程》（第 3 版）

6.《禅与摩托车维修艺术》

7.《专业主义》

8.《哥德尔、艾舍尔、巴赫》

9.《孤独：回归自由》

10.《安静：内向性格的竞争力》

11.《疯子的自由》

12.《金枝》

13.《美的曙光》

14.《变形记》

■ 推荐电影

1.《美丽心灵》

2.《教授与疯子》

3.《狩猎》

4.《在云端》

5.《心灵捕手》

6.《百鸟朝凤》

7.《猜火车》

8.《本杰明·巴顿奇事》

9.《万物理论》

10.《罪恶之家》

11.《史崔特先生的故事》

12.《飞越疯人院》

13.《天才瑞普利》

14.《操作系统革命》

15.《互联网之子》

16.《隐藏人物》

17.《我是山姆》

一直以来，笔者喜欢将自己曾经看过的电影和书籍记录在豆瓣中。如果你对笔者的书单或电影产生兴趣，可以关注笔者的豆瓣账号“鲍尔 boyle”。

最后这首小诗，笔者献给所有购买此书以及与我相识的朋友们。

成功的花，
人们只惊羡她现时的明艳！
然而当初她的芽儿，
浸透了奋斗的泪泉，
洒遍了牺牲的血雨。

——摘录冰心《成功的花》

顾鲍尔